郑阿奇 主编

高等院校程序设计系列教材

MySQL

教程（第2版）

U0224082

清华大学出版社

北　京

内 容 简 介

本书以比较流行的 MySQL 5.6 为平台,系统地介绍 MySQL 基础、MySQL 实验和 MySQL 综合应用三部分内容。首先介绍数据库基础,然后系统介绍 MySQL 基础知识,覆盖了 MySQL 的主要功能。MySQL 命令分层缩进,实例前后形成系统,运行结果屏幕化。同步配套习题和实验。同时,系统地介绍目前非常流行的 PHP、JavaEE、Python、Android Studio、Visual C♯、ASP.NET(C♯)等平台开发 MySQL 数据库应用系统的方法。通过本书的学习模仿,可基本掌握这些平台开发 MySQL 数据库应用系统的方法。

本书专门配套有教学课件以及为有关应用实习环境配置的完整网络文档,免费提供所有 6 个实习平台开发的可运行的源程序文件,有关的系统文件也包含其中。需要者请到清华大学出版社网站(http://www.tup.tsinghua.edu.cn)免费下载,教学和自学将十分方便。

本书适合作为大学本科、高职高专相关课程的教材,也可供广大数据库应用开发人员使用或参考。

图书在版编目(CIP)数据

MySQL 教程/郑阿奇主编.—2 版.—北京:清华大学出版社,2021.7(2024.2重印)
高等院校程序设计系列教材
ISBN 978-7-302-58476-6

Ⅰ.①M…　Ⅱ.①郑…　Ⅲ.①关系数据库系统-高等学校-教材　Ⅳ.①TP311.138

中国版本图书馆 CIP 数据核字(2021)第 121290 号

责任编辑:张瑞庆
封面设计:何凤霞
责任校对:胡伟民
责任印制:宋　林

出版发行:清华大学出版社
　　　网　　　址:https://www.tup.com.cn,https://www.wqxuetang.com
　　　地　　　址:北京清华大学学研大厦 A 座　　　　　邮　　编:100084
　　　社 总 机:010-83470000　　　　　　　　　　　　邮　　购:010-62786544
　　　投稿与读者服务:010-62776969,c-service@tup.tsinghua.edu.cn
　　　质量反馈:010-62772015,zhiliang@tup.tsinghua.edu.cn
　　　课件下载:https://www.tup.com.cn,010-83470236
印 装 者:三河市铭诚印务有限公司
经　　销:全国新华书店
开　　本:185mm×260mm　　印　　张:25.75　　　　　字　　数:643 千字
版　　次:2015 年 4 月第 1 版　　2021 年 8 月第 2 版　　印　　次:2024 年 2 月第 4 次印刷
定　　价:69.99 元

产品编号:089173-01

FOREWORD

前 言

MySQL 是由瑞典 MySQL AB 公司开发的数据库管理系统,由于其体积小、速度快且完全免费开源,总体拥有成本低,故一般的中小型企业都很乐于选择它作为其网站数据库。2008 年 1 月,MySQL AB 公司被 Sun 公司收购,而仅仅过了 1 年(2009 年),Sun 公司又被 Oracle(甲骨文)公司收购,历经多个公司的兼并和重组,投入在 MySQL 升级开发上的资源越来越多,MySQL 自身的功能也随之变得越来越强大。

本书以目前比较流行的 MySQL 5.6 为平台,在继承第 1 版结构和特色的基础上,结合当前数据库教学和应用开发实践,对综合应用进行了重新设计。MySQL 的主要功能包括创建数据库和表及表记录操作、数据库的查询和视图、索引与完整性约束、MySQL 语言结构、过程式数据库对象、数据库备份与恢复、用户和数据安全管理、多用户事务管理等。MySQL 命令分层缩进,实例前后形成系统,运行结果屏幕化,直观清晰。

综合应用包括目前非常流行的 PHP、JavaEE、Python、Android Studio、Visual C♯、ASP.NET(C♯)等平台操作和开发 MySQL 数据库应用系统的方法。每一个实习都构成了一个小的应用系统,功能基本相同,代码不会太多,但包含操作数据库的主要方法。

本书融基础和应用于一体,系统性、应用性强,并且从方便教和学两个角度组织内容、调试实例和安排综合应用,教和学十分方便。

本书专门配套有教学课件以及为教学课件的有关应用实习环境配置的完整网络文档,免费提供所有 6 个实习平台开发的可运行的源程序文件,有关的系统文件也包含其中,需要者请到清华大学出版社网站(http://www.tup.tsinghua.edu.cn)免费下载,教学和自学非常方便。

本书由郑阿奇(南京师范大学)主编,参加本书编写的还有周何骏、孙德荣、郑博琳等。

由于我们的水平有限,错误在所难免,敬请广大师生、读者批评指正。

意见建议邮箱:easybooks@163.com。

编 者
2021 年 3 月

高等院校程序设计系列教材

目录

第一部分　MySQL 基础

第二部分　MySQL 实验

第三部分　MySQL 综合应用

CHAPTER 第 1 章
数据库基础

为了更好地学习 MySQL,首先介绍数据库的基本概念,如果学习过数据库原理知识,那么本章数据库原理部分仅作为参考。

1.1 数据库基本概念

1.1.1 数据库系统

1. 数据库

数据库(DB)是存放数据的仓库,而且这些数据存在一定的关联,并按一定的格式存放在计算机内。例如,把一个学校的学生、课程、成绩等数据有序地组织并存放在计算机内,就可以构成一个数据库。

2. 数据库管理系统

数据库管理系统(DBMS)按一定的数据模型组织数据形成数据库,并对数据库进行管理。简单地说,DBMS 就是管理数据库的系统(软件)。数据库系统管理员(DataBase Administrator,DBA)通过 DBMS 对数据库进行管理。

目前,比较流行的 DBMS 有 Oracle、SQL Server、MySQL、Access 等。其中,Oracle 是目前最流行的大型关系数据库管理系统。本书介绍的是 Oracle 11g 版。

3. 数据库系统

数据、数据库、数据库管理系统与操作数据库的应用程序,加上支撑它们的硬件平台、软件平台和与数据库有关的人员一起构成了一个完整的数据库系统。图 1.1 描述了数据库系统的构成。

1.1.2 数据模型

数据库管理系统根据数据模型对数据进行存储和管理,数据库管理系统采用的数据模型主要有层次模型、网状模型和关系模型。随着信息管理内容的不断扩展和新技术的层出

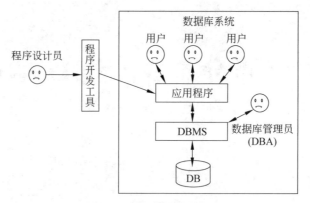

图 1.1   数据库系统的构成

不穷,数据库技术面临着前所未有的挑战,面对新的数据形式,人们提出了丰富多样的数据模型,例如面向对象模型、半结构化模型等。

1. 层次模型

层次模型将数据组织成一对多关系的结构,采用关键字来访问其中每一层次的每一部分。它存取方便且速度快;结构清晰,容易理解;数据修改和数据库扩展容易实现;检索关键属性十分方便。但是,结构不够灵活;同一属性数据要存储多次,数据冗余大;不适合于拓扑空间数据的组织。

图 1.2 是按层次模型组织的数据示例。

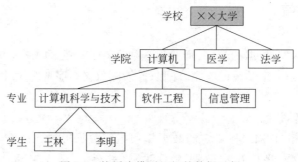

图 1.2   按层次模型组织的数据示例

2. 网状模型

网状模型具有多对多类型的数据组织方式。它能明确而方便地表示数据间的复杂关系,数据冗余小。但是,网状结构的复杂增加了用户查询和定位的困难;需要存储数据间联系的指针,使得数据量增大;数据的修改不方便。

图 1.3 是按网状模型组织的数据示例。

3. 关系模型

关系模型以记录组或二维数据表的形式组织数据,以便于利用各种实体与属性之间的关系进行存储和变换,不分层也无指针,是建立空间数据和属性数据之间关系的一种非常有效的数据组织方法。它的结构特别灵活,概念单一,满足所有布尔逻辑运算和数学运算规则形成的查询要求;能搜索、组合和比较不同类型的数据;增加和删除数据非常方便;具有更高

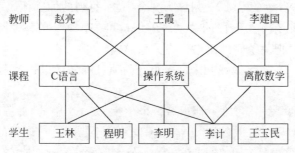

图 1.3　按网状模型组织的数据示例

的数据独立性、更好的安全保密性。但是,当数据库大时,查找满足特定关系的数据费时,而且无法表达空间关系。

　　例如,在学生成绩管理系统所涉及的"学生""课程"和"成绩"三个表中,"学生"表涉及的主要信息有学号、姓名、性别、出生时间、专业、总学分、备注;"课程"表涉及的主要信息有课程号、课程名、开课学期、学时和学分;"成绩"表涉及的主要信息有学号、课程号和成绩。表 1.1、表 1.2 和表 1.3 分别描述了学生成绩管理系统中"学生""课程"和"成绩"三个表的部分数据。

表 1.1　"学生"表

学　号	姓　名	性　别	出生时间	专　业	总学分	备　　注
151101	王林	男	1997-02-10	计算机	50	
151103	王燕	女	1996-10-06	计算机	50	
151108	林一帆	男	1996-08-05	计算机	52	已提前修完一门课
151202	王林	男	1996-01-29	通信工程	40	有一门课不及格,待补考
151204	马琳琳	女	1996-02-10	通信工程	42	

表 1.2　"课程"表

课　程　号	课　程　名	开课学期	学　　时	学　　分
0101	计算机基础	1	80	5
0102	程序设计与语言	2	68	4
0206	离散数学	4	68	4

表 1.3　"成绩"表

学　　号	课　程　号	成　绩	学　　号	课　程　号	成　绩
081101	101	80	081108	101	85
081101	102	78	081108	102	64
081101	206	76	081108	206	87
081103	101	62	081202	101	65
081103	102	70	081204	101	91

表格中的一行称为一个记录，一列称为一个字段，每列的标题称为字段名。如果给每个关系表取一个名字，则有 n 个字段的关系表的结构可表示为：关系表名（字段名 1，字段名 2，…，字段名 n)，通常把关系表的结构称为关系模式。

在关系表中，如果一个字段或几个字段组合的值可唯一标识其对应记录，则称该字段或字段组合为码。

例如，表 1.1 中的"学号"可唯一标识每一个学生，表 1.2 中的"课程号"可唯一标识每一门课。表 1.3 中的"学号"和"课程号"可唯一标识每一个学生一门课程的成绩。

有时，一个表可能有多个码，比如表 1.1 中，姓名不允许重名，则"学号"和"姓名"均是学生信息表码。对于每一个关系表，通常可指定一个码为"主码"，在关系模式中，一般用下画线标出主码。

设表 1.1 的名字为 xsb，关系模式可分别表示为：xsb（学号，姓名，性别，出生时间，专业，总学分，备注）。

设表 1.2 的名字为 kcb，关系模式可分别表示为：kcb（课程号，课程名，开课学期，学时，学分）。

设表 1.3 的名字为 cjb，关系模式可分别表示为：cjb（学号，课程号，成绩，学分）。

通过上面分析可以看出，关系模型更适合组织数据，所以使用最广泛。Oracle 是目前最流行的大型关系数据库管理系统。

关系数据库分为两类：一类是桌面数据库，另一类是客户/服务器数据库。

一般而言，桌面数据库用于小型的、单机的应用程序，它不需要网络和服务器，实现起来比较方便，但它只提供数据的存取功能。例如，Access、FoxPro、和 Excel 等属于桌面数据库。

客户/服务器数据库主要适用于大型的、多用户的数据库管理系统，包括两部分：一部分驻留在客户机上，用于向用户显示信息及实现与用户的交互；另一部分驻留在服务器中，主要用来实现对数据库的操作和对数据的计算处理。在开发数据库应用程序时，也可以将它们放在一台计算机上进行调试，调试完成再把数据库放到服务器上。

大型关系数据库管理系统一般为 Oracle，例如 SQL Server、DB2、Ingers、Informix 和 Sybase 等。小型关系数据库管理系统一般为 MySQL 和 SQLite。其中，SQLite 是一个强大的嵌入式关系数据库管理系统；MySQL 是最流行的 RDBMS，MySQL8.0 以上版本的功能得到了显著增强。PostgreSQL 是最先进 SQL 型开源 objective-RDBMS。

1.1.3　关系数据库语言

SQL（Structured Query Language，结构化查询语言）是用于关系数据库查询的结构化语言。SQL 的功能包括数据定义语言（DDL）、数据操纵语言（DML）、数据控制语言（DCL）和数据查询语言（DQL）。

（1）数据定义语言：用于执行数据库的任务，对数据库以及数据库中的各种对象进行创建、删除、修改等操作。如前所述，数据库对象主要包括表、默认约束、规则、视图、触发器、存储过程。DDL 包括的主要语句及功能如表 1.4 所示。

（2）数据操纵语言：用于操纵数据库中的各种对象，检索和修改数据。DML 包括的主要语句及功能如表 1.5 所示。

表 1.4　DDL 包括的主要语句及功能

语　句	功　能
CREATE	创建数据库或数据库对象
ALTER	对数据库或数据库对象进行修改
DROP	删除数据库或数据库对象

表 1.5　DML 包括的主要语句及功能

语　句	功　能
SELECT	从表或视图中检索数据
INSERT	将数据插入到表或视图中
UPDATE	修改表或视图中的数据
DELETE	从表或视图中删除数据

（3）数据控制语言：用于安全管理，确定哪些用户可以查看或修改数据库中的数据。DCL 包括的主要语句及功能如表 1.6 所示。

表 1.6　DCL 包括的主要语句及功能

语　句	功　能
GRANT	授予权限
REVOKE	收回权限
DENY	收回权限，并禁止从其他角色继承许可权限

（4）数据查询语言：主要通过 SELECT 语言实现各种查询功能。

目前，许多关系数据库管理系统均支持 SQL 语言，例如 Oracle、SQL Server、MySQL等。但是，不同数据库管理系统之间的 SQL 语言不能完全通用。例如，甲骨文公司的Oracle 数据库所使用的 SQL 语言是 Procedural Language/SQL（简称 PL/SQL），而微软公司的 SQL Server 数据库系统支持的则是 Transact-SQL（简称 T-SQL）。PL/SQL 是 ANSISQL 的扩展加强版 SQL 语言，除了提供标准的 SQL 命令之外，还对 SQL 做了许多补充。

1.2　数据库设计

数据模型按不同的应用层次分成三种类型：概念数据模型、逻辑数据模型、物理数据模型。

1.2.1　概念数据模型

概念数据模型（Conceptual Data Model）是面向数据库用户的实现世界的模型，主要用来描述世界的概念化结构，它使数据库的设计人员在设计的初始阶段，摆脱计算机系统及DBMS 的具体技术问题，集中精力分析数据以及数据之间的联系等，与具体的数据管理系统无关。概念数据模型必须换成逻辑数据模型，才能在 DBMS 中实现。

概念数据模型用于信息世界的建模：一方面，应该具有较强的语义表达能力，能够方便直接表达应用中的各种语义知识；另一方面，它还应该简单、清晰、易于用户理解。在概念数据模型中最常用的是 E-R 模型、扩充的 E-R 模型、面向对象模型及谓词模型。

通常，E-R 模型把每一类数据对象的个体称为"实体"，而每一类对象个体的集合称为"实体集"。例如，在学生成绩管理系统中主要涉及"学生"和"课程"两个实体集。其他非主要的实体可以有很多，如班级、班长、任课教师、辅导员等实体。

把每个实体集涉及的信息项称为属性。就"学生"实体集而言,它的属性有:学号、姓名、性别、出生时间、专业、总学分和备注。"课程"实体集属性有:课程号、课程名、开课学期、学时和学分。

实体集中的实体彼此是可区别的。如果实体集中的属性或最小属性组合的值能唯一标识其对应实体,则将该属性或属性组合称为码。码可能有多个,对于每一个实体集,可指定一个码为主码。

如果用矩形框表示实体集,用带半圆的矩形框表示属性,用线段连接实体集与属性,当一个属性或属性组合指定为主码时,在实体集与属性的连接线上标记一斜线,则可以用如图 1.4 所示的形式描述学生成绩管理系统中的实体集及每个实体集涉及的属性。

实体集 A 和实体集 B 之间存在各种关系,通常把这些关系称为"联系"。通常,将实体集及实体集联系的图表示称为实体(Entity)-联系(Relationship)模型。

E-R 图就是 E-R 模型的描述方法,即实体-联系图。通常,关系数据库的设计者使用 E-R 图来对信息世界建模。在 E-R 图中,使用矩形表示实体型,使用椭圆表示属性,使用菱形表示联系。从分析用户项目涉及的数据对象及数据对象之间的联系出发,到获取 E-R 图的过程称为概念结构设计。

两个实体集 A 和 B 之间的联系可能是以下三种情况之一。

1. 一对一的联系(1∶1)

A 中的一个实体至多与 B 中的一个实体相联系,B 中的一个实体也至多与 A 中的一个实体相联系。例如,"班级"与"班长"这两个实体集之间的联系是一对一的联系,因为一个班级只有一个班长,反过来,一个班长只属于一个班级。"班级"与"班长"两个实体集的 E-R 模型如图 1.5 所示。

2. 一对多的联系(1∶n)

A 中的一个实体可以与 B 中的多个实体相联系,而 B 中的一个实体至多与 A 中的一个实体相联系。例如,"班级"与"学生"这两个实体集之间的联系是一对多的联系,因为一个班级可有若干学生,反过来,一个学生只能属于一个班级。"班级"与"学生"两个实体集的 E-R 模型如图 1.6 所示。

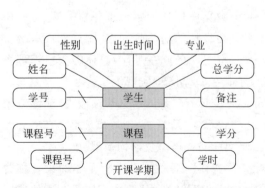

图 1.4 "学生"和"课程"实体集属性的描述

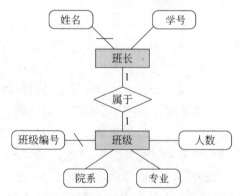

图 1.5 "班级"与"班长"两个实体集的 E-R 模型

3. 多对多的联系(m∶n)

A 中的一个实体可以与 B 中的多个实体相联系,而 B 中的一个实体也可与 A 中的多个实体相联系。例如,"学生"与"课程"这两个实体集之间的联系是多对多的联系,因为一个学生可选多门课程,反过来,一门课程可被多个学生选修。"学生"与"课程"两个实体集的 E-R 模型如图 1.7 所示。

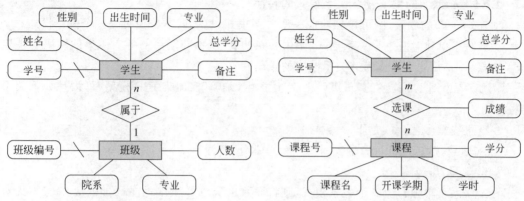

图 1.6 "班级"与"学生"两个实体集的 E-R 模型 图 1.7 "学生"与"课程"两个实体集的 E-R 模型

1.2.2 逻辑数据模型

逻辑数据模型(Logical Data Model)是用户从数据库所看到的模型,是具体的数据库管理系统(DBMS)所支持的数据模型。此模型既要面向用户,又要面向系统,主要用于 DBMS 的实现。

前面用 E-R 图描述学生成绩管理系统中实体集与实体集之间的联系,为了设计关系型的学生成绩管理数据库,需要确定包含哪些表,以及每个表的结构是怎样的。

前面已介绍了实体集之间的联系,下面将根据三种联系从 E-R 图获得关系模式的方法。

1. (1∶1)联系的 E-R 图到关系模式的转换

对于(1∶1)的联系,既可单独对应一个关系模式,也可以不单独对应一个关系模式。

(1) 联系单独对应一个关系模式,则由联系属性、参与联系的各实体集的主码属性构成关系模式,其主码可选参与联系的实体集的任一方的主码。

例如,考虑图 1.5 描述的"班级(bjb)"与"班长(bzb)"实体集通过属于(syb)联系 E-R 模型,可设计如下关系模式(下画线表示该字段为主码):

bjb(班级编号,院系,专业,人数)

bzb(学号,姓名)

syb(学号,班级编号)

(2) 联系不单独对应一个关系模式,联系的属性及一方的主码加入另一方实体集对应的关系模式中。

例如,考虑图 1.5 描述的"班级(bjb)"与"班长(bzb)"实体集通过属于(syb)联系 E-R 模型,可设计如下关系模式:

bjb(<u>班级编号</u>,院系,专业,人数)

bzb(<u>学号</u>,姓名,班级编号)

或

bjb(<u>班级编号</u>,院系,专业,人数,学号)

bzb(<u>学号</u>,姓名)

2. (1∶n)联系的 E-R 图到关系模式的转换

对于(1∶n)的联系,既可单独对应一个关系模式,也可以不单独对应一个关系模式。

(1) 联系单独对应一个关系模式,则由联系的属性、参与联系的各实体集的主码属性构成关系模式,n 端的主码作为该关系模式的主码。

例如,考虑图 1.6 描述的"班级(bjb)"与"学生(xsb)"实体集 E-R 模型,可设计如下关系模式:

bjb(<u>班级编号</u>,院系,专业,人数)

xsb(<u>学号</u>,姓名,性别,出生时间,专业,总学分,备注)

syb(<u>学号</u>,班级编号)

(2) 联系不单独对应一个关系模式,则将联系的属性及 1 端的主码加入 n 端实体集对应的关系模式中,主码仍为 n 端的主码。

例如,图 1.6 描述的"班级(bjb)"与"学生(xsb)"实体集 E-R 模型可设计如下关系模式:

bjb(<u>班级编号</u>,院系,专业,人数)

xsb(<u>学号</u>,姓名,性别,出生时间,专业,总学分,备注,班级编号)

3. (m∶n)联系的 E-R 图到关系模式的转换

对于(m∶n)的联系,单独对应一个关系模式,该关系模式包括联系的属性、参与联系的各实体集的主码属性,该关系模式的主码由各实体集的主码属性共同组成。

例如,图 1.7 描述的"学生(xsb)"与"课程(kcb)"实体集之间的联系可设计如下关系模式:

xsb(<u>学号</u>,姓名,性别,出生时间,专业,总学分,备注)

kcb(<u>课程号</u>,课程名称,开课学期,学时,学分)

cjb(<u>学号</u>,<u>课程号</u>,成绩)

关系模式 cjb 的主码是由"学号"和"课程号"两个属性组合起来构成的一个主码,一个关系模式只能有一个主码。

至此,已介绍了根据 E-R 图设计关系模式的方法。通常,这一设计过程称为逻辑结构设计。

在设计好一个项目的关系模式后,就可以在数据库管理系统环境下,创建数据库、关系表及其他数据库对象,输入相应数据,并根据需要对数据库中的数据进行各种操作。

1.2.3 物理数据模型

物理数据模型(Physical Data Model)是面向计算机物理表示的模型,描述了数据在储存介质上的组织结构,它不但与具体的 DBMS 有关,而且还与操作系统和硬件有关。每一种逻辑数据模型在实现时都有其对应的物理数据模型。DBMS 为了保证其独立性与可移植性,大部分物理数据模型的实现工作由系统自动完成,而设计者只设计索引、聚集等特殊结构。

习题 1

1. 什么是数据库？数据库的用途是什么？

2. 什么是 DBMS？它应具备哪些主要功能？

3. 某高校中有若干个院，每个院有若干个年级和系，每个系有若干个教师，其中有教授和副教授每人带若干个研究生。同时，每个年级有许多学生，每个学生选修若干课程，每门课可由很多学生选修，试用 E-R 图描述此学校的概念模型。

4. 定义并解释概念模型中的术语：实体，属性，码，E-R 图。

5. 举出一个自己身边的关系模型例子，并用 E-R 图来描述。

6. 简述 SQL 语言的特点。

CHAPTER 第 **2** 章

MySQL 环境

2.1 MySQL 数据库

2.1.1 MySQL 概述

MySQL 是由瑞典 MySQL AB 公司开发的 DBMS,由于其体积小、速度快且完全免费开源,总体拥有成本低,故一般的中小型企业都很乐于选择它作为其网站数据库。

1. MySQL 的特点

MySQL 的特点主要表现在以下几个方面:

(1) 使用核心线程的完全多线程服务,这意味着可以采用多 CPU 体系结构。

(2) 可运行在不同平台。

(3) 使用 C 和 C++ 编写,并使用多种编译器进行测试,保证了源代码的可移植性。

(4) 支持 AIX、FreeBSD、HP-UX、Linux、Mac OS、Novell NetWare、OpenBSD、OS/2 Wrap、Solaris、Windows 等多种操作系统。

(5) 为多种编程语言提供了 API。这些编程语言包括 C、C++ 、Eiffel、Java、Perl、PHP、Python、Ruby 和 Tcl 等。

(6) 优化的 SQL 查询算法,可有效地提高查询速度。

(7) 既能够作为一个单独的应用程序用在客户/服务器网络环境中,也能够作为一个库嵌入到其他的软件中提供多语言支持,常见的编码如中文 GB2312、BIG5、日文 Shift_JIS 等都可用作数据库的表名和列名。

(8) 提供 TCP/IP、ODBC 和 JDBC 等多种数据库连接途径。

(9) 提供可用于管理、检查、优化数据库操作的管理工具。

(10) 能够处理拥有上千万条记录的大型数据库。

2. MySQL 发展

早期的 MySQL 仅仅是一个小型的纯关系数据库管理系统,只支持标准 SQL 的最基本功能,不支持多用户大量的并发访问,甚至也不具备触发器这类基础的数据库对象,但因其免费开放源代码的优势,且它提供的功能对于绝大多数个人用户乃至中小型企业来说已经绰绰有余,这使得 MySQL 作为一款小型轻量级数据库在互联网上大受欢迎。

2008 年 1 月,MySQL AB 公司被 Sun 公司收购,而仅仅过了 1 年(2009 年),Sun 公司又被 Oracle(甲骨文)公司收购,历经多个公司如滚雪球般的兼并和重组,投入在 MySQL 升级开发上的资源越来越多,MySQL 自身的功能也随之变得越来越强大。

从 MySQL 5.6 起,数据库开始运行于.NET Framework 4 以上平台,安装和配置过程与之前版本相比发生了很大变化。MySQL 5.6 新增在线 DDL 更改、数据架构支持动态应用程序功能,同时复制全局事务标识以支持自我修复式集群,复制无崩溃从机提高了可用性,复制多线程从机以提高性能。MySQL 5.7 在 5.6 版基础上又增加了新的优化器、原生 JSON 支持、多源复制以及 GIS 空间扩展等功能。2017 年,Oracle 公司发布了 MySQL 的最新版本——MySQL 8.0,从 5.7 一跃而成 8.0,可见这个版本 MySQL 的更新之大,可谓 MySQL 发展史上的一个里程碑。

不过,从教学角度看,MySQL 5.6 仍然是一个比较好的选择。从应用角度看,有了 MySQL 5.6 基础,应用 MySQL 8.0 也并不太困难。本书仍然以 MySQL 5.6 作为平台进行介绍。

3. MySQL 各版本

MySQL 有多个不同用途的版本,其主要区别如下:

(1) MySQL Community Server(社区版),开源免费,但不提供官方技术支持。

(2) MySQL Enterprise Edition(企业版),需付费,可以试用 30 天。

(3) MySQL Cluster(集群版),开源免费,可将几个 MySQL Server 封装成一个 Server。

(4) MySQL Cluster CGE(高级集群版),需付费。

其中,MySQL Community Server 是最常用的 MySQL 版本,作为通行的高校教材,本书也是以这个版本为例来介绍 MySQL 的基础知识和各项新技术的。

2.1.2　MySQL 5.6 安装运行

自 MySQL 版本升级到 5.6 以后,其安装及配置过程和原来版本发生了很大的变化。下面分步骤详细介绍 5.6 版本 MySQL 的下载安装、配置及运行过程。首先确保系统中安装了 Microsoft.NET Framework 4.0。

1. MySQL 下载安装

(1) MySQL 的安装包可从 http://dev.mysql.com/downloads/免费下载,下载得到的安装包名为 mysql-installer-community-5.6.12.0.msi,双击会弹出如图 2.1 所示的欢迎界面。

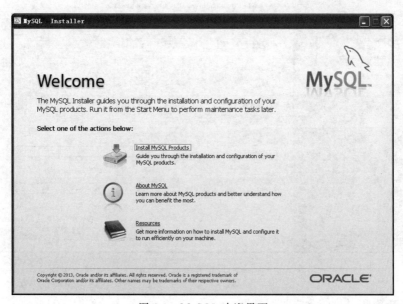

图 2.1　MySQL 欢迎界面

（2）单击图中的 Install MySQL Products 文字链接，会弹出用户许可证协议界面。

（3）选中 I accept the license terms 复选框，然后单击 Next 按钮，会进入查找最新版本界面，效果如图 2.2 所示。

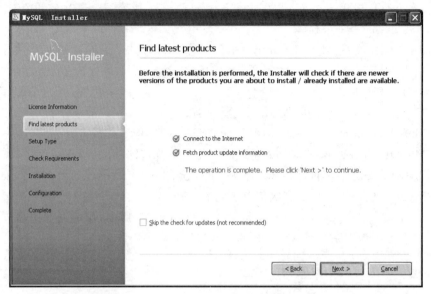

图 2.2   查找最新版本界面

（4）单击 Next 按钮，进入安装类型设置界面，效果如图 2.3 所示。

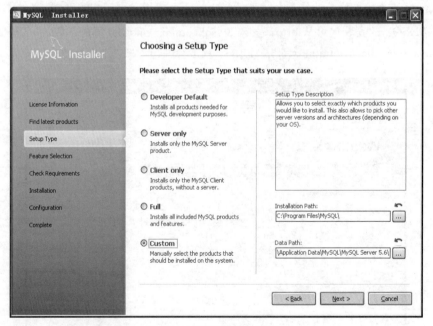

图 2.3   安装类型设置界面

图中各选项和栏目的含义见表 2.1。

表 2.1　安装类型页的选项和栏目

选项/栏目	含　义
Developer Default	默认安装类型（MySQL 开发必要的组件）
Server only	只安装服务器
Client only	只安装客户端，不包括服务器
Full	完全安装类型
Custom	自定义安装类型
Installation Path	MySQL 安装路径（显示默认位置）
Data Path	数据库数据文件的路径（显示默认位置）

这里 MySQL 默认的安装路径为：

```
C:\Program Files\MySQL\
```

默认的数据库数据文件的路径为：

```
C:\Documents and Settings\All Users\Application Data\MySQL\MySQL Server5.6\
Data\
```

（5）选中图 2.3 中的 Custom 单选按钮，其余保持默认值，然后单击 Next 按钮，弹出功能选择窗口，如图 2.4 所示。

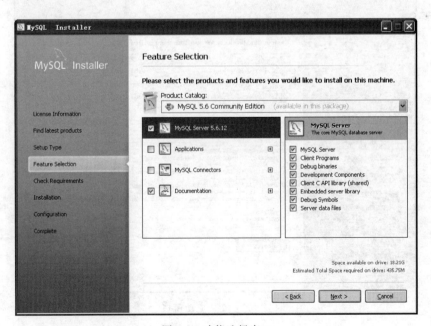

图 2.4　功能选择窗口

（6）取消选中图 2.4 中 Applications 及 MySQL Connectors 复选框，然后单击 Next 按钮，弹出安装需求检查窗口。

（7）单击 Next 按钮，进入程序安装窗口，如图 2.5 所示。

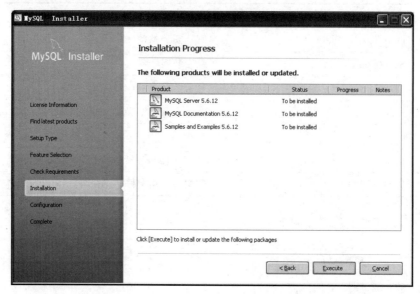

图 2.5　程序安装窗口

（8）单击 Execute 按钮，开始安装程序，之前安装向导过程中所做的设置将在安装完成之后生效，并会弹出如图 2.6 所示的窗口。

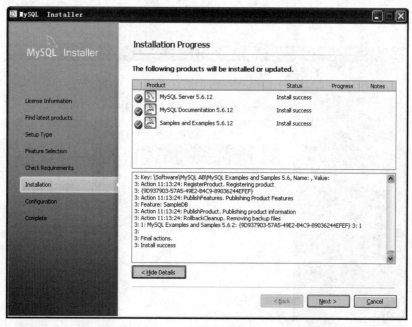

图 2.6　安装成功窗口

至此，MySQL 安装成功！下面进入配置过程。

2. MySQL 服务器配置

（1）在如图 2.6 所示的安装成功窗口上，单击 Next 按钮，就进入服务器配置窗口，如

图 2.7 所示。

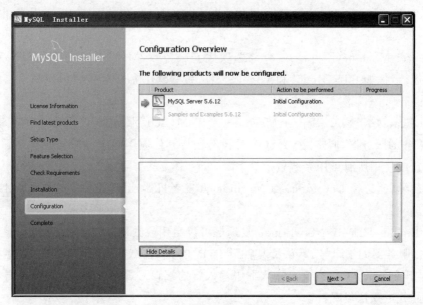

图 2.7　服务器配置窗口

　　(2) 单击 Next 按钮，出现第一个配置窗口，如图 2.8 所示。其中，Server Configuration Type 选项组的 Config Type 下拉列表框用来配置当前服务器的类型。究竟选择哪一种服务器，将影响到 MySQL 对内存、硬盘等系统资源的使用决策，可以选择以下三种服务器类型。

图 2.8　配置窗口一

① Development Machine(开发者机器)——该选项代表典型的个人用桌面工作站。假定机器上运行着多个桌面应用程序,将 MySQL 服务器配置成使用最少的系统资源。

② Server Machine(服务器)——该选项代表服务器,MySQL 服务器可以同其他应用程序一起运行,例如 FTP、Email 和 Web 服务器。MySQL 服务器配置成使用适当比例的系统资源。

③ Dedicated MySQL Server Machine(专用 MySQL 服务器)——该选项代表只运行 MySQL 服务的服务器,假定除 MySQL 外没有运行其他应用程序。在这种情况下,MySQL 服务器配置成使用所有可用系统资源。

作为初学者,选择 Development Machine(开发者机器)已经足够了,这样占用系统的资源不会很多。

通过 Enable TCP/IP Networking 复选框可以启用或禁用 TCP/IP 网络,并配置用来连接 MySQL 服务器的端口号,默认情况启用 TCP/IP 网络,默认端口为 3306。要想更改访问 MySQL 使用的端口,直接在文本输入框中输入新的端口号即可,但要保证新的端口号没有被占用。此处取默认设置。

(3) 单击 Next 按钮,出现第二个配置窗口,如图 2.9 所示。

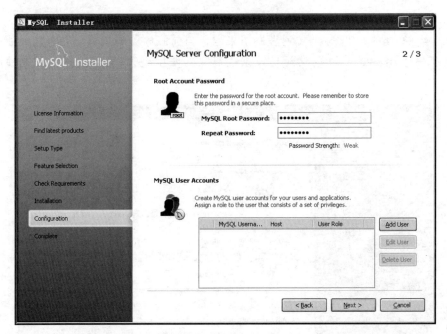

图 2.9   配置窗口二

在图 2.9 所示的界面中,需要设置 root 用户的密码,在 MySQL Root Password(输入新密码)和 Repeat Password(确认密码)两个文本框内输入期望的密码。也可以单击下面的 Add User 按钮另行添加新的用户。

(4) 单击 Next 按钮,出现如图 2.10 所示的第三个配置窗口。

此页配置 Windows 服务的细节,不用管它,保留默认值即可。

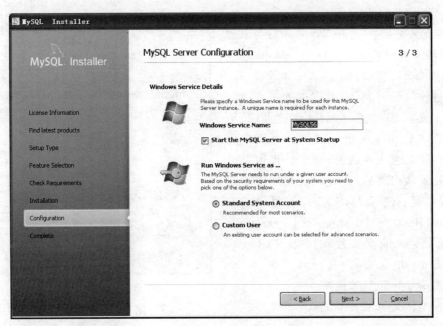

图 2.10　配置窗口三

（5）单击 Next 按钮，打开配置信息显示窗口，如图 2.11 所示。

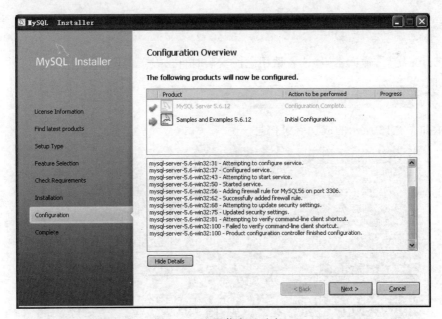

图 2.11　配置信息显示窗口

（6）单击 Next 按钮，出现完成安装窗口，说明 MySQL 数据库的整个安装配置过程都圆满完成。最后，单击 Finish 按钮结束服务器配置。

3. MySQL 数据库试运行

为了验证上述的安装和配置是否成功，先来运行 MySQL 数据库。

1）启动 MySQL 服务

安装配置完成后，打开 Windows 任务管理器，可以看到 MySQL 服务进程 mysqld.exe 已经启动了，如图 2.12 所示。

此进程对于 MySQL 数据库的正常运行来说是至关重要的，使用 MySQL 之前，必须确保进程 mysqld.exe 已经启动。但用户关机后重新开机进入系统时，这个进程很有可能并不是默认启动的，这时就要靠用户手动开启，方法是：进入 MySQL 安装目录 C:\Program Files\MySQL\MySQL Server 5.6\bin（读者请进入自己安装 MySQL 的 bin 目录），双击 mysqld.exe 即可。

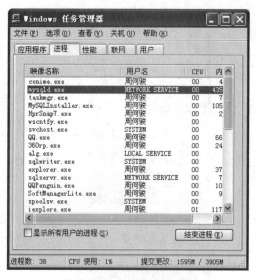

图 2.12　MySQL 服务进程

2）登录 MySQL 数据库

进入 Windows 命令行，输入：

```
C:\...>cd  C:\Program Files\MySQL\MySQL Server 5.6\bin
```

进入 MySQL 可执行程序目录，再输入：

```
C:\Program Files\MySQL\MySQL Server 5.6\bin>mysql-u root-p
```

按 Enter 键后，输入密码（读者请用之前安装时自己设置的密码）：

```
Enter password: 19830925
```

显示如图 2.13 所示的成功登录信息。

图 2.13　MySQL 成功登录

图 2.13 进入的其实就是 MySQL 的命令行模式,在命令行提示符 mysql>后输入 quit,可退出命令行。

3）设置 MySQL 字符集

为了让 MySQL 数据库能够支持中文,必须设置系统字符集编码。

输入命令:

```
SHOW VARIABLES LIKE 'char%';
```

可查看当前连接系统的参数,如图 2.14 所示。

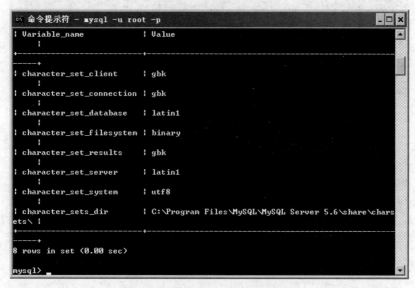

图 2.14　查看当前连接系统的参数

然后输入:

```
SET CHARACTER_SET_DATABASE='gbk';
SET CHARACTER_SET_SERVER='gbk';
```

将数据库和服务器的字符集均设为 gbk(中文)。

最后输入命令:

```
STATUS;
```

结果如图 2.15 所示。

从图 2.15 中框出的部分可见,系统的 Server(服务器)、Db(数据库)、Client(客户端)及 Conn.(连接)的字符集都改成了 gbk,这样,整个 MySQL 系统就能彻底支持中文字符了!

2.1.3　MySQL 命令初步

下面简单介绍几个 MySQL 命令行的入门操作,更详细的内容将在本书的后续章节介绍。

```
命令提示符 - mysql -u root -p
mysql> status;
--------------
mysql  Ver 14.14 Distrib 5.6.12, for Win32 (x86)

Connection id:          2
Current database:
Current user:           root@localhost
SSL:                    Not in use
Using delimiter:        ;
Server version:         5.6.12 MySQL Community Server (GPL)
Protocol version:       10
Connection:             localhost via TCP/IP
Server characterset:    gbk
Db     characterset:    gbk
Client characterset:    gbk
Conn.  characterset:    gbk
TCP port:               3306
Uptime:                 40 min 20 sec

Threads: 1  Questions: 11  Slow queries: 0  Opens: 67  Flush tables: 1  Open tab
les: 60  Queries per second avg: 0.004
--------------

mysql>
```

图 2.15   查看当前系统字符集

1. 创建、查看数据库

1) 查看系统数据库

查看 MySQL 系统的已有的数据库,输入命令:

```
SHOW DATABASES;
```

系统会列出已有的数据库。MySQL 系统使用的数据库 3 个:information_schema、mysql 和 performance_schema,它们都是 MySQL 安装时系统自动创建的,MySQL 把有关 DBMS 自身的管理信息都保存在这几个数据库中,如果删除了它们,MySQL 将不能正常工作,故请读者操作时千万注意! 如果安装时选择安装实例数据库,则系统还有另外两个实例数据库 sakila 和 world。

2) 创建用户数据库

为了创建用户自己使用的数据库,在 mysql> 提示符后输入 CREATE DATABASE 语句(注:MySQL 语句大小写不限,不区分大小写),此语句要指定数据库名:

```
CREATE DATABASE mytest;
```

这里创建了一个用于测试的数据库 mytest,使用 SHOW DATABASES 语句查看,执行结果列表中多了一项 mytest,就是用户刚刚创建的数据库,如图 2.16 所示。

数据库创建后,在安装 MySQL 时确定的数据库数据文件指定路径下就会产生以数据库名作为目录名的目录,如图 2.17 所示。在该目录下生成了一个 db.opt 文件,在该文件中记录了数据库的特征信息。

```
| Database           |
+--------------------+
| information_schema |
| mysql              |
| mytest             |
| performance_schema |
| sakila             |
| world              |
+--------------------+
6 rows in set (0.00 sec)
```

图 2.16   多了创建用户数据库

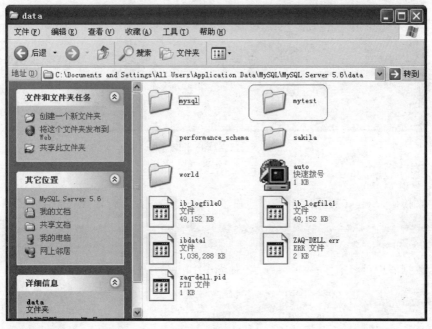

图 2.17　数据库目录

2. 在数据库中创建表

1) 切换当前数据库

接下来,要在 mytest 数据库中创建表,但 mytest 并不是系统默认的当前数据库,为了使它成为当前数据库,使用 USE 语句即可:

```
USE mytest
```

USE 为少数几个不需要终结符(;)的语句之一,当然,加上终结符也不会出错。

2) 创建表

使用 CREATE TABLE 语句可创建表。例如,创建一个名为 user 的表,留待后用:

```
CREATE TABLE user
(
    id              int auto_increment not null primary key,
    username        varchar(10) not null,
    password        varchar(10) not null
);
```

user 表包含 id、username 和 password 列。id 列标志字段,整型(int),字段数据由系统自动增一(auto_increment),并将其设置为主键(primary key);username 和 password 列分别存放不超过 10 个字符(varchar(10))用户名和密码,记录中这 3 个字段不允许为空(not null)。

说明:数据库中创建了一个表,在该数据库目录下就会生成主文件名为表名的两个文件,如图 2.18 所示。

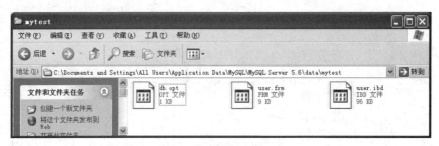

图 2.18　数据库目录中文件

3）查看表信息

现在来检验 mytest 数据库中是否创建了 user 表。在命令行输入：

```
SHOW TABLES;
```

系统显示数据库中已经有了一个 user 表，如图 2.19 所示，进一步输入：

```
DESCRIBE USER;
```

还可详细查看 user 表的结构、字段类型等信息。

```
mysql> show tables;
+-----------------+
| Tables_in_test  |
+-----------------+
| user            |
+-----------------+
1 row in set (0.00 sec)

mysql> describe user;
+----------+-------------+------+-----+---------+----------------+
| Field    | Type        | Null | Key | Default | Extra          |
+----------+-------------+------+-----+---------+----------------+
| id       | int(11)     | NO   | PRI | NULL    | auto_increment |
| username | varchar(10) | NO   |     | NULL    |                |
| password | varchar(10) | NO   |     | NULL    |                |
+----------+-------------+------+-----+---------+----------------+
3 rows in set (0.00 sec)
```

图 2.19　成功创建了 user 表

3. 向表中加入记录

通常，用 INSERT 语句向表中插入记录。例如：

```
INSERT INTO user VALUES(1, 'Tom', '19941216');
INSERT INTO user VALUES(2, '周何骏', '19960925');
```

VALUES 表必须包含表中每一列的值，并且按表中列的存放次序给出。在 MySQL 中，字符串值需要用单引号或双引号括起来。完成后输入下列命令：

```
SELECT * FROM user;
```

可查看表 user 中的所有记录，如图 2.20 所示。

请读者按照上述指导，熟悉 MySQL 命令行的操作。上机实践后，可使用 DROP

图 2.20　查看 user 表的内容

DATABASE 命令删除用户自己创建的数据库,使 MySQL 系统恢复原样:

```
DROP DATABASE mytest;
```

4. MySQL 命令说明

(1) 在描述命令格式时,用[ ]表示可选项。

(2) MySQL 命令不区分字母大小写,但本书为了读者阅读方便,在本书描述命令格式和命令实例时,命令关键字用大写字母表示,其他用小写字母表示。但在实际对 MySQL 操作时为了避免大小写字母频繁切换,一般都用小写字母。

(3) 命令关键字可以只写前面 4 个字符。

```
DESCRIBE user;
```

与

```
DESCR user;
```

效果是一样的。

(4) 修改命令结束符号。

在 MySQL 中,服务器处理语句的时候是以分号为结束标志的。使用 DELIMITER 命令将 MySQL 语句的结束标志修改为其他符号。

DELIMITER 语法格式为:

```
delimiter $$
```

说明:＄＄是用户定义的结束符,通常这个符号可以是一些特殊的符号,如两个♯、两个￥等。当使用 DELIMITER 命令时,应该避免使用反斜杠(\)字符,因为那是 MySQL 的转义字符。

例如,将 MySQL 结束符修改为两个斜杠(/)符号:

```
delimiter //
```

说明:执行完这条命令后,程序结束的标志就换为双斜杠符号"//"了。

要想恢复使用分号";"作为结束符,运行下面命令即可:

```
opdelimiter ;
```

2.2　常用 MySQL 界面工具

MySQL 除了可以通过命令操作数据库外，市场上还有许多图形化的工具操作 MySQL，这样操作数据库就更加简单方便。MySQL 的界面工具可分为两大类：图形化客户端和基于 Web 的管理工具。

2.2.1　图形化客户端

这类工具采用客户/服务器(C/S)架构，用户通过安装在桌面计算机上的客户端软件连接并操作后台的 MySQL 数据库，其原理如图 2.21 所示，客户端是图形化用户界面(GUI)。

图 2.21　图形化客户端

除了 MySQL 官方提供的管理工具 MySQL Administrator 和 MySQL Workbench，还有很多第三方开发的优秀工具，比较著名的有 Navicat、Sequel Pro、HeidiSQL、SQL Maestro MySQL Tools Family、SQLWave、dbForge Studio、DBTools Manager、MyDB Studio、Aqua Data Studio、SQLyog、MySQL Front 和 SQL Buddy 等。

2.2.2　基于 Web 的管理工具

这类工具采用浏览器/服务器(B/S)架构，用户计算机上无须再安装客户端，管理工具运行于 Web 服务器上，如图 2.22 所示。用户机器只要带有浏览器，就能以访问 Web 页的方式操作 MySQL 数据库中的数据。

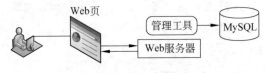

图 2.22　基于 Web 的管理工具

基于 Web 的管理工具有 phpMyAdmin、phpMyBackupPro 和 MySQL Sidu 等。

习题 2

1. 什么是 MySQL 界面工具？MySQL 界面工具分哪两大类？
2. 创建 test 数据库，查看数据库存放的目录和文件。
3. 在 test 数据库中创建 b1 表（自己定两个字段），输入信息。
4. 向 b1 表中输入几条记录，然后查询记录。

CHAPTER 第 **3** 章
MySQL 数据库和表

可以将数据库看作一个存储数据对象的容器,这些对象包括表、视图、触发器、存储过程等。其中,表是最基本的数据对象,是存放数据的实体。实际应用中,必须首先创建数据库,然后才能建立表及其他数据对象。

3.1 MySQL 数据库

3.1.1 创建数据库

使用 CREATE DATABASE 或 CREATE SCHEMA 命令可以创建数据库,其语法格式为:

```
CREATE {DATABASE|SCHEMA} [IF NOT EXISTS] 数据库名
[选项 ...]
```

选项:

```
[DEFAULT] CHARACTER SET 字符集
|[DEFAULT] COLLATE 校对规则名
```

说明:

- IF NOT EXISTS——在创建数据库前进行判断,只有该数据库目前尚不存在时才执行 CREATE DATABASE 操作。用此选项可以避免出现数据库已经存在而再新建的错误。
- DEFAULT——指定默认值。
- 字符集——指定数据库采用的字符集。
- COLLATE——指定字符集的校对规则。字符集和校对规则的概念参考附录 D。

【例 3.1】 创建学生成绩数据库 xscj。

```
mysql>create database xscj
```

如果已经创建了数据库,如 mytest,重复创建时系统会提示数据库已经存在,不能再创建。系统显示错误信息,如图 3.1 所示。使用 IF NOT EXISTS 选项从句可不显示错误信息。

```
mysql> create database mytest;
ERROR 1007 (HY000): Can't create database 'mytest'; database exists
mysql> create database if not exists mytest;
Query OK, 1 row affected, 1 warning (0.00 sec)
```

图 3.1 错误信息提示

创建了数据库之后使用 USE 命令可指定当前数据库,其语法格式为:

```
USE   数据库名;
```

例如,指定当前数据库为学生成绩数据库(xscj):

```
mysql>use xscj
```

说明：这个语句也可以用来从一个数据库"跳转"到另一个数据库,在用 CREATE DATABASE 语句创建了数据库之后,该数据库不会自动成为当前数据库,需要用这条 USE 语句来指定。

注意：在 MySQL 中,每一条 SQL 语句都以分号";"作为结束标志。

3.1.2　修改数据库

数据库创建后,如果需要修改数据库的参数,可以使用 ALTER DATABASE 命令,其语法格式为:

```
ALTER {DATABASE |SCHEMA}［数据库名］
    选项  ...
```

选项：

```
［DEFAULT］CHARACTER SET 字符集名
    | ［DEFAULT］COLLATE 校对规则名
```

说明：ALTER DATABASE 用于更改数据库的全局特性,这些特性存储在数据库目录中的 db.opt 文件中。用户必须有对数据库进行修改的权限,才可以使用 ALTER DATABASE。修改数据库的选项与创建数据库相同,功能不再重复说明。如果语句中数据库名称忽略,则修改当前(默认)数据库。

【例 3.2】 修改学生成绩数据库(xscj)默认字符集和校对规则。

输入命令如图 3.2 所示。

```
mysql> alter database xscj
    -> default character set gb2312
    -> default collate gb2312_chinese_ci;
Query OK, 1 row affected (0.00 sec)
```

图 3.2　执行命令

3.1.3　删除数据库

已经创建的数据库需要删除,可使用 DROP DATABASE 命令,其语法格式为:

```
DROP DATABASE   ［IF EXISTS］数据库名
```

还可以使用 IF EXISTS 子句,避免删除不存在的数据库时出现 MySQL 错误信息。

注意：这个命令必须小心使用,因为它将删除指定的整个数据库,该数据库的所有表(包括其中的数据)也将永久删除。

3.2　MySQL 表

在数据库创建后,就应该创建表,因为表是数据库存放数据的对象实体。没有表,数据库中其他数据对象就都没有意义。要查看数据库中有哪些表,可以使用 SHOW TABLES 命令。

3.2.1　创建表

1. 全新创建

从头创建一个全新的表,可使用 CREATE TABLE 命令,其语法格式为:

```
CREATE [TEMPORARY] TABLE [IF NOT EXISTS] 表名
    [([列定义]  ...|[表索引定义])]
    [表选项][select 语句];
```

说明:

- TEMPORARY——表示用 CREATE 命令新建的表为临时表。不加该关键字创建的表称为持久表。在数据库中持久表一旦创建将一直存在,多个用户或多个应用程序可以同时使用持久表。有时需要临时存放数据,如临时存储复杂的 SELECT 语句的结果。此后可能要重复地使用这个结果,但该结果又不需永久保存,这时可使用临时表。用户可像操作持久表一样操作临时表。只不过临时表的生命周期较短,而且只对创建它的用户可见,当断开与该数据库的连接时,MySQL 会自动删除它。
- IF NOT EXISTS——在创建表前加上一个判断,只有该表目前尚不存在时才执行 CREATE TABLE 操作。用此选项可避免出现表已经存在无法再新建的错误。
- 列定义——包括列名、数据类型,可能还有一个空值声明和一个完整性约束。
- 表索引项定义——主要定义表的索引、主键、外键等,具体定义参见第 5 章。
- select 语句——用于在一个已有表的基础上创建表。

(1)“列定义”格式为:

```
列名  type  [NOT NULL|NULL][DEFAULT 默认值]
    [AUTO_INCREMENT][UNIQUE [KEY]|[PRIMARY] KEY]
    [COMMENT 'string'][参照定义]
```

其中:

- 列名——必须符合标识符规则,长度不能超过 64 个字符,而且在表中要唯一。如果为 MySQL 保留字,必须用单引号括起来。
- type——列的数据类型,有的数据类型需要指明长度 n,并用括号括起来,MySQL 支持的数据类型见附录 C。
- AUTO_INCREMENT——设置自增属性,只有整型列才能设置此属性。当插入 NULL 值或 0 到一个 AUTO_INCREMENT 列中时,列被设置为 value＋1,这里 value 是此前表中该列的最大值。AUTO_INCREMENT 顺序从 1 开始。每个表只能有一个 AUTO_INCREMENT 列，并且它必须被索引。

- NOT NULL|NULL——指定该列是否允许为空。如果不指定，则默认为 NULL。
- DEFAULT 默认值——为列指定默认值，默认值必须为一个常数。其中，BLOB 和 TEXT 列不能被赋予默认值。如果没有为列指定默认值，MySQL 自动地分配一个。如果列可以取 NULL 值，默认值就是 NULL。如果列被声明为 NOT NULL，默认值取决于列类型：
  - 对于没有声明 AUTO_INCREMENT 属性的数字类型，默认值是 0。对于一个 AUTO_INCREMENT 列，默认值是在顺序中的下一个值。
  - 对于除 TIMESTAMP 以外的日期和时间类型，默认值是该类型适当的"零"值。对于表中第一个 TIMESTAMP 列，默认值是当前的日期和时间。
  - 对于除 ENUM 的字符串类型，默认值是空字符串。对于 ENUM，默认值是第一个枚举值。
- UNIQUE KEY|PRIMARY KEY：PRIMARY KEY 和 UNIQUE KEY 都表示字段中的值是唯一的。PRIMARY KEY 表示设置为主键，一个表只能定义一个主键，主键一定要为 NOT NULL。
- COMMENT 'string'：对于列的描述，string 是描述的内容。
- 参照定义：指定参照的表和列，具体定义将在 5.3 节中介绍。

type 定义如下：

```
TINYINT[(length)][UNSIGNED][ZEROFILL]
|SMALLINT[(length)][UNSIGNED][ZEROFILL]
|MEDIUMINT[(length)][UNSIGNED][ZEROFILL]
|INT[(length)][UNSIGNED][ZEROFILL]
|INTEGER[(length)][UNSIGNED][ZEROFILL]
|BIGINT[(length)][UNSIGNED][ZEROFILL]
|REAL[(length,decimals)][UNSIGNED][ZEROFILL]
|DOUBLE[(length,decimals)][UNSIGNED][ZEROFILL]
|FLOAT[(length,decimals)][UNSIGNED][ZEROFILL]
|DECIMAL(length,decimals)[UNSIGNED][ZEROFILL]
|NUMERIC(length,decimals)[UNSIGNED][ZEROFILL]
|BIT[M]
|DATE
|TIME
|TIMESTAMP
|DATETIME
|CHAR(length)[BINARY|ASCII|UNICODE]
|VARCHAR(length)[BINARY]
|TINYBLOB
|BLOB
|MEDIUMBLOB
|LONGBLOB
```

```
|TINYTEXT [BINARY]
|TEXT [BINARY]
|MEDIUMTEXT [BINARY]
|LONGTEXT [BINARY]
|ENUM(value1,value2,value3,...)
|SET(value1,value2,value3,...)
|spatial_type
```

说明：在字符数据类型和数值数据类型之后，MySQL 允许指定一个数据类型选项来改变数据类型的属性和功能。

对于字符数据类型，MySQL 支持两种数据类型选项：CHARACTER SET 和 COLLATE。如果要区分字符的大小写，可以在字符类型后面加上 BINGARY。

对于除 BIT 以外的数值数据类型，MySQL 允许添加一个或多个数据类型选项。UNSIGNED：不允许负值。ZEROFILL：当插入的值长度小于字段设定的长度时，剩余部分用 0 填补。

spatial_type 是空间类型数据，本书不讨论。

(2)"表选项"定义如下：

```
{ENGINE|TYPE}=engine_name                                      /* 存储引擎 */
|AUTO_INCREMENT=value                                          /* 初始值 */
|AVG_ROW_LENGTH=value                                          /* 表的平均行长度 */
|[DEFAULT] CHARACTER SET 字符集名 [COLLATE 校对规则名]          /* 默认字符集和校对 */
|CHECKSUM={0|1}                                                /* 设置 1 表示求校验和 */
|COMMENT='string'                                              /* 注释 */
|CONNECTION='connect_string'                                   /* 连接字符串 */
|MAX_ROWS=value                                                /* 行的最大数 */
|MIN_ROWS=value                                                /* 列的最小数 */
|PACK_KEYS={0|1|DEFAULT}
|PASSWORD='string'                                             /* 对.frm 文件加密 */
|DELAY_KEY_WRITE={0|1}                                         /* 对关键字的更新 */
|ROW_FORMAT={DEFAULT|DYNAMIC|FIXED|COMPRESSED|REDUNDANT|COMPACT}
                                                              /* 定义各行应如何储存 */
|UNION=(表名[,表名]...)                                         /* 表示哪个表应该合并 */
|INSERT_METHOD={NO|FIRST|LAST}                                 /* 是否执行 INSERT 语句 */
|DATA DIRECTORY='absolute path to directory'                  /* 数据文件的路径 */
|INDEX DIRECTORY='absolute path to directory'                 /* 索引的路径 */
```

说明：表中大多数的选项涉及的是表数据如何存储及存储在何处。多数情况下，不必指定表选项。ENGINE 选项是定义表的存储引擎。

【例 3.3】　在学生成绩数据库(xscj)中也创建一个学生情况表，表名为 xs。

输入以下命令：

```
USE xscj
CREATE TABLE xs
(
    学号        char(6)        not null  primary key,
    姓名        char(8)        not null,
    专业名      char(10)       null,
    性别        tinyint(1)     not null  default 1,
    出生日期    date           not null,
    总学分      tinyint(1)     null,
    照片        blob           null,
    备注        text           null
) engine=innodb;
```

在上面的例子里，每个字段都包含附加约束或修饰符，这些可用来增加对所输入数据的约束。primary key 表示将"学号"字段定义为主键。default 1 表示"性别"的默认值为 1。engine＝innodb 表示采用的存储引擎是 InnoDB，InnoDB 是 MySQL 在 Windows 平台默认的存储引擎，所以 engine＝innodb 也可以省略。

然后，用 show tables 命令显示 xscj 数据库中产生了学生（xs）表，用 describe xs 命令可以显示 xs 表的结构，如图 3.3 所示。

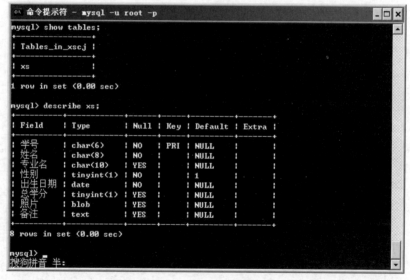

图 3.3　学生（xs）表结构

2. 复制现成的表

除了全新创建外，用户也可直接复制数据库中已有表的结构和数据，用这种方式构建一个表，十分方便、快捷，其语法格式为：

```
CREATE [TEMPORARY] TABLE [IF NOT EXISTS] 表名
    [ ( ) LIKE 已有表名 [ ] ]
    |[AS ( 表达式 )];
```

说明：

- 使用 LIKE 关键字创建一个与已有表名相同结构的新表，列名、数据类型、空指定和索引也将复制，但是表的内容不会复制，因此创建的新表是一个空表。
- 使用 AS 关键字可以复制表的内容，但索引和完整性约束是不会复制的。表达式是复制内容部分，例如可以是一条 SELECT 语句。

【例 3.4】 在 mytest 数据库中，用复制的方式创建一个名为 user_copy1 的表，表结构直接取自 user 表；再创建一个名为 user_copy2 的表，其结构和内容（数据）都取自 user 表。

（1）创建 user_copy1 表：

```
USE mytest
CREATE TABLE user_copy1 LIKE user;
```

（2）创建 user_copy2 表：

```
CREATE TABLE user_copy2 AS (select * from user);
```

执行过程及结果，如图 3.4 所示。

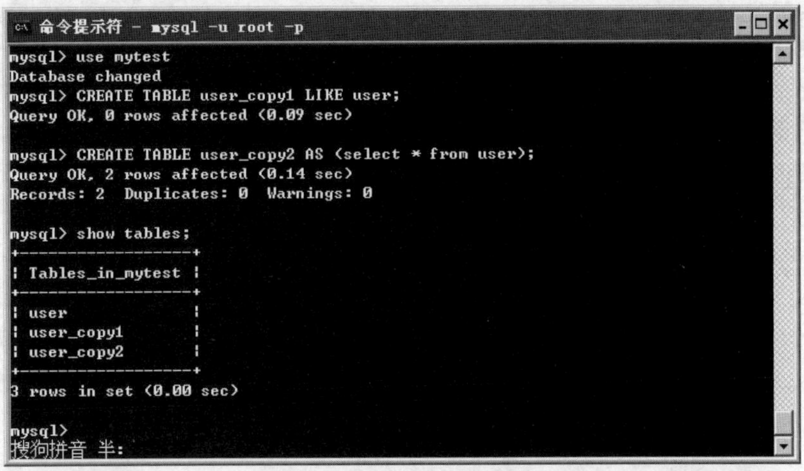

```
命令提示符 - mysql -u root -p

mysql> use mytest
Database changed
mysql> CREATE TABLE user_copy1 LIKE user;
Query OK, 0 rows affected (0.09 sec)

mysql> CREATE TABLE user_copy2 AS (select * from user);
Query OK, 2 rows affected (0.14 sec)
Records: 2  Duplicates: 0  Warnings: 0

mysql> show tables;
+------------------+
| Tables_in_mytest |
+------------------+
| user             |
| user_copy1       |
| user_copy2       |
+------------------+
3 rows in set (0.00 sec)

mysql>
搜狗拼音 半:
```

图 3.4 用复制的方式创建表

查询 user_copy1 表中没有记录，而 user_copy2 表中包含 user 表中所有记录，如图 3.5 所示。

3.2.2 修改表

1. 修改表结构

ALTER TABLE 用于更改原有表的结构。例如，可以增加（删减）列、创建（取消）索引、更改原有列的类型、重新命名列或表，还可以更改表的评注和表的类型。其语法格式为：

```
ALTER [IGNORE] TABLE 表名
    选项 ...
```

选项：

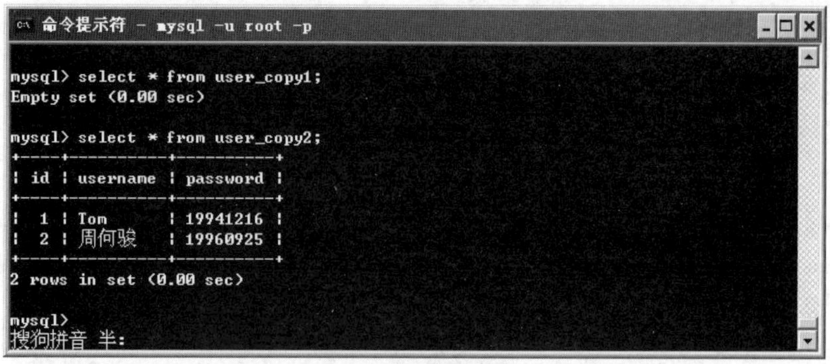

图 3.5   查询表记录

```
ADD [COLUMN] 列定义 [FIRST|AFTER 列名]                              /*添加列*/
|ALTER [COLUMN] 列名{SET DEFAULT literal|DROP DEFAULT}              /*修改默认值*/
|CHANGE [COLUMN] 列名    原列名 [FIRST|AFTER 列名]                   /*列名重定义*/
|MODIFY [COLUMN] 列定义 [FIRST|AFTER 列名]                          /*修改列数据类型*/
|DROP [COLUMN] 列名                                                /*删除列*/
|RENAME [TO] 新表名                                                /*重命名该表*/
|ORDER BY 列名                                                     /*排序*/
|CONVERT TO CHARACTER SET 字符集名 [COLLATE 校对规则名]              /*将字符集转换为二进制*/
|[DEFAULT] CHARACTER SET 字符集名 [COLLATE 校对规则名]               /*修改默认字符集*/
|表选项
|列或表中索引项的增、删、改 (详细见第 5 章)
```

说明:

- IGNORE——是 MySQL 相对于标准 SQL 的扩展。若在修改后的新表中存在重复关键字,如果没有指定 IGNORE,当重复关键字错误发生时操作失败。如果指定了 IGNORE,则对于有重复关键字的行只使用第一行,其他有冲突的行被删除。
- ADD[COLUMN]子句——向表中增加新列。例如,在表 user 中增加新的一列 a:

```
user mytest
alter table user add column a tinyint null;
```

- FIRST|AFTER 列名——表示在某列的前或后添加,不指定则添加到最后。
- ALTER [COLUMN]子句——修改表中指定列的默认值。
- CHANGE [COLUMN]子句——修改列的名称。重命名时,需给定旧的列名和新的列名称和数据类型。例如,要把一个 INTEGER 列的名称从 a 变更到 b:

```
alter table user change a b integer;
```

- MODIFY [COLUMN]子句——修改指定列的数据类型。例如,要把一个列的数据类型改为 BIGINT:

```
alter table user modify b bigint not null;
```

注意：若表中该列所存数据的数据类型与将要修改的列的类型冲突，则发生错误。例如，原来 CHAR 类型的列要修改成 INT 类型，而原来列值中有字符型数据，则无法修改。

- DROP 子句——从表中删除列或约束。
- RENAME 子句——修改该表的表名。例如，将表 user_copy1 改名为 use1：

```
alter table user_copy1 rename to usera;
```

- ORDER BY 子句——用于在创建新表时，让各行按一定的顺序排列。注意，在插入和删除后，表不会仍保持此顺序。在对表做了大的改动后，通过使用此选项可提高查询效率。在有些情况下，如果表按列排序，对于 MySQL 来说，排序可能会更简单。
- 表选项——修改表选项，具体定义与 CREATE TABLE 语句中一样。

可以在一个 ALTER TABLE 语句里写入多个 ADD、ALTER、DROP 和 CHANGE 子句，中间用逗号分开。这是 MySQL 相对于标准 SQL 的扩展，在标准 SQL 中，每个 ALTER TABLE 语句中的每个子句只允许使用一次。

【例 3.5】 在 xscj 数据库的 xs 表中，增加"奖学金等级"一列，并将表中的"姓名"列删除。

```
user xscj
alter table xs
    add 奖学金等级 tinyint null,
    drop column 姓名;
```

执行后，xs 表的结构如图 3.6 所示。

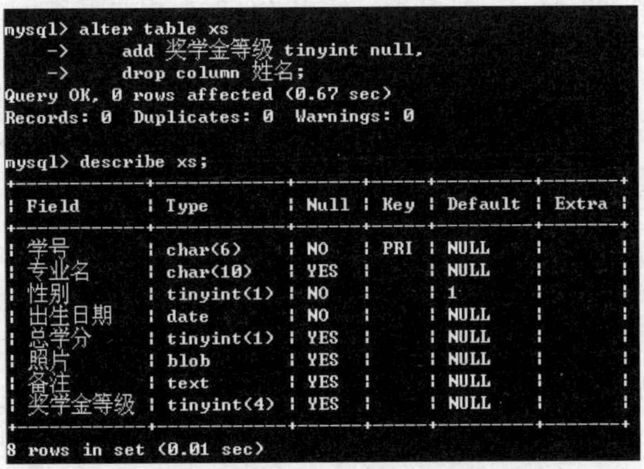

```
mysql> alter table xs
    ->      add 奖学金等级 tinyint null,
    ->      drop column 姓名;
Query OK, 0 rows affected (0.67 sec)
Records: 0  Duplicates: 0  Warnings: 0

mysql> describe xs;
+-----------+------------+------+-----+---------+-------+
| Field     | Type       | Null | Key | Default | Extra |
+-----------+------------+------+-----+---------+-------+
| 学号       | char(6)    | NO   | PRI | NULL    |       |
| 专业名     | char(10)   | YES  |     | NULL    |       |
| 性别       | tinyint(1) | NO   |     | 1       |       |
| 出生日期   | date       | NO   |     | NULL    |       |
| 总学分     | tinyint(1) | YES  |     | NULL    |       |
| 照片       | blob       | YES  |     | NULL    |       |
| 备注       | text       | YES  |     | NULL    |       |
| 奖学金等级 | tinyint(4) | YES  |     | NULL    |       |
+-----------+------------+------+-----+---------+-------+
8 rows in set (0.01 sec)
```

图 3.6 修改后的 xs 表结构

为了在后面演示表记录操作的方便，此处完成后要及时地将 xs 表改回原样，语句如下：

```
alter table xs
    add 姓名 char(8) not null after 学号,
    drop column 奖学金等级;
```

这样，xs 表结构就又恢复原状了。

2. 更改表名

除了上面的 ALTER TABLE 命令外，还可以直接用 RENAME TABLE 语句来更改表的名字，其语法格式为：

```
RENAME TABLE 老表名 TO 新表名 ...
```

【例 3.6】 将 mytest 数据库 usera 表重命名为 user1,user_copy2 表重命名为 user2。

```
rename table usera to user1,user_copy2 to user2;
```

3.2.3　删除表

需要删除一个表时可以使用 DROP TABLE 语句，其语法格式为：

```
DROP [TEMPORARY] TABLE [IF EXISTS] 表名 ...
```

说明：这个命令将表的描述、表的完整性约束、索引及和表相关的权限等一并删除。

【例 3.7】 删除表 uesra。

```
drop table if exists usera;
```

3.2.4　表结构特点

在使用工具或 SQL 语句创建表之前，先要确定表的名字、所包含的列名、列的数据类型及长度、是否可为空值、默认值情况、是否要使用及何时使用约束、默认设置或规则及所需索引、哪些列是主键、哪些列是外键等，这些构成表的结构。

1. 空值概念

空值通常表示未知、不可用或将在以后添加的数据。若一个列允许为空值，则向表中输入记录值时可不为该列给出具体值；而一个列若不允许为空值，则在输入时必须给出该列的具体值。

注意：表的关键字不允许为空值。空值不能与数值数据 0 或字符类型的空字符混为一谈。任意两个空值都不相等。

2. 列的标志属性

对任何表都可创建包含系统所生成序号值的一个标志列，该序号值唯一标志表中的一列，可以作为键值。每个表只能有一个列设置为标志属性，该列只能是 decimal、int、numeric、smallint、bigint 或 tinyint 数据类型。定义标志属性时，可指定其种子（即起始）值、增量值，二者的默认值均为 1。系统自动更新标志列值，标志列值不允许空值。

3. 隐含地改变列类型

在下列情况下，MySQL 隐含地改变在一个 CREATE TABLE 语句中给出的一个列类型（这也可能在 ALTER TABLE 语句上出现）。

（1）长度小于 4 的 varchar 被改变为 char。

（2）如果在一个表中的任何列有可变长度，结果使整个行是变长的。因此，如果一张表包含任何变长的列（varchar、text 或 Blob），所有大于三个字符的 char 列被改变为 varchar 列。这在任何方面都不影响用户如何使用列。在 MySQL 中这种改变可以节省空间并且使表操作更加快捷。

（3）timestamp 的显示尺寸必须是偶数且在 2～14 内。如果指定 0 显示尺寸或比 14 大，尺寸被强制为 14。从 1～13 的奇数值尺寸被强制为下一个更大的偶数。

（4）不能在一个 timestamp 列中存储一个 NULL，将它设为 NULL 默认为当前的日期和时间。

如果想要知道 MySQL 是否使用了除指定的以外的一种列类型，在创建表之后，使用一个 DESCRIBE 语句即可。DESCRIBE 语句将在 3.4 节详细介绍。

3.3　MySQL 表记录操作

创建数据库和表后，需要对表中的数据（记录）进行操作，包括插入、修改和删除操作，可以通过 SQL 语句操作表记录，也可以用第 2 章介绍的各种 MySQL 界面工具来操作。与界面操作相比，通过 SQL 语句操作更为灵活，功能更强大。

3.3.1　插入记录

一旦创建了数据库和表，下一步就是向表里插入数据记录。通过 INSERT 或 REPLACE 语句可以向表中插入一行或多行记录。

1. 插入新记录

向表中插入全新的记录用 INSERT 语句，其语法格式为：

```
INSERT [LOW_PRIORITY|DELAYED|HIGH_PRIORITY] [IGNORE]
    [INTO] 表名 [(列名,...)]
    VALUES ({expr|DEFAULT},...),(...),...
    |SET 列名={expr|DEFAULT}, ...
    [ ON DUPLICATE KEY UPDATE 列名=expr, ... ]
```

说明：

● 列名——需要插入数据的列名。如果要给全部列插入数据，列名可以省略。如果只给表的部分列插入数据，需要指定这些列。对于没有指出的列，它们的值根据列默认值或有关属性来确定，MySQL 处理的原则是：

① 具有 IDENTITY 属性的列，系统生成序号值来唯一标志列。

② 具有默认值的列，其值为默认值。

③ 没有默认值的列，若允许为空值，则其值为空值；若不允许为空值，则出错。

④ 类型为 timestamp 的列，系统自动赋值。

● VALUES 子句——包含各列需要插入的数据清单，数据的顺序要与列的顺序相对应。若表名后不给出列名，则在 VALUES 子句中要给出每一列（除 IDENTITY 和 timestamp 类型的列）的值，如果列值为空，则值必须置为 NULL，否则会出错。VALUES 子句中的值：

　　① expr——可以是一个常量、变量或一个表达式,也可以是空值 NULL,其值的数据类型要与列的数据类型一致。例如,列的数据类型为 int,插入的数据是'aaa'就会出错。当数据为字符型时要加单引号。

　　② DEFAULT——指定为该列的默认值。前提是该列原先已经指定了默认值。

　　如果列清单和 VALUES 清单都为空,则 INSERT 会创建一行,每个列都设置成默认值。

INSERT 语句支持下列修饰符:

- LOW_PRIORITY——可以使用在 INSERT、DELETE 和 UPDATE 等操作中,当原有客户端正在读取数据时,延迟操作的执行,直到没有其他客户端从表中读取为止。

- DELAYED——若使用此关键字,则服务器会把待插入的行放到一个缓冲器中,而发送 INSERT DELAYED 语句的客户端会继续运行。如果表正在被使用,则服务器会保留这些行。当表空闲时,服务器开始插入行,并定期检查是否有新的读取请求(仅适用于 MyISAM、MEMORY 和 ARCHIVE 表)。

- HIGH_PRIORITY——可以使用在 SELECT 和 INSERT 操作中,使操作优先执行。

- IGNORE——使用此关键字,在执行语句时出现的错误就会被当作警告处理。

- ON DUPLICATE KEY UPDATE——使用此选项插入行后,若导致 UNIQUE KEY 或 PRIMARY KEY 出现重复值,则根据 UPDATE 后的语句修改旧行(使用此选项时 DELAYED 被忽略)。

- SET 子句——用于给列指定值,使用 SET 子句时表名的后面省略列名。要插入数据的列名在 SET 子句中指定,列名为指定列名,等号后面为指定数据,未指定的列,列值为默认值。

　　从 INSERT 的语法格式可以看到,使用 INSERT 语句可以向表中插入一行记录,也可以插入多行记录,插入的行可以给出每列的值,也可只给出部分列的值,还可以向表中插入其他表的数据。

　　【例 3.8】　向学生成绩数据库(xscj)的表 xs(表中列包括学号、姓名、专业名、性别、出生日期、总学分、照片、备注)中插入如下一行:

```
081101,王林,计算机,1,1994-02-10,50,NULL,NULL
```

使用下列语句:

```
use xscj
insert into xs
    values('081101', '王林', '计算机', 1, '1994-02-10', 50, null, null);
```

　　若表 xs 中专业的默认值为"计算机",照片、备注默认值为 NULL,插入数据也可以使用如下命令:

```
insert into xs (学号, 姓名, 性别, 出生日期, 总学分)
    values('081101', '王林', 1, '1994-02-10', 50);
```

与下面这个命令的效果相同:

```
insert into xs
    values('081101', '王林', default, 1, '1994-02-10', 50, null, null);
```

当然，也可以使用 SET 子句来实现：

```
insert into xs
    set 学号='081101', 姓名='王林', 专业=default, 性别=1, 出生日期='1994-02-10',
    总学分=50;
```

执行结果如图 3.7 所示。

图 3.7　修改后的 xs 表记录

注意：若原有行中存在 PRIMARY KEY 或 UNIQUE KEY，而插入的数据行中含有与原有行中 PRIMARY KEY 或 UNIQUE KEY 相同的列值，则 INSERT 语句无法插入此行。要插入这行数据需要使用 REPLACE 语句，它的用法与 INSERT 语句基本相同。

2. 从已有表中插入新记录

使用 INSERT INTO…SELECT…，可以快速地从一个或多个已有的表记录向表中插入多个行，其语法格式为：

```
INSERT [LOW_PRIORITY|HIGH_PRIORITY] [IGNORE]
    [INTO] 表名 [(列名, ...)]
    SELECT 语句
    [ON DUPLICATE KEY UPDATE 列名=expr, ...]
```

说明：SELECT 语句中返回的是一个查询到的结果集，INSERT 语句将这个结果集插入到指定表中，但结果集中每行数据的字段数、字段的数据类型要与被操作的表完全一致。有关 SELECT 语句会在第 7 章具体介绍。

【例 3.9】 将 mytest 数据库 user 表记录插入到 user1 表中。

```
user mytest
insert into user1 select * from user;
```

命令执行前后的效果如图 3.8 所示。

3. 替换旧记录

REPLACE 语句可以在插入数据之前将与新记录冲突的旧记录删除，从而使新记录能够替换旧记录，正常插入。REPLACE 语句格式与 INSERT 相同。

【例 3.10】 若上例中的记录行已经插入，其中学号为主键（PRIMARY KEY），现在想再插入下列一行记录：

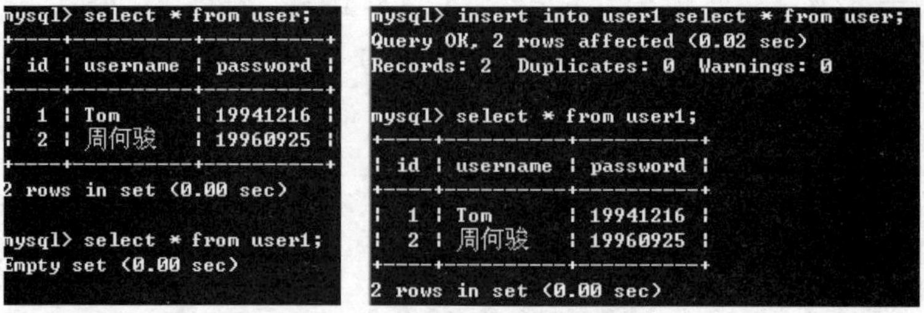

```
mysql> select * from user;
+----+----------+----------+
| id | username | password |
+----+----------+----------+
|  1 | Tom      | 19941216 |
|  2 | 周何骏   | 19960925 |
+----+----------+----------+
2 rows in set (0.00 sec)

mysql> select * from user1;
Empty set (0.00 sec)
```

```
mysql> insert into user1 select * from user;
Query OK, 2 rows affected (0.02 sec)
Records: 2  Duplicates: 0  Warnings: 0

mysql> select * from user1;
+----+----------+----------+
| id | username | password |
+----+----------+----------+
|  1 | Tom      | 19941216 |
|  2 | 周何骏   | 19960925 |
+----+----------+----------+
2 rows in set (0.00 sec)
```

图 3.8　插入前后 user1 表记录

```
081101,刘华,通信工程,1,1995-03-08,48,NULL,NULL
```

若直接使用 INSERT 语句,会产生如图 3.9 所示的错误。

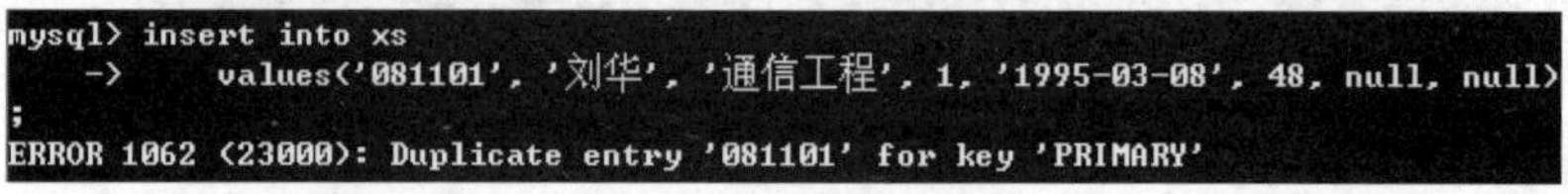

```
mysql> insert into xs
    ->     values('081101', '刘华', '通信工程', 1, '1995-03-08', 48, null, null)
;
ERROR 1062 (23000): Duplicate entry '081101' for key 'PRIMARY'
```

图 3.9　错误提示

使用 REPLACE 语句,则可以成功插入,如图 3.10 所示。

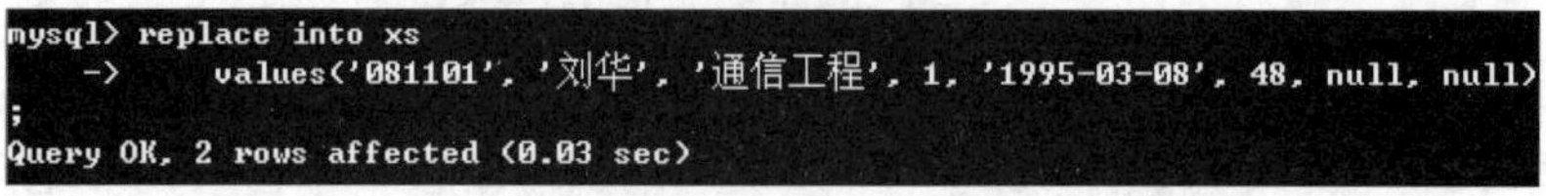

```
mysql> replace into xs
    ->     values('081101', '刘华', '通信工程', 1, '1995-03-08', 48, null, null)
;
Query OK, 2 rows affected (0.03 sec)
```

图 3.10　成功插入

4. 插入图片

MySQL 还支持图片的插入,图片一般可以以路径的形式来存储,即插入图片可以采用插入图片的存储路径的方式。当然也可以直接插入图片本身,只要用 LOAD_FILE 函数即可。

【例 3.11】 向 xs 表中插入一行记录:

```
081102,程明,计算机,1,1995-02-01,50,picture.jpg,NULL
```

设照片路径为 D:\IMAGE\picture.jpg。使用如下语句:

```
insert into xs
    values('081102', '程明', '计算机', 1, '1995-02-01', 50, ' D:\IMAGE\ picture.
    jpg', null);
```

也可使用以下语句直接存储图片本身:

```
insert into xs
    values('081102', '程明', '计算机', 1, '1995-02-01', 50, load_file('D:\ IMAGE\
    picture.jpg'), null);
```

执行结果如图 3.11 所示。

图 3.11　例 3.11 执行结果

3.3.2　修改记录

要修改表中的一行记录,使用 UPDATE 语句,UPDATE 可用来修改一个表,也可以修改多个表。

1. 修改单个表

使用 UPDATE 修改单个表的语法格式为:

```
UPDATE [LOW_PRIORITY] [IGNORE] 表名
    SET 列名 1=expr1 [, 列名 2=expr2 ...]
    [WHERE 条件]
    [ORDER BY ...]
    [LIMIT row_count]
```

说明:

- 若语句中不设定 WHERE 子句,则更新所有行。列名 1、列名 2……为要修改列,列值为 expr,expr 可以是常量、变量、列名或表达式。可以同时修改所在数据行的多个列值,中间用逗号隔开。
- WHERE 子句——指定的删除记录条件。如果省略 WHERE 子句则删除该表的所有行。
- ORDER BY 子句——各行按照子句中指定的顺序进行删除,此子句只在与 LIMIT 联用时才起作用。子句 ORDER BY 和 LIMIT 的具体定义将在第 7 章中介绍。
- LIMIT 子句——用于告知服务器,在控制命令被返回到客户端前,被删除的行的最大值。

【例 3.12】　将学生成绩数据库(xscj)的学生(xs)表中的所有学生的总学分都增加 10。将姓名为"刘华"的学生的备注填写为"辅修计算机专业",学号改为 081250。

```
update xs
    set 总学分=总学分+10;
update xs
    set 学号='081250', 备注='辅修计算机专业'
    where 姓名='刘华';
select 学号, 姓名, 总学分, 备注 from xs;
```

执行结果如图 3.12 所示。

这样,可以发现表中所有学生的总学分已经都增加了 10,姓名为"刘华"的学生的备注填写为"辅修计算机专业",学号也改成了 081250。

学号	姓名	总学分	备注
081102	程明	60	NULL
081250	刘华	58	辅修计算机专业

图 3.12   例 3.12 执行结果

2. 修改多个表

使用 UPDATE 修改多个表的语法格式为:

```
UPDATE [LOW_PRIORITY] [IGNORE] 表名,表名...
    SET 列名1=expr1 [, 列名2=expr2 ...]
    [WHERE 条件]
```

【例 3.13】 mytest 数据库表 user 和表 user2 中都有两个字段: id int(11)、password varchar(10),其中 id 为主键。当表 user 中 id 值与 user2 中 id 值相同时,将表 user 中对应的 password 值修改为 11111111,将表 user2 中对应的 password 值改为 22222222。

```
user mytest
update user, user2
    set user.password='11111111', user2.password='22222222'
    where user.id=user2.id;
```

修改后的结果如图 3.13 所示。

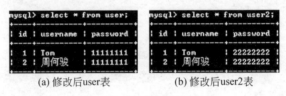

(a) 修改后user表   (b) 修改后user2表

图 3.13   同时修改两个表

3.3.3 删除记录

DELETE 语句或 TRUNCATE TABLE 语句可以用于删除表中的一行或多行记录。

1. 删除满足条件的行

使用 DELETE 语句删除表中满足条件的记录行。

从单个表中删除的语法格式为:

```
DELETE [LOW_PRIORITY] [QUICK] [IGNORE] FROM 表名
    [WHERE 条件]
    [ORDER BY ...]
    [LIMIT row_count]
```

说明:

● QUICK 修饰符——可以加快部分种类的删除操作的速度。

● FROM 子句——用于说明从何处删除数据,表名为要删除数据的表名。

- WHERE 子句——指定的删除记录条件。如果省略 WHERE 子句则删除该表的所有行。
- ORDER BY 子句——各行按照子句中指定的顺序进行删除,此子句只在与 LIMIT 联用时才起作用。ORDER BY 子句和 LIMIT 子句的具体定义,将在第 4 章 MySQL 数据库查询语句中介绍。
- LIMIT 子句——用于告知服务器,在控制命令被返回到客户端前,被删除的行的最大值。

【例 3.14】 删除 mytest 数据库中 user2 表"周何骏"记录。

```
use mytest
delete from person
    where username='周何骏';
```

或

```
delete from xs
    where id=2;
```

2. 从多个表中删除行

删除操作若要在多个表中进行,其语法格式为:

```
DELETE [LOW_PRIORITY] [QUICK] [IGNORE] 表名[.*] [, 表名[.*] ...]
    FROM table_references
    [WHERE where_definition]
```

或

```
DELETE [LOW_PRIORITY] [QUICK] [IGNORE]
    FROM 表名[.*] [, 表名[.*] ...]
    USING table_references
    [WHERE where_definition]
```

说明:对于第一种语法格式,只删除列于 FROM 子句之前的表中对应的行;对于第二种语法格式,只删除列于 FROM 子句之中(在 USING 子句之前)的表中对应的行。作用是,可以同时删除多个表中的行,并使用其他的表进行搜索。

【例 3.15】 删除 user1 中 id 值等于 user 的 id 值的所有行以及 user2 中 id 值等于 user 的 id 值的所有行。使用如下语句:

```
DELETE    user1, user2
    FROM   user1, user2, user
    WHERE user1.id=user.id AND user2.id=user.id;
```

执行结果如图 3.14 所示。

3. 清除表数据

使用 TRUNCATE TABLE 语句将删除指定表中的所有数据,因此也称其为清除表数据语句,其语法格式为:

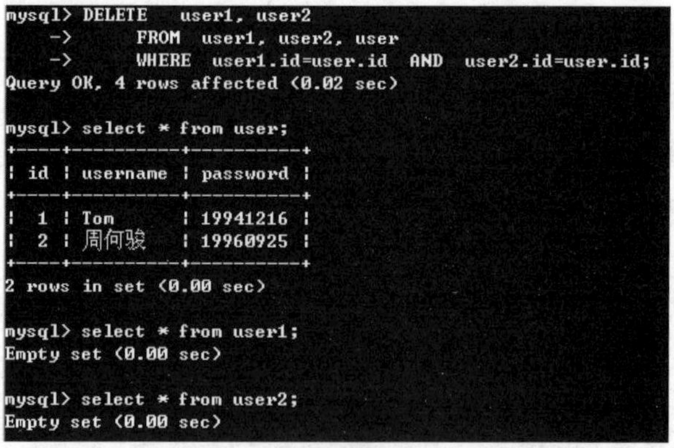

```
mysql> DELETE   user1, user2
    ->      FROM  user1, user2, user
    ->      WHERE  user1.id=user.id  AND  user2.id=user.id;
Query OK, 4 rows affected (0.02 sec)

mysql> select * from user;
+----+----------+----------+
| id | username | password |
+----+----------+----------+
|  1 | Tom      | 19941216 |
|  2 | 周何骏   | 19960925 |
+----+----------+----------+
2 rows in set (0.00 sec)

mysql> select * from user1;
Empty set (0.00 sec)

mysql> select * from user2;
Empty set (0.00 sec)
```

图 3.14　例 3.15 执行结果

```
TRUNCATE TABLE 表名
```

说明：由于 TRUNCATE TABLE 语句将删除表中的所有数据，且无法恢复，因此使用时必须十分小心！

TRUNCATE TABLE 在功能上与不带 WHERE 子句的 DELETE 语句（如 DELETE FROM XS）相同，二者均删除表中的全部行。但 TRUNCATE TABLE 比 DELETE 速度快，且使用的系统和事务日志资源少。DELETE 语句每次删除一行，并在事务日志中为所删除的每行记录一项。而 TRUNCATE TABLE 通过释放存储表数据所用的数据页来删除数据，并且只在事务日志中记录页的释放。使用 TRUNCATE TABLE，AUTO_INCREMENT 计数器被重新设置为该列的初始值。

对于参与了索引和视图的表，不能使用 TRUNCATE TABLE 删除数据，而应使用 DELETE 语句。

3.4　MySQL 数据库信息显示

在使用 MySQL 时，经常需要查看数据库本身的一些信息，如系统中已有哪些数据库、某数据库中已建立了哪几张表、某个表的结构等，通常使用 SHOW 和 DESCRIBE 这两个语句来显示这些常用信息，在以后的学习中也会经常用到它们。

1. SHOW 语句

SHOW tables 或 SHOW tables from database_name：显示当前数据库中所有表的名称。

SHOW databases：显示 MySQL 中所有数据库的名称。

SHOW columns from table_name from database_name 或 SHOW columns from database_name.table_name：显示表中列的名称。

SHOW grants for user_name：显示一个用户的权限，显示结果类似于 grant 命令。

SHOW index from table_name：显示表的索引。

SHOW status：显示一些系统特定资源的信息，如正在运行的线程数量。

SHOW variables：显示系统变量的名称和值。

SHOW processlist：显示系统中正在运行的所有进程，即当前正在执行的查询。大多数用户可查看自己的进程，如果拥有 process 权限，还可查看所有人的进程，包括密码。

SHOW table status：显示当前使用或者指定的 database 中的每个表的信息。信息包括表类型和表的最新更新时间。

SHOW privileges：显示服务器所支持的不同权限。

SHOW create database database_name：显示创建某一个数据库的 CREATE DATABASE 语句。

SHOW create table table_name：显示创建一个表的 CREATE TABLE 语句。

SHOW events：显示所有事件的列表。

SHOW innodb status：显示 innoDB 存储引擎的状态。

SHOW logs：显示 BDB 存储引擎的日志。

SHOW warnings：显示最后一个执行的语句所产生的错误、警告和通知。

SHOW errors：只显示最后一个执行语句所产生的错误。

SHOW [storage] engines：显示安装后的可用存储引擎和默认引擎。

SHOW procedure status：显示数据库中所有存储过程基本信息，包括所属数据库、存储过程名称、创建时间等。

SHOW create procedure sp_name：显示某一个存储过程的详细信息。

2. DESCRIBE 语句

DESCRIBE 语句用于显示表中各列的信息，结果与 SHOW columns…from…语句相同。其语法格式为：

```
{DESCRIBE|DESC} 表名 [列名|wild]
```

说明：

● DESC 是 DESCRIBE 的简写，二者用法相同。

● 列名可以是一个列名称，或一个包含%和_通配符的字符串，用于获得对于带有与字符串相匹配的名称的各列的输出。没有必要在引号中包含字符串，除非其中包含空格或其他特殊字符。

【例 3.16】 用 DESCRIBE 语句查看 xscj 数据库 xs 表的列的信息。

```
use xscj
describe xs;
```

执行结果如图 3.15 所示。

```
+------------+-------------+------+-----+---------+-------+
| Field      | Type        | Null | Key | Default | Extra |
+------------+-------------+------+-----+---------+-------+
| 学号       | char(6)     | NO   | PRI | NULL    |       |
| 姓名       | char(8)     | NO   |     | NULL    |       |
| 专业名     | char(10)    | YES  |     | NULL    |       |
| 性别       | tinyint(1)  | NO   |     | 1       |       |
| 出生日期   | date        | NO   |     | NULL    |       |
| 总学分     | tinyint(1)  | YES  |     | NULL    |       |
| 照片       | blob        | YES  |     | NULL    |       |
| 备注       | text        | YES  |     | NULL    |       |
+------------+-------------+------+-----+---------+-------+
```

图 3.15　例 3.16 执行结果

【例 3.17】 查看 xs 表学号列的信息。

```
use xscj
desc xs 学号;
```

执行结果如图 3.16 所示。

图 3.16   例 3.17 执行结果

习题 3

1. 写出创建产品销售数据库 cpxs 及其中表的语句，库中所包含的表如下。

产品表：产品编号，产品名称，价格，库存量。

销售商表：客户编号，客户名称，地区，负责人，电话。

产品销售表：销售日期，产品编号，客户编号，数量，销售额。

要求：全部使用本章所讲的命令行方式创建，不要借助界面工具。

2. 简要说明空值的概念及其作用。

3. 写出命令行语句，对 cpxs 数据库的产品表进行如下操作。

（1）插入如下记录：

0001	空调	3000	200
0203	冰箱	2500	100
0301	彩电	2800	50
0421	微波炉	1500	50

（2）将产品表中每种产品的价格打 8 折。

（3）将产品表中价格打 8 折后低于 50 元的产品记录删除。

CHAPTER 第 **4** 章

MySQL 查询和视图

在 MySQL 中,对数据库的查询使用 SELECT 语句,功能非常强大,并且使用灵活。

可以把经常使用的查询定义为视图,视图就是一个逻辑表,可以用操作表的方式操作视图。本章介绍查询和视图。

4.1 关系运算基础

关系数据库建立在关系模型基础之上,具有严格的数学理论基础。关系数据库对数据的操作除了包括集合代数的并、差等运算之外,更定义了一组专门的关系运算:选择、投影和连接。关系运算的特点是:运算的对象和结果都是表。

4.1.1 选择运算

选择(Selection)运算是单目运算,其运算对象是一个表。该运算按给定的条件,从表中选出满足条件的行形成一个新表作为运算结果。

选择运算的记为:$\sigma_F(R)$。其中,σ 是选择运算符,下标 F 是一个条件表达式,R 是被操作的表。

【例 4.1】 学生情况表如表 4.1 所示。

表 4.1 学生情况表

学 号	姓 名	专业名	性 别	出生日期	总学分	备 注
081101	王林	计算机	男	1994-02-10	50	
081102	程明	计算机	男	1995-02-01	50	
081103	王燕	计算机	女	1993-10-06	50	

若要在学生情况表中找出性别为女的行形成一个新表,则运算式为:

σ_F(学生情况)

上式中 F 为"性别＝'女'",该选择运算的结果如表 4.2 所示。

表 4.2 σ_F(学生情况)

学 号	姓 名	专业名	性 别	出生日期	总学分	备 注
081103	王燕	计算机	女	1993-10-06	50	

4.1.2　投影运算

投影（Projection）运算也是单目运算，该运算从表中选出指定的属性值组成一个新表，记为：$\Pi_A(R)$。其中，A 是属性名（即列名）表，R 是表名。

【例 4.2】　若在表 4.1 中对学号、姓名和总学分投影，运算式为：

$\Pi_{学号,姓名,总学分}$（学生情况）

该运算得到如表 4.3 所示的新表。

表 4.3　$\Pi_{学号,姓名,总学分}$（学生情况）

学号	姓名	总学分	学号	姓名	总学分	学号	姓名	总学分
081101	王林	50	081102	程明	50	081103	王燕	50

表的选择和投影运算分别从行和列两个方向上分割表，而下面要讨论的连接运算则是对两个表的操作。

4.1.3　连接运算

连接（Join）运算是把两个表中的行按照给定的条件进行拼接而形成新表。

1. 等值连接

两个表连接最常用的条件就是两个表的某些列值相等，这样的连接称为**等值连接**，记为：$R \bowtie_F S$。其中，R、S 是被操作的表，F 是条件。

【例 4.3】　若表 A 和 B 分别如表 4.4 和表 4.5 所示，则 $R \bowtie_F S$ 如表 4.6 所示，其中 F 为 $T1 = T3$。

表 4.4　A 表

T_1	T_2
1	A
6	F
2	B

表 4.5　B 表

T_3	T_4	T_5
1	3	M
2	0	N

表 4.6　$R \bowtie_F S$

T_1	T_2	T_3	T_4	T_5
1	A	1	3	M
2	B	2	0	N

2. 自然连接

数据库应用中最常用的是自然连接。进行自然连接运算要求两个表有共同属性（列），自然连接运算的结果表是在参与操作两个表的共同属性上进行等值连接后再去除重复的属性所得的新表。

自然连接运算记为：$R \bowtie S$。其中，R 和 S 是参与运算的两个表。

【例 4.4】　若 A 表和 B 表分别如表 4.7 和表 4.8 所示，则 $A \bowtie B$ 如表 4.9 所示。

表 4.7　A 表

T_1	T_2	T_3	T_1	T_2	T_3	T_1	T_2	T_3
10	A1	B1	5	A1	C2	20	D2	C2

表 4.8　*B* 表

T_1	T_4	T_5	T_6	T_1	T_4	T_5	T_6
1	100	*A*1	*D*1	20	0	*A*2	*D*1
100	2	*B*2	*C*1	5	10	*A*2	*C*2

表 4.9　$A \bowtie B$

T_1	T_2	T_3	T_4	T_5	T_6
5	*A*1	*C*2	10	*A*2	*C*2
20	*D*2	*C*2	0	*A*2	*D*1

在实际的数据库管理系统中,对表的连接大多是自然连接,所以自然连接也简称为连接。本书中若不特别指明,名词"连接"均指自然连接。

4.2　MySQL 数据库查询

使用数据库的主要目的是存储数据以便在需要时进行检索、统计或组织输出,MySQL 支持 SQL 语言,通过 SELECT 语句的查询可以从表或视图中迅速方便地检索数据。

在第 3 章已经创建了学生成绩数据库(xscj)及其学生表(xs),表结构如附录 A 中表 A.1 所示。用户可以采用命令或者附录 A 中介绍的图形界面工具创建课程表(kc)和学生成绩表(xs_kc)。表结构如表 A.2 和表 A.3 所示。

在第 3 章已经对在学生表(xs)中输入了若干条记录,用户可以采用命令或者附录 A 中介绍的图形界面工具继续输入其他记录,如表 A.4 所示。输入课程表(kc)和学生成绩所有记录(xs_kc),如表 A.5 和表 A.6 所示。

4.2.1　SELECT 语句

SQL 的 SELECT 语句可以实现对表的选择、投影及连接操作。SELECT 语句可以从一个或多个表中选取特定的行和列,结果通常是生成一个临时表。在执行过程中系统根据用户的标准从数据库中选出匹配的行和列,并将结果放到临时的表中,这就是实现选择和投影运算的一个形式。

下面介绍 SELECT 语句,它是 SQL 的核心,其语法格式为:

```
SELECT
    [ALL|DISTINCT|DISTINCTROW ]
    [HIGH_PRIORITY]
    [STRAIGHT_JOIN]
    [SQL_SMALL_RESULT][SQL_BIG_RESULT][SQL_BUFFER_RESULT]
    [SQL_CACHE|SQL_NO_CACHE][SQL_CALC_FOUND_ROWS]
    列名表达式 ...
```

```
    [FROM 表或视图 ... [...]]                                      /* FROM 子句 */
    [WHERE 条件]                                                   /* WHERE 子句 */
    [GROUP BY {列名|表达式|position} [ASC|DESC], ... [WITH ROLLUP]] /* GROUP BY 子句 */
    [HAVING 条件]                                                  /* HAVING 子句 */
    [ORDER BY { 列名|表达式|position} [ASC|DESC], ...]             /* ORDER BY 子句 */
    [LIMIT {[offset,] row_count|row_count OFFSET offset}]         /* LIMIT 子句 */
    [PROCEDURE 存储过程名(参数...)]
    [INTO OUTFILE '文件名' [CHARACTER SET 字符集]
    export_options|INTO DUMPFILE '文件名'|INTO 变量名 ...]
    [FOR UPDATE|LOCK IN SHARE MODE]]
```

说明:

SELECT 关键词的后面可以使用很多的选项。

- ALL|DISTINCT|DISTINCTROW:这几个选项指定是否重复行应被返回。如果这些选项没有被给定,则默认值为 ALL(所有的匹配行被返回)。DISTINCT 和 DISTINCTROW 是同义词,用于消除结果集合中的重复行。

HIGH_PRIORITY、STRAIGHT_JOIN 和以 SQL_为开头的选项都是 MySQL 相对于标准 SQL 的扩展,这些选项在多数情况下可以不使用。

- HIGH_PRIORITY:给予 SELECT 更高的优先权,使查询立刻执行,加快查询速度。
- STRAIGHT_JOIN:用于促使 MySQL 优化器把表联合在一起,加快查询速度。
- SQL_SMALL_RESULT:可以与 GROUP BY 或 DISTINCT 同时使用,告知 MySQL 优化器结果集合是较小的。该情况下,MySQL 使用快速临时表来存储生成的表,不使用分类。
- SQL_BIG_RESULT:可以与 GROUP BY 或 DISTINCT 同时使用,告知 MySQL 优化器结果集合有很多行。该情况下,MySQL 会优先进行分类,不优先使用临时表。
- SQL_BUFFER_RESULT:促使结果被放入一个临时表中。可帮助 MySQL 提前解开表锁定,在需要花费较长时间的情况下,也可帮助把结果集合发送到客户端中。
- SQL_CACHE|SQL_NO_CACHE:告知 MySQL 是否要把查询结果存储在查询缓存中。对于使用 UNION 的查询或子查询,本选项会影响查询中的所有 SELECT。
- SQL_CALC_FOUND_ROWS:告知 MySQL 计算有多少行应位于结果集合中,不考虑任何 LIMIT 子句。
- INTO OUTFILE'文件名':可以将表中的行导出到一个文件中,这个文件被创建在服务器主机中。

所有被使用的子句必须按语法说明中显示的顺序严格排序。例如,一个 HAVING 子句必须位于 GROUP BY 子句之后,并位于 ORDER BY 子句之前。

下面具体介绍 SELECT 语句中包含的几个常用的子句。

4.2.2　选择列

SELECT 语句中需要指定查询的列。

1. 选择指定的列

使用 SELECT 语句选择一个表中的某些列,各列名之间要以逗号分隔,所有列用 * 表

示,其语法格式为:

```
SELECT * |列名,列名,... from 表名
```

【例 4.5】 查询 xscj 数据库的 xs 表中每位学生的姓名、专业名和总学分。

```
use xscj
select 姓名,专业名,总学分
    from xs;
```

说明:执行结果是 xs 表中全部学生的姓名、专业名和总学分列上的信息。

2. 定义列别名

当希望查询结果中的某些列(或所有列)显示时使用自己选择的列标题,可以在列名之后使用 AS 子句来更改查询结果的列别名,其语法格式为:

```
SELECT ... 列名 [AS 列别名]
```

【例 4.6】 查询 xs 表中计算机专业同学的学号、姓名和总学分,结果中各列的标题分别指定为 number、name 和 mark。

```
select 学号 as number, 姓名 as name, 总学分 as mark
    from xs
    where 专业名='计算机';
```

执行结果如图 4.1 所示。

注意:当自定义的列标题中含有空格时,必须使用引号将标题括起来。例如:

```
| number | name  | mark |
| 081101 | 王林   | 50   |
| 081102 | 程明   | 50   |
| 081103 | 王燕   | 50   |
| 081104 | 韦严平  | 50   |
| 081106 | 李方方  | 50   |
| 081107 | 李明   | 54   |
| 081108 | 林一帆  | 52   |
| 081109 | 张强民  | 50   |
| 081110 | 张蔚   | 50   |
| 081111 | 赵琳   | 50   |
| 081113 | 严红   | 48   |
11 rows in set (0.05 sec)
```

图 4.1 例 4.6 执行结果

```
select 学号 as 'student number', 姓名 as 'student name', 总学分 as mark
    from xs
    where 专业名='计算机';
```

说明:不允许在 WHERE 子句中使用列别名。这是因为执行 WHERE 代码时,可能尚未确定列值。例如,下面的查询是非法的:

```
select 性别 as sex
    from xs
    where sex=0;
```

3. 替换查询结果中的数据

在对表进行查询时,有时对所查询的数据进行变换。例如,查询 xs 表的总学分,希望列出的是学分的等级。

要替换查询结果中的数据,则要使用查询中的 CASE 表达式,其语法格式为:

```
CASE
    WHEN 条件 1 THEN 表达式 1
```

```
    WHEN 条件 2 THEN 表达式 2
    ...
    ELSE 表达式 n
END
```

【例 4.7】 查询 xs 表中计算机专业各位学生的学号、姓名和总学分,对总学分按如下规则进行替换:若总学分为空值,替换为“尚未选课”;若总学分小于 50,替换为“不及格”;若总学分为 50～52,替换为“合格”;若总学分大于 52,替换为“优秀”。总学分列的标题更改为“等级”。

```
select 学号, 姓名,
    case
        when 总学分 is null then '尚未选课'
        when 总学分 <50 then '不及格'
        when 总学分>=50 and 总学分<=52 then '合格'
        else '优秀'
    end   as 等级
    from xs
    where 专业名='计算机';
```

学号	姓名	等级
081101	王林	合格
081102	程明	合格
081103	王燕	合格
081104	韦严平	合格
081106	李方方	合格
081107	李明	优秀
081108	林一帆	合格
081109	张强民	合格
081110	张蔚	合格
081111	赵琳	合格
081113	严红	不及格

11 rows in set (0.02 sec)

图 4.2　例 4.7 执行结果

执行结果如图 4.2 所示。

4. 计算列值

使用 SELECT 对列进行查询时,在结果中可以输出对列值计算后的值,即 SELECT 子句可以使用表达式作为结果,其语法格式为:

```
SELECT 表达式 ...
```

【例 4.8】 按 120 分制重新计算成绩,显示 xs_kc 表中学号为 081101 的学生成绩信息。

```
select  学号, 课程号, 成绩 * 1.20 as 成绩 120
    from xs_kc
    where 学号='081101';
```

执行结果如图 4.3 所示。

计算列值使用的算术运算符,包括+(加)、-(减)、*(乘)、/(除)和%(取余)将在第 5 章中详细介绍。

5. 消除结果集中的重复行

对表只选择其某些列时,可能会出现重复行。例如,若对 xscj 数据库的 xs 表只选择专业名和总学分,会出现多行重复的情况。可以使用 DISTINCT 或 DISTINCTROW 关键字消除结果集中的重复行,其语法格式为:

```
SELECT DISTINCT|DISTINCTROW 列名 ...
```

说明：语句含义是对结果集中的重复行只保留一个，以保证行的唯一性。

【例 4.9】　对 xscj 数据库的 xs 表只选择专业名和总学分，消除结果集中的重复行。

```
select distinct 专业名,总学分
    from xs;
```

执行结果如图 4.4 所示。

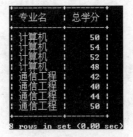

图 4.3　例 4.8 执行结果　　　　图 4.4　例 4.9 执行结果

6. 聚合函数

SELECT 子句的表达式中还可以包含所谓的聚合函数（aggregation function）。聚合函数常用于对一组值进行计算，然后返回单个值。除 COUNT 函数外，聚合函数都会忽略空值。聚合函数通常与 GROUP BY 子句一起使用。若 SELECT 语句中有一个 GROUP BY 子句，则这个聚合函数对所有列起作用；若没有，则 SELECT 语句只产生一行作为结果。

表 4.10 列出了一些常用的聚合函数。

表 4.10　常用的聚合函数

函 数 名	说　　明
COUNT	求组中项数，返回 int 类型整数
MAX	求最大值
MIN	求最小值
SUM	返回表达式中所有值的和
AVG	求组中值的平均值
STD 或 STDDEV	返回给定表达式中所有值的标准差
VARIANCE	返回给定表达式中所有值的方差
GROUP_CONCAT	返回由属于一组的列值连接组合而成的结果
BIT_AND	逻辑或
BIT_OR	逻辑与
BIT_XOR	逻辑异或

1）COUNT 函数

聚合函数中最经常使用的是 COUNT 函数，用于统计组中满足条件的行数或总行数，

返回 SELECT 语句检索到的行中非 NULL 值的数目，若找不到匹配的行则返回 0。

COUNT 函数的语法格式为：

```
COUNT ({[ALL|DISTINCT] 表达式}|*)
```

说明：表达式的数据类型可以是除 BLOB 或 TEXT 之外的任何类型。ALL 表示对所有值进行运算，DISTINCT 表示去除重复值，默认为 ALL。使用 COUNT(*)时将返回检索行的总数目，不论其是否包含 NULL 值。

【**例 4.10**】 求学生的总人数。

```
select count(*) as  '学生总数'
    from xs;
```

执行结果如图 4.5 所示。

【**例 4.11**】 统计备注不为空的学生数目。

```
select count(备注) as   '备注不为空的学生数目'
    from xs;
```

执行结果如图 4.6 所示。

注意：COUNT(备注)计算时备注为 NULL 的行被忽略，故这里是 7 而不是 22。

【**例 4.12**】 统计总学分在 50 分以上的人数。

```
select count(总学分) as '总学分 50 分以上的人数'
    from xs
    where 总学分>50;
```

执行结果如图 4.7 所示。

图 4.5　例 4.10 执行结果　　　图 4.6　例 4.11 执行结果　　　图 4.7　例 4.12 执行结果

2）MAX 和 MIN

MAX 和 MIN 分别用于求表达式中所有值项的最大值与最小值，其语法格式为：

```
MAX/MIN ([ALL|DISTINCT] 表达式)
```

说明：表达式可以是常量、列、函数或表达式，其数据类型可以是数字、字符和时间日期类型。

【**例 4.13**】 求选修 101 课程的学生的最高分和最低分。

```
select max(成绩), min(成绩)
    from xs_kc
    where 课程号='101';
```

执行结果如图 4.8 所示。

注意：当给定列上只有空值或检索出的中间结果为空时，MAX 和 MIN 函数的值也为空。

3）SUM 函数和 AVG 函数

SUM 和 AVG 分别用于求表达式中所有值项的总和与平均值，其语法格式为：

```
SUM/AVG ([ALL|DISTINCT] 表达式)
```

说明：表达式可以是常量、列、函数或表达式，其数据类型只能是数值型数据。

【例 4.14】　求学号 081101 的学生所学课程的总成绩。

```
select sum(成绩) as '课程总成绩'
    from xs_kc
    where 学号='081101';
```

执行结果如图 4.9 所示。

【例 4.15】　求选修 101 课程的学生的平均成绩。

```
select avg(成绩) as '课程101平均成绩'
    from xs_kc
    where 课程号='101';
```

执行结果如图 4.10 所示。

图 4.8　例 4.13 执行结果　　　图 4.9　例 4.14 执行结果　　　图 4.10　例 4.15 执行结果

4）VARIANCE 和 STDDEV(STD)函数

VARIANCE 和 STDDEV(STD)函数分别用于计算特定的表达式中的所有值的方差和标准差。其语法格式为：

```
VARIANCE/STDDEV ([ALL|DISTINCT] 表达式)
```

【例 4.16】　求选修 101 课程的成绩的方差。

```
select variance(成绩)
    from xs_kc
    where 课程号='101';
```

执行结果如图 4.11 所示。

说明：方差的计算按以下 4 个步骤进行。

（1）计算相关列的平均值。

（2）求列中的每一个值和平均值的差。

（3）计算差值的平方的总和。

（4）用总和除以（列中的）值的个数得结果。

STDDEV 函数用于计算标准差。标准差等于方差的平均根。所以，STDDEV(…) 和 SQRT(VARIANCE(…)) 这两个表达式是相等的。

【例 4.17】 求选修 101 课程的成绩的标准差。

```
select stddev(成绩)
    from xs_kc
    where 课程号='101';
```

执行结果如图 4.12 所示。

图 4.11   例 4.16 执行结果   图 4.12   例 4.17 执行结果

stddev 可以缩写为 std，这对结果没有影响。

5）GROUP_CONCAT 函数

MySQL 支持一个特殊的聚合函数 GROUP_CONCAT。该函数返回来自一个组指定列的所有非 NULL 值，这些值一个接着一个放置，中间用逗号隔开，并表示为一个长长的字符串。这个字符串的长度是有限制的，标准值是 1024。其语法格式为：

```
GROUP_CONCAT ({[ALL|DISTINCT] 表达式}|*)
```

【例 4.18】 求选修了 206 课程的学生的学号。

```
select group_concat(学号)
    from xs_kc
    where 课程号='206';
```

执行结果如图 4.13 所示。

图 4.13   例 4.18 执行结果

6）BIT_AND、BIT_OR 和 BIT_XOR

与二进制运算符 |（或）、&（与）和 ^（异或）相对应的聚合函数也存在，分别是 BIT_OR、BIT_AND、BIT_XOR。例如，函数 BIT_OR 在一列中的所有值上执行一个二进制 OR。其语法格式为：

```
BIT_AND|BIT_OR|BIT_XOR({[ALL|DISTINCT] 表达式}|*)
```

【**例 4.19**】　有一个表 bits，其中有一列 bin_value 上有 3 个 INTEGER 值：1、3、7，获取在该列上执行 BIT_OR 的结果，使用如下语句：

```
select bin(bit_or(bin_value))
    from bits;
```

说明：MySQL 在后台执行表达式：(001|011)|111，结果为 111。其中，bin 函数用于将结果转换为二进制位。

4.2.3　FROM 子句

前面介绍了使用 SELECT 语句选择列，本节讨论 SELECT 查询的对象（即数据源）的构成形式。SELECT 的查询对象由 FROM 子句指定，其语法格式为：

```
FROM table_reference ...
```

table_reference 语法格式为：

```
表名 [[AS] 表名别名] [{USE|IGNORE|FORCE} INDEX (key_list)]          /* 查询表 */
|join_table                                                        /* 连接表 */
```

说明：table_reference 指出了要查询的表或视图。

* 表名与列别名一样，可以使用 AS 选项为表指定别名。表别名主要用在相关子查询及连接查询中。如果 FROM 子句指定了表别名，这条 SELECT 语句中的其他子句都必须使用表别名来代替原始的表名。当同一个表在 SELECT 语句中多次被提到时，就必须要使用表别名来加以区分。
* {USE|IGNORE|FORCE} INDEX：USE INDEX 告知 MySQL 选择一个索引来查找表中的行，IGNORE INDEX 告知 MySQL 不要使用某些特定的索引，FORCE INDEX 的作用接近 USE INDEX(key_list)，只有当无法使用一个给定的索引来查找表中的行时，才使用表扫描。

1. 引用一个表

可以用两种方式引用一个表：第一种方式是使用 USE 语句让一个数据库成为当前数据库，在这种情况下，如果在 FROM 子句中指定表名，则该表应该属于当前数据库；第二种方式是指定的时候在表名前带上表所属数据库的名字。例如，假设当前数据库是 db1，现在要显示数据库 db2 里的表 tb 的内容，使用如下语句：

```
SELECT * FROM db2.tb;
```

当然，在 SELECT 关键字后指定列名时也可以在列名前带上所属数据库和表的名字，但是一般来说，如果选择的字段在各表中是唯一的，就没有必要去特别指定。

【**例 4.20**】　从 xs 表中检索出所有学生的信息，并使用表别名 student。使用如下语句：

```
select * from xs as student;
```

2. 多表连接

如果要在不同表中查询数据，则必须在 FROM 子句中指定多个表，这时就要使用到连接。将不同列的数据组合到一个表中称为表的连接。例如，在 xscj 数据库中需要查找选修了离散数学课程的学生的姓名和成绩，就需要将 xs、kc 和 xs_kc 三个表进行连接，才能查找到结果。连接的方式有以下两种。

1）全连接

将各个表用逗号分隔，就指定了一个全连接。FROM 子句产生的中间结果是一个新表，新表是每个表的每行都与其他表中的每行交叉以产生所有可能的组合，列包含了所有表中出现的列，也就是笛卡儿积。这种连接方式潜在地会产生数量非常多的行，因为可能得到的行数为每个表行数之积。这种情形下，通常要使用 WHERE 子句设定条件，将结果集减少为易于管理的大小，这样的连接即为等值连接。

【例 4.21】　查找 xscj 数据库中所有学生选过的课程名和课程号，使用如下语句：

```
select distinct kc.课程名, xs_kc.课程号
    from kc, xs_kc
    where kc.课程号=xs_kc.课程号;
```

执行结果如图 4.14 所示。

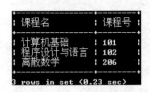

图 4.14　例 4.21 执行结果

2）JOIN 连接

第二种方式是使用 JOIN 关键字的连接，join_table 中定义了如何使用 JOIN 关键字连接表。其语法格式为：

```
join_table:
    table_reference [INNER|CROSS] JOIN table_factor [join_condition]
    |table_reference STRAIGHT_JOIN table_factor
    |table_reference STRAIGHT_JOIN table_factor ON conditional_expr
    |table_reference{ LEFT|RIGHT} [OUTER] JOIN table_reference join_condition
    |table_reference NATURAL [{ LEFT|RIGHT } [OUTER]] JOIN table_factor
```

说明：table_reference 中指定了要连接的表名。

join_condition：

```
ON 条件
|USING (列 ...)
```

其中,"ON 条件"中指定连接条件。

使用 JOIN 关键字的连接主要分为以下三种。

(1) 内连接。指定了 INNER 关键字的连接是内连接。

对于例 4.21 中的连接,FROM 子句中产生的中间结果是两个表的笛卡儿积。内连接中 FROM 子句产生的中间结果,是应用了 ON 条件后的笛卡儿积。

【例 4.22】 要实现例 4.21 中的结果,可以使用以下语句:

```
select  distinct 课程名, xs_kc.课程号
    from kc inner join xs_kc
    on  (kc.课程号=xs_kc.课程号);
```

该语句根据 ON 关键字后面的连接条件,合并两个表,返回满足条件的行。执行结果同例 4.21。内连接是系统默认的,可以省略 INNER 关键字。使用内连接后,FROM 子句中 ON 条件主要用来连接表,其他并不属于连接表的条件可以使用 WHERE 子句来指定。

【例 4.23】 用 FROM 子句的 JOIN 关键字表达下列查询:查找选修了 206 课程且成绩在 80 分以上的学生姓名及成绩。

```
select 姓名,成绩
    from xs join xs_kc on xs.学号=xs_kc.学号
    where 课程号='206'  and 成绩>=80;
```

姓名	成绩
王燕	81
李方方	80
林一帆	87
张蔚	89

4 rows in set (0.06 sec)

图 4.15 例 4.23 执行结果

执行结果如图 4.15 所示。

内连接还可用于多个表的连接。

【例 4.24】 用 FROM 的 JOIN 关键字表达下列查询:查找选修了"计算机基础"课程且成绩在 80 分以上的学生学号、姓名、课程名及成绩。

```
select xs.学号, 姓名, 课程名, 成绩
    from xs join xs_kc on xs.学号=xs_kc.学号
    join kc on xs_kc.课程号=kc.课程号
    where 课程名='计算机基础' and 成绩>=80;
```

执行结果如图 4.16 所示。

作为特例,可以将一个表与它自身进行连接,称为自连接。若要在一个表中查找具有相同列值的行,则可以使用自连接。使用自连接时需为表指定两个别名,且对所有列的引用均要用别名限定。

【例 4.25】 查找 xscj 数据库中课程不同、成绩相同的学生的学号、课程号和成绩。

```
select a.学号,a.课程号,b.课程号,a.成绩
    from xs_kc as a join xs_kc as b
    on a.成绩=b.成绩 and a.学号=b.学号 and a.课程号!=b.课程号;
```

执行结果如图 4.17 所示。

学号	姓名	课程名	成绩
081101	王林	计算机基础	80
081104	韦严平	计算机基础	90
081108	林一帆	计算机基础	85
081110	张蔚	计算机基础	95
081111	赵琳	计算机基础	91
081201	王敏	计算机基础	80
081204	马琳琳	计算机基础	91
081216	孙祥欣	计算机基础	81
081220	吴薇华	计算机基础	82
081241	罗林琳	计算机基础	90

10 rows in set (0.00 sec)

图 4.16 例 4.24 执行结果

学号	课程号	课程号	成绩
081102	102	206	78
081102	206	102	78

2 rows in set (0.00 sec)

图 4.17 例 4.25 执行结果

如果要连接的表中有列名相同,并且连接的条件就是列名相等,那么 ON 条件也可以换成 USING 子句。USING(列…)子句用于为一系列的列进行命名。这些列必须同时在两个表中存在。

【例 4.26】 查找 kc 表中所有学生选过的课程名。

```
select 课程名
    from kc inner join xs_kc
    using (课程号);
```

说明:查询的结果为 xs_kc 表中所有出现的课程号对应的课程名。

(2) 外连接。指定了 OUTER 关键字的连接为外连接。外连接包括:

- 左外连接(LEFT OUTER JOIN)——结果表中除了匹配行外,还包括左表有的但右表中不匹配的行,对于这样的行,从右表被选择的列设置为 NULL。
- 右外连接(RIGHT OUTER JOIN)——结果表中除了匹配行外,还包括右表有的但左表中不匹配的行,对于这样的行,从左表被选择的列设置为 NULL。
- 自然连接(NATURAL JOIN)——自然连接还有自然左外连接(NATURAL LEFT OUTER JOIN)和自然右外连接(NATURAL RIGHT OUTER JOIN)。NATURAL JOIN 的语义定义与使用了 ON 条件的 INNER JOIN 相同。

上述的 OUTER 关键字均可省略。

【例 4.27】 查找所有学生情况及他们选修的课程号,若学生未选修任何课,也要包括其情况。

```
select xs.*, 课程号
    from xs left outer join xs_kc on xs.学号=xs_kc.学号;
```

说明:若本例不使用 LEFT OUTER JOIN,则结果中不会包含未选任何课程的学生信息。使用了左外连接后,本例结果中返回的行中有未选任何课程的学生信息,相应行的课程号字段值为 NULL。

【例 4.28】 查找被选修了的课程的选修情况和所有开设的课程名。

```
select xs_kc.*, 课程名
    from xs_kc right join kc on xs_kc.课程号=kc.课程号;
```

说明：本例执行时，若某课程未被选修，则结果表中相应行的学号、课程号和成绩字段值均为 NULL，显示如图 4.18 所示。

学号	课程号	成绩	学分	课程名
081101	101	80	NULL	计算机基础
081101	102	78	NULL	程序设计与语言
081101	206	76	NULL	离散数学
NULL	NULL	NULL	NULL	数据结构
NULL	NULL	NULL	NULL	操作系统
NULL	NULL	NULL	NULL	计算机原理
NULL	NULL	NULL	NULL	数据库原理
NULL	NULL	NULL	NULL	计算机网络
NULL	NULL	NULL	NULL	软件工程

48 rows in set (0.00 sec)

图 4.18　例 4.28 执行结果

【例 4.29】　使用自然连接实现例 4.22 中相同的结果。

```
select 课程名, 课程号 from kc
    where 课程号 in
        (select distinct 课程号 from kc natural right outer join xs_kc);
```

说明：SELECT 语句中只选取一个用来连接表的列时，可以使用自然连接代替内连接。用这种方法，可以用自然左外连接来替换左外连接，自然右外连接替换右外连接。

注意：外连接只能对两个表进行。

(3) 交叉连接。指定了 CROSS JOIN 关键字的连接是交叉连接。

在不包含连接条件时，交叉连接实际上就是将两个表进行笛卡儿积运算，结果表是由第一个表的每行与第二个表的每一行拼接后形成的表，因此结果表的行数等于两个表行数之积。

在 MySQL 中，CROSS JOIN 从语法上来说与 INNER JOIN 等同，两者可以互换。

【例 4.30】　列出学生所有可能的选课情况。

```
select 学号, 姓名, 课程号, 课程名
    from xs cross join kc;
```

另外，STRAIGHT_JOIN 连接用法和 INNER JOIN 连接基本相同。不同的是，STRAIGHT_JOIN 后不可以使用 USING 子句替代 ON 条件。

【例 4.31】　使用 STRAIGHT_JOIN 连接实现例 4.22 中相同的结果。

```
select distinct 课程名, xs_kc.课程号
    from kc straight_join xs_kc
    on (kc.课程号=xs_kc.课程号);
```

4.2.4　WHERE 子句

本书前面已经接触过 WHERE 子句的用法，本节将详细讨论 WHERE 子句中查询条件的构成。WHERE 子句必须紧跟 FROM 子句之后，在 WHERE 子句中，使用一个条件从

FROM 子句的中间结果中选取行。其基本格式为：

```
WHERE 条件
```

其中,条件为查询条件。其语法格式为：

```
条件=：
    <precdicate>
    |<precdicate>{AND|OR}<precdicate>
    |(条件)
    |NOT 条件
```

其中,predicate 为判定运算,结果为 TRUE、FALSE 或 UNKNOWN。

```
<predicate>=：
表达式 {=|<|<=|>|>=|<=>|<>|!=}表达式                        /*比较运算*/
|表达式[NOT] LIKE 表达式 [ESCAPE 'escape_character ']        /*LIKE 运算符*/
|表达式[NOT][REGEXP|RLIKE] 表达式                            /*REGEXP 运算符*/
|表达式[NOT] BETWEEN 表达式 AND 表达式                       /*指定范围*/
|表达式 IS [NOT] NULL                                        /*是否空值判断*/
|表达式[NOT] IN (subquery |表达式[,...n])                    /*IN 子句*/
|表达式{=|<|<=|>|>=|<=>|<>|!=} { ALL|SOME|ANY } (subquery)  /*比较子查询*/
|EXIST (子查询)                                             /*EXIST 子查询*/
```

WHERE 子句会根据条件对 FROM 子句的中间结果中的行,一行一行地进行判断,当条件为 TRUE 的时候,一行就被包含到 WHERE 子句的中间结果中。

说明：IN 关键字既可以指定范围,也可以表示子查询。在 SQL 中,返回逻辑值(TRUE 或 FALSE)的运算符或关键字都可称为谓词。

判定运算包括比较运算、模式匹配、范围比较、空值比较和子查询。

1. 比较运算

比较运算符用于比较两个表达式值,MySQL 支持的比较运算符有＝(等于)、<(小于)、<＝(小于或等于)、>(大于)、>＝(大于或等于)、<＝>(相等或都等于空)、<>(不等于)、!＝(不等于)。

比较运算的语法格式为：

```
表达式 {=|<|<=|>|>=|<=>|<>|!=} 表达式
```

其中,表达式可以是除 TEXT 和 BLOB 外类型的表达式。

说明：当两个表达式值均不为空值(NULL)时,除了<＝>运算符外,其他比较运算返回逻辑值 TRUE(真)或 FALSE(假)；而当两个表达式值中有一个为空值或都为空值时,将返回 UNKNOWN。

【**例 4.32**】 查询 xscj 数据库 xs 表中学号为 081101 的学生的情况。

```
select 姓名,学号,总学分
    from xs
```

```
    where 学号='081101';
```

执行结果如图 4.19 所示。

【例 4.33】　查询 xs 表中总学分大于 50 分的学生的情况。

```
select 姓名, 学号, 出生日期, 总学分
    from xs
    where 总学分>50;
```

执行结果如图 4.20 所示。

姓名	学号	总学分
王林	081101	50

1 row in set (0.00 sec)

图 4.19　例 4.32 执行结果

姓名	学号	出生日期	总学分
李明	081107	1994-05-01	54
林一帆	081108	1993-08-05	52

2 rows in set (0.00 sec)

图 4.20　例 4.33 执行结果

MySQL 有一个特殊的等于运算符＜＝＞,当两个表达式彼此相等或都等于空值时,它的值为 TRUE,其中有一个空值或都是非空值但不相等,这个条件就是 FALSE。没有 UNKNOWN 的情况。

【例 4.34】　查询 xs 表中备注为空的学生的情况。

```
select 姓名,学号,出生日期,总学分
    from xs
    where 备注<=>null;
```

从查询条件的构成看出,可以将多个判定运算的结果通过逻辑运算符(AND、OR、XOR 和 NOT)组成更为复杂的查询条件。有关逻辑运算符,第 6 章会具体介绍。

查询 xs 表中专业为计算机,性别为女(0)的学生的情况。

```
select 姓名,学号,性别,总学分
    from xs
    where 专业名='计算机' and 性别=0;
```

执行结果如图 4.21 所示。

2. 模式匹配

1) LIKE 运算符

LIKE 运算符用于指出一个字符串是否与指定的字符串相匹配,其运算对象可以是 char、varchar、text、datetime 等类型的数据,返回逻辑值 TRUE 或 FALSE。LIKE 谓词表达式的格式为:

```
匹配表达式 [NOT] LIKE 匹配表达式 [ESCAPE 'escape_character']
```

使用 LIKE 进行模式匹配时,常使用特殊符号_和％,可进行模糊查询。％代表 0 个或多个字符,_代表单个字符。

escape_character：转义字符，没有默认值，且必须为单个字符。当要匹配的字符串中含有与特殊符号(_和％)相同的字符时,此时应通过该字符前的转义字符指明其为模式串中的一个匹配字符。使用关键字 ESCAPE 可指定转义符。

由于 MySQL 默认不区分字符大小写,要区分大小写时需要更换字符集的校对规则。

【例 4.35】 查询 xscj 数据库 xs 表中姓"王"的学生学号、姓名及性别。

```
select 学号,姓名,性别
    from xs
    where 姓名 like '王%';
```

执行结果如图 4.22 所示。

图 4.21 例 4.34 执行结果   图 4.22 例 4.35 执行结果

【例 4.36】 查询 xscj 数据库 xs 表中,学号倒数第二个数字为 0 的学生的学号、姓名及专业名。

```
select 学号,姓名,专业名
    from xs
    where 学号 like '%0_';
```

执行结果如图 4.23 所示。

如果想要查找特殊符号中的一个或全部(_和％),必须使用一个转义字符。

【例 4.37】 查询 xs 表中名字包含下画线的学生学号和姓名。

```
select 学号,姓名
    from xs
    where 学号 like '%#_%' escape '#';
```

图 4.23 例 4.36 执行结果

说明：由于没有学生满足这个条件,所以这里没有结果返回。定义了＃为转义字符以后,语句中在＃后面的_就失去了它原来特殊的意义。

2) REGEXP 运算符

REGEXP 运算符用来执行更复杂的字符串比较运算。REGEXP 是正则表达式(regular 表达式)的缩写。和 LIKE 运算符一样,REGEXP 运算符有多种功能,但它不是

SQL 标准的一部分,REGEXP 运算符的一个同义词是 RLIKE。其语法格式为:

```
match_表达式 [NOT][REGEXP|RLIKE] match_表达式
```

LIKE 运算符有两个符号即_和%具有特殊的含义。而 REGEXP 运算符则有更多具有特殊含义的符号,参见表 4.11。

表 4.11　属于 REGEXP 运算符的特殊字符

特殊字符	含　　义	特殊字符	含　　义
^	匹配字符串的开始部分	[abc]	匹配方括号里出现的字符串 abc
$	匹配字符串的结束部分	[a-z]	匹配方括号里出现的 a~z 间的一个字符
.	匹配任何一个字符(包括回车和新行)	[^a-z]	匹配方括号里出现的不在 a~z 间的一个字符
*	匹配星号前的 0 个或多个字符任何序列	|	匹配符号左边或右边出现的字符串
+	匹配加号前的 1 个或多个字符的任何序列	[[..]]	匹配方括号里出现的符号(如空格、换行、括号、句号、冒号、加号、连字符等)
?	匹配问号前的 0 个或多个字符	[[:<:]]和[[:>:]]	匹配一个单词的开始和结束
{n}	匹配括号前的内容出现 n 次的序列	[[::]]	匹配方括号里出现的字符中的任意一个字符
()	匹配括号里的内容		

【例 4.38】　查询姓李的学生的学号、姓名和专业名。

```
select 学号,姓名,专业名
    from xs
    where 姓名 regexp '^李';
```

执行结果如图 4.24 所示。

【例 4.39】　查询学号里包含 4、5、6 的学生学号、姓名和专业名。

```
select 学号,姓名,专业名
    from xs
    where 学号 regexp '[4,5,6]';
```

执行结果如图 4.25 所示。

【例 4.40】　查询学号以 08 开头,以 08 结尾的学生学号、姓名和专业名。

```
select 学号,姓名,专业名
    from xs
    where 学号 regexp '^08.*08$';
```

执行结果如图 4.26 所示。

图 4.24　例 4.38 执行结果　　　图 4.25　例 4.39 执行结果　　　图 4.26　例 4.40 执行结果

说明：星号表示匹配位于其前面的字符。这个例子中，星号前面是点，点又表示任意一个字符，所以"．＊"这个结构表示一组任意的字符。

3. 范围比较

用于范围比较的关键字有两个：BETWEEN 和 IN。

当要查询的条件是某个值的范围时，可以使用 BETWEEN 关键字。BETWEEN 关键字指出查询范围，其语法格式为：

```
表达式 [NOT] BETWEEN 表达式 1 AND 表达式 2
```

说明：当不使用 NOT 时，若表达式的值在表达式 1 与表达式 2 之间（包括这两个值），则返回 TRUE，否则返回 FALSE；使用 NOT 时，返回值刚好相反。

注意：表达式 1 的值不能大于表达式 2 的值。

使用 IN 关键字可以指定一个值表，值表中列出所有可能的值，当与值表中的任一个匹配时，即返回 TRUE，否则返回 FALSE。使用 IN 关键字指定值表的语法格式为：

```
表达式 IN (表达式 [,...n])
```

【例 4.41】　查询 xscj 数据库 xs 表中不在 1993 年出生的学生情况。

```
select 学号, 姓名, 专业名, 出生日期
    from xs
    where 出生日期 not between '1993-1-1' and '1993-12-31';
```

执行结果如图 4.27 所示。

图 4.27　例 4.41 执行结果

【例 4.42】　查询 xs 表中专业名为"计算机""通信工程"或"无线电"的学生的情况。

```
select *
    from xs
    where 专业名 in ('计算机', '通信工程', '无线电');
```

上面语句与以下语句等价：

```
select *
    from xs
    where 专业名='计算机' or 专业名='通信工程' or 专业名='无线电';
```

说明：IN 关键字最主要的作用是表达子查询。

4. 空值比较

当需要判定一个表达式的值是否为空值时，使用 IS NULL 关键字，其语法格式为：

```
表达式 IS [NOT] NULL
```

说明：当不使用 NOT 时，若表达式的值为空值，返回 TRUE，否则返回 FALSE；当使用 NOT 时，结果刚好相反。

【**例 4.43**】 查询 xscj 数据库中总学分尚不定的学生情况。

```
select *
    from xs
    where 总学分 is null;
```

本例即查找总学分为空的学生，结果为空。

5. 子查询

在查询条件中，可以使用另一个查询的结果作为条件的一部分。例如，判定列值是否与某个查询的结果集中的值相等，作为查询条件一部分的查询称为子查询。SQL 标准允许 SELECT 多层嵌套使用，用来表示复杂的查询。子查询除了可以用在 SELECT 语句中，还可以用在 INSERT、UPDATE 及 DELETE 语句中。子查询通常与 IN、EXIST 谓词及比较运算符结合使用。

1) IN 子查询

IN 子查询用于进行一个给定值是否在子查询结果集中的判断，其语法格式为：

```
表达式 [NOT] IN  (subquery)
```

说明：subquery 是子查询。当表达式与子查询 subquery 的结果表中的某个值相等时，IN 谓词返回 TRUE，否则返回 FALSE；若使用了 NOT，则返回的值刚好相反。

【**例 4.44**】 查找在 xscj 数据库中选修了课程号为 206 的课程的学生的姓名、学号。

```
select 姓名,学号
    from xs
    where 学号 in
```

```
    (select 学号
        from xs_kc
        where 课程号='206'
    );
```

执行结果如图 4.28 所示。

姓名	学号
王林	081101
程明	081102
王燕	081103
韦严平	081104
李方方	081106
李明	081107
林一帆	081108
张强民	081109
张蔚	081110
赵琳	081111
严红	081113

11 rows in set (0.00 sec)

图 4.28 例 4.44 执行结果

说明:在执行包含子查询的 SELECT 语句时,系统先执行子查询,产生一个结果表,再执行外查询。本例中,先执行子查询:

```
select 学号
    from xs_kc
    where 课程号='206';
```

得到一个只含有学号列的表,xs_kc 中的每个课程名列值为 206 的行在结果表中都有一行。再执行外查询,若 xs 表中某行的学号列值等于子查询结果表中的任一个值,则该行就被选择。

注意:IN 子查询只能返回一列数据。对于较复杂的查询,可使用嵌套的子查询。

【例 4.45】 查找未选修离散数学的学生的姓名、学号、专业名。

```
select 姓名,学号,专业名
    from xs
    where 学号 not in
      (
          select 学号
              from xs_kc
              where 课程号 in
                  (select 课程号
                      from kc
                      where  课程名='离散数学'
                  )
      );
```

执行结果如图 4.29 所示。

2) 比较子查询

比较子查询可以认为是 IN 子查询的扩展,它使表达式的值与子查询的结果进行比较运算,其语法格式为:

```
表达式 {<|<=|=|>|>=|!=|<>} {ALL|SOME|ANY} (subquery)
```

说明:表达式为要进行比较的表达式,subquery 是子查询。ALL、SOME 和 ANY 说明对比较运算的限制。

如果子查询的结果集只返回一行数据时,可以通过比较运算符直接比较。

ALL 指定表达式要与子查询结果集中的每个值都进行比较,当表达式与每个值都满足比较的关系时，才返回 TRUE，否则返回 FALSE。

SOME 或 ANY 是同义词，表示表达式只要与子查询结果集中的某个值满足比较的关系时，就返回 TRUE，否则返回 FALSE。

【例 4.46】 查找选修了离散数学的学生学号。

```
select 学号
    from xs_kc
    where 课程号=
        (
            select 课程号
                from kc
                where 课程名='离散数学'
        );
```

执行结果如图 4.30 所示。

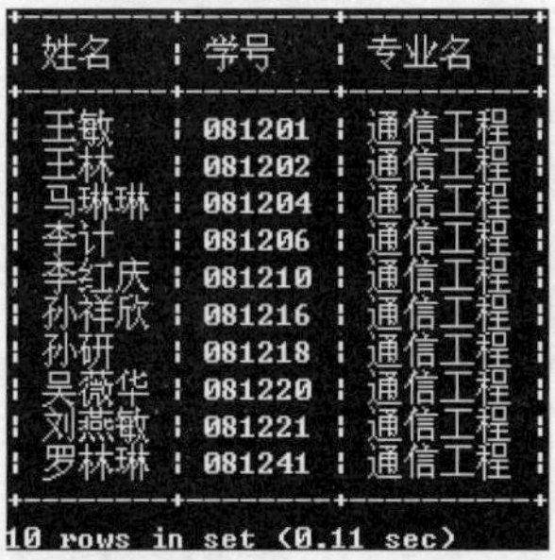

姓名	学号	专业名
王敏	081201	通信工程
王林	081202	通信工程
马琳琳	081204	通信工程
李计	081206	通信工程
李红庆	081210	通信工程
孙祥欣	081216	通信工程
孙研	081218	通信工程
吴薇华	081220	通信工程
刘燕敏	081221	通信工程
罗林琳	081241	通信工程

10 rows in set (0.11 sec)

图 4.29　例 4.45 执行结果

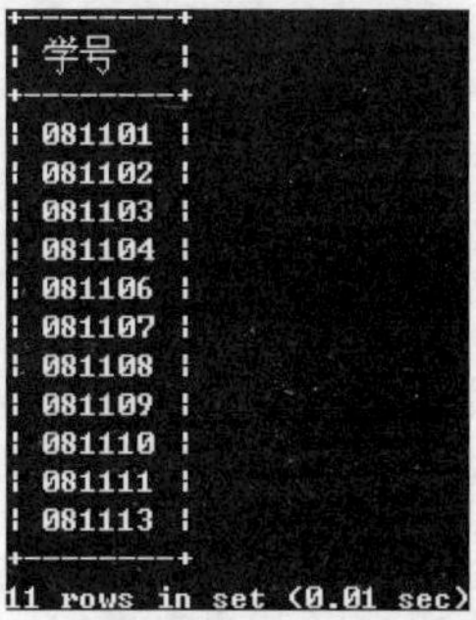

学号
081101
081102
081103
081104
081106
081107
081108
081109
081110
081111
081113

11 rows in set (0.01 sec)

图 4.30　例 4.46 执行结果

【例 4.47】 查找 xs 表中比所有计算机系的学生年龄都大的学生学号、姓名、专业名、出生日期。

```
select 学号, 姓名, 专业名, 出生日期
    from xs
    where 出生日期 <all
        (
            select 出生日期
                from xs
                where 专业名='计算机'
        );
```

执行结果如图 4.31 所示。

【例 4.48】 查找 xs_kc 表中课程号 206 的成绩不低于课程号 101 的最低成绩的学生的学号。

```
select 学号
    from xs_kc
```

```
where 课程号='206' and 成绩>=any
(
    select 成绩
        from xs_kc
        where 课程号='101'
);
```

执行结果如图 4.32 所示。

学号	姓名	专业名	出生日期
081201	王敏	通信工程	1993-06-10
081202	王林	通信工程	1993-01-29
081204	马琳琳	通信工程	1993-02-10
081210	李红庆	通信工程	1993-05-01
081216	孙祥欣	通信工程	1993-03-09

5 rows in set (0.03 seo)

图 4.31 例 4.47 执行结果

图 4.32 例 4.48 执行结果

3）EXISTS 子查询

EXISTS 谓词用于测试子查询的结果是否为空表，若子查询的结果集不为空，则 EXISTS 返回 TRUE，否则返回 FALSE。EXISTS 还可与 NOT 结合使用，即 NOT EXISTS，其返回值与 EXIST 刚好相反。其语法格式为：

```
[NOT] EXISTS (subquery)
```

【例 4.49】 查找选修 206 号课程的学生姓名。

```
select 姓名
    from xs
    where exists
    (
        select *
            from xs_kc
            where 学号=xs.学号 and 课程号='206'
    );
```

执行结果如图 4.33 所示。

分析：

（1）本例在子查询的条件中使用了限定形式的列名引用 xs.学号，表示这里的学号列出自表 xs。

（2）本例与前面的子查询例子不同点是：在前面的例子中，内层查询只处理一次，得到一个结果集，再依次处理外层查询；而本例的内层查询要处理多次，因为内层查询与 xs.学号有关，外层查询中 xs 表的不同行有不同的学号值。这类子查询称为

图 4.33 例 4.49 执行结果

相关子查询,因为子查询的条件依赖于外层查询中的某些值。其处理过程是:首先查找外层查询中 xs 表的第一行,根据该行的学号列值处理内层查询,若结果不为空,则 WHERE 条件就为真,就把该行的姓名值取出作为结果集的一行;然后再找 xs 表的第 2 行、第 3 行……,重复上述处理过程直到 xs 表的所有行都查找完为止。

【例 4.50】　查找选修了全部课程的学生的姓名。

```
select 姓名
    from xs
    where not exists
    (
        select *
            from kc
            where not exists
            (select *
                from xs_kc
                where 学号=xs.学号 and 课程号=kc.课程号
            )
    );
```

说明:由于没有人选修了全部课程,所以结果为空。

MySQL 区分了 4 种类型的子查询:①返回一个表的子查询是表子查询;②返回带有一个或多个值的一行的子查询是行子查询;③返回一行或多行,但每行上只有一个值的是列子查询;④只返回一个值的是标量子查询。从定义上讲,每个标量子查询都是一个列子查询和行子查询。上面介绍的子查询都属于列子查询。

另外,子查询还可以用在 SELECT 语句的其他子句中。

表子查询可以用在 FROM 子句中,但必须为子查询产生的中间表定义一个别名。

【例 4.51】　从 xs 表中查找总学分大于 50 分的男学生的姓名和学号。

```
select 姓名,学号,总学分
    from      (select 姓名,学号,性别,总学分
                from xs
                where 总学分>50
              ) as student
    where 性别='1';
```

执行结果如图 4.34 所示。

说明:在这个例子中,首先处理 FROM 子句中的子查询,将结果放到一个中间表中,并为表定义一个名称 student,然后再根据外部查询条件从 student 表中查询出数据。另外,子查询还可以嵌套使用。

SELECT 关键字后面也可以定义子查询。

【例 4.52】　从 xs 表中查找所有女学生的姓名、学号,以及与 081101 号学生的年龄差距。

```
select 学号, 姓名, year(出生日期)-year(
                    (select 出生日期
                        from xs
```

```
                    where 学号='081101'
        )  )  as 年龄差距
    from xs
    where 性别='0';
```

执行结果如图 4.35 所示。

说明：本例中子查询返回值中只有一个值,所以这是一个标量子查询。YEAR 函数用于取出 DATE 类型数据的年份。

在 WHERE 子句中还可以将一行数据与行子查询中的结果通过比较运算符进行比较。

【**例 4.53**】 查找与 081101 号学生性别相同、总学分相同的学生学号和姓名。

```
select 学号,姓名
    from xs
    where (性别,总学分)=(select 性别,总学分
                        from xs
                        where 学号='081101'
                    );
```

执行结果如图 4.36 所示。

图 4.34 例 4.51 执行结果

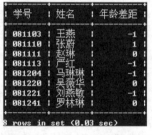

图 4.35 例 4.52 执行结果

图 4.36 例 4.53 执行结果

说明：本例中子查询返回的是一行值,所以这是个行子查询。

4.2.5 GROUP BY 子句

GROUP BY 子句主要用于根据字段对行分组。例如,根据学生所学的专业对 xs 表中的所有行分组,结果是每个专业的学生成为一组。GROUP BY 子句的语法格式为:

```
GROUP BY {列名|表达式|position} [ASC|DESC], ... [WITH ROLLUP]
```

说明：GROUP BY 子句后通常包含列名或表达式。MySQL 对 GROUP BY 子句进行了扩展,可以在列的后面指定 ASC(升序)或 DESC(降序)。GROUP BY 可以根据一个或多个列进行分组,也可以根据表达式进行分组,经常和聚合函数一起使用。

【**例 4.54**】 将 xscj 数据库中各专业名输出。

```
select 专业名
    from xs
    group by 专业名;
```

执行结果如图 4.37 所示。

【例 4.55】　求 xscj 数据库中各专业的学生数。

```
select 专业名,count(*) as '学生数'
    from xs
    group by 专业名;
```

执行结果如图 4.38 所示。

【例 4.56】　求被选修的各门课程的平均成绩和选修该课程的人数。

```
select 课程号, avg(成绩) as '平均成绩',count(学号) as'
选修人数'
    from xs_kc
    group by 课程号;
```

执行结果如图 4.39 所示。

专业名	学生数
计算机	11
通信工程	10

2 rows in set (0.01 sec)

课程号	平均成绩	选修人数
101	78.6500	20
102	77.0000	11
206	75.4545	11

3 rows in set (0.03 sec)

图 4.37　例 4.54 执行结果　　　图 4.38　例 4.55 执行结果　　　图 4.39　例 4.56 执行结果

使用带 ROLLUP 操作符的 GROUP BY 子句：指定在结果集内不仅包含由 GROUP BY 提供的正常行，还包含汇总行。

【例 4.57】　在 xscj 数据库上产生一个结果集，包括每个专业的男生人数、女生人数、总人数以及学生总人数。

```
select 专业名, 性别, count(*) as '人数'
    from xs
    group by 专业名,性别
    with rollup;
```

执行结果如图 4.40 所示。

从上述执行结果可以看出，使用了 ROLLUP 操作符后，将对 GROUP BY 子句中所指定的各列产生汇总行，产生的规则是：按列的排列的逆序依次进行汇总。如本例根据专业名和性别将 xs 表分为 4 组，使用 ROLLUP 后，先对性别字段产生了汇总行（针对专业名相同的行），然后对专业名与性别均不同的值产生了汇总行。所产生的汇总行中对应具有不同列值的字段值将置为 NULL。

专业名	性别	人数
计算机	0	4
计算机	1	7
计算机	NULL	11
通信工程	0	4
通信工程	1	6
通信工程	NULL	10
NULL	NULL	21

7 rows in set (0.00 sec)

图 4.40　例 4.57 执行结果一

可以将上述语句与不带 ROLLUP 操作符的 GROUP BY 子句的执行情况做一个比较：

```
select 专业名, 性别, count(*) as '人数'
    from xs
    group by 专业名,性别;
```

执行结果如图 4.41 所示。

还可以将专业名与性别顺序交换一下查看执行情况。

带 ROLLUP 的 GROUP BY 子句可以与复杂的查询条件及连接查询一起使用。

【例 4.58】 在 xscj 数据库上产生一个结果集,包括每门课程各专业的平均成绩、每门课程的总平均成绩和所有课程的总平均成绩。

```
select 课程名, 专业名, avg(成绩) as '平均成绩'
    from xs_kc, kc,xs
    where xs_kc.课程号=kc.课程号 and xs_kc.学号=xs.学号
    group by 课程名, 专业名
    with rollup;
```

执行结果如图 4.42 所示。

专业名	性别	人数
计算机	0	4
计算机	1	7
通信工程	0	4
通信工程	1	6

4 rows in set (0.00 sec)

图 4.41　例 4.57 执行结果二

课程名	专业名	平均成绩
程序设计与语言	计算机	77.0000
程序设计与语言	NULL	77.0000
计算机基础	计算机	77.5000
计算机基础	通信工程	79.0000
计算机基础	NULL	78.2105
离散数学	计算机	75.4545
离散数学	NULL	75.4545
NULL	NULL	77.1463

8 rows in set (0.03 sec)

图 4.42　例 4.58 执行结果

4.2.6 HAVING 子句

使用 HAVING 子句的目的与 WHERE 子句类似,不同的是 WHERE 子句是用来在 FROM 子句之后选择行,而 HAVING 子句用来在 GROUP BY 子句后选择行。例如,查找 xscj 数据库中平均成绩在 85 分以上的学生,就是在 xs_kc 表上按学号分组后筛选出符合平均成绩大于或等于 85 分的学生。

HAVING 子句的语法格式为:

```
HAVING 条件
```

说明:条件是选择条件,条件的定义和 WHERE 子句中的条件类似,不过 HAVING 子句中的条件可以包含聚合函数,而 WHERE 子句中则不可以。

SQL 标准要求 HAVING 必须引用 GROUP BY 子句中的列或用于聚合函数中的列。不过,MySQL 支持对此工作性质的扩展,并允许 HAVING 引用 SELECT 清单中的列和外部子查询中的列。

【例 4.59】 查找 xscj 数据库中平均成绩在 85 分及以上的学生的学号和平均成绩。

```
select 学号, avg(成绩) as '平均成绩'
    from xs_kc
    group by 学号
    having avg(成绩)>=85;
```

执行结果如图 4.43 所示。

【例 4.60】　查找选修课程超过两门且成绩都在 85 分及以上的学生的学号。

```
select 学号
    from xs_kc
    where 成绩>=80
    group by 学号
    having count( * )>2;
```

执行结果如图 4.44 所示。

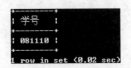

图 4.43　例 4.59 执行结果　　　　图 4.44　例 4.60 执行结果

分析：本查询将 xs_kc 表中成绩大于或等于 80 分的记录按学号分组，对每组记录计数，选出记录数大于 2 的各组的学号值形成结果表。

【例 4.61】　查找通信工程专业平均成绩在 85 分及以上的学生的学号和平均成绩。

```
select 学号,avg(成绩) as '平均成绩'
    from xs_kc
    where 学号 in
        ( select 学号
            from xs
            where 专业名 = '通信工程'
        )
    group by 学号
    having avg(成绩)>=85;
```

执行结果如图 4.45 所示。

分析：先执行 WHERE 查询条件中的子查询，得到通信工程专业所有学生的学号集；然后对 xs_kc 中的每条记录判断其学号字段值是否在前面所求得的学号集中。若否，则跳过该记录，继续处理下一条记录；若是，则加入 WHERE 的结果集。对 xs_kc 表筛选完后，按学号进行分组，再在各分组记录中选出平均成绩值大于或等于 85 分的记录，形成最后的结果集。

图 4.45　例 4.61 执行结果

4.2.7 ORDER BY 子句

在一条 SELECT 语句中,如果不使用 ORDER BY 子句,结果中行的顺序是不可预料的。使用 ORDER BY 子句后可以保证结果中的行按一定顺序排列。其语法格式为:

```
ORDER BY {列名|表达式|position} [ASC|DESC], ...
```

说明:ORDER BY 子句后可以是一个列、一个表达式或一个正整数。正整数表示按结果表中该位置上的列排序。例如,使用 ORDER BY 3 表示对 SELECT 的列清单上的第 3 列进行排序。

关键字 ASC 表示升序排列,DESC 表示降序排列,系统默认值为 ASC。

【例 4.62】 将通信工程专业的学生按出生日期先后排序。

```
select 学号,姓名,专业名,出生日期
    from xs
    where 专业名='通信工程'
    order by 出生日期;
```

执行结果如图 4.46 所示。

学号	姓名	专业名	出生日期
081202	王林	通信工程	1993-01-29
081204	马琳琳	通信工程	1993-02-10
081216	孙祥欣	通信工程	1993-03-09
081210	李红庆	通信工程	1993-05-01
081201	王敏	通信工程	1993-06-10
081206	李计	通信工程	1993-09-20
081221	刘燕敏	通信工程	1993-11-12
081241	罗林琳	通信工程	1994-01-30
081220	吴薇华	通信工程	1994-03-18
081218	孙研	通信工程	1994-10-09

10 rows in set (0.00 sec)

图 4.46 例 4.62 执行结果

【例 4.63】 将计算机专业学生的"计算机基础"课程成绩按降序排列。

```
select 姓名,课程名,成绩
    from xs,kc,xs_kc
    where xs.学号=xs_kc.学号
        and xs_kc.课程号=kc.课程号
        and 课程名='计算机基础'
        and 专业名='计算机'
    order by 成绩 desc;
```

执行结果如图 4.47 所示。

ORDER BY 子句中还可以包含子查询。

【例 4.64】 将计算机专业学生按其平均成绩排列。

```
select 学号, 姓名, 专业名
    from xs
    where 专业名='计算机'
    order by (select avg(成绩)
                  from xs_kc
                  group by xs_kc.学号
                  having xs.学号=xs_kc.学号
             );
```

执行结果如图 4.48 所示。

姓名	课程名	成绩
张蔚	计算机基础	95
赵琳	计算机基础	91
韦严平	计算机基础	90
林一帆	计算机基础	85
王林	计算机基础	80
李明	计算机基础	78
张强民	计算机基础	66
李方方	计算机基础	65
严红	计算机基础	63
王燕	计算机基础	62

10 rows in set (0.03 sec)

图 4.47 例 4.63 执行结果

学号	姓名	专业名
081113	严红	计算机
081103	王燕	计算机
081106	李方方	计算机
081109	张强民	计算机
081107	李明	计算机
081102	程明	计算机
081101	王林	计算机
081108	林一帆	计算机
081111	赵琳	计算机
081104	韦严平	计算机
081110	张蔚	计算机

11 rows in set (0.00 sec)

图 4.48 例 4.64 执行结果

注意：当对空值排序时，ORDER BY 子句将空值作为最小值对待，故按升序排列将空值放在最上方，降序放在最下方。

4.2.8 LIMIT 子句

LIMIT 子句主要用于限定被 SELECT 语句返回的行数，其语法格式为：

```
LIMIT {[offset,] row_count|row_count OFFSET offset}
```

说明：语法格式中的 offset 和 row_count 都必须是非负的整数常数，offset 指定返回的第一行的偏移量，row_count 是返回的行数。例如，"LIMIT 5"表示返回 SELECT 语句的结果集中最前面 5 行，而"LIMIT 3,5"则表示从第 4 行开始返回 5 行。值得注意的是，初始行的偏移量为 0，而不是 1。

【例 4.65】 查找 xs 表中学号最靠前的 5 位学生的信息。

```
select 学号, 姓名, 专业名, 性别, 出生日期, 总学分
    from xs
    order by 学号
    limit 5;
```

执行结果如图 4.49 所示。

学号	姓名	专业名	性别	出生日期	总学分
081101	王林	计算机	1	1994-02-10	50
081102	程明	计算机	1	1995-02-01	50
081103	王燕	计算机	0	1993-10-06	50
081104	韦严平	计算机	1	1994-08-26	50
081106	李方方	计算机	1	1994-11-20	50

5 rows in set (0.00 sec)

图 4.49 例 4.65 执行结果

【例 4.66】 查找 xs 表中从第 4 位学生开始的 5 位学生的信息。

```
select 学号, 姓名, 专业名, 性别, 出生日期, 总学分
    from xs
    order by 学号
    limit 3, 5;
```

执行结果如图 4.50 所示。

学号	姓名	专业名	性别	出生日期	总学分
081104	韦严平	计算机	1	1994-08-26	50
081106	李方方	计算机	1	1994-11-20	50
081107	李明	计算机	1	1994-05-01	54
081108	林一帆	计算机	1	1993-08-05	52
081109	张强民	计算机	1	1993-08-11	50

5 rows in set (0.00 sec)

图 4.50　例 4.66 执行结果

为了与 PostgreSQL 兼容,MySQL 也支持 LIMIT row_count OFFSET offset 语法。所以,将上面例子中的 LIMIT 子句换成“limit 5 offset 3”,结果一样。

4.2.9　UNION 语句

使用 UNION 语句,可以把来自许多 SELECT 语句的结果组合到一个结果集合中,其语法格式为:

```
SELECT ...
UNION [ALL|DISTINCT] SELECT ...
[UNION [ALL|DISTINCT] SELECT ...]
```

说明:SELECT 语句为常规的选择语句,但是还必须遵守以下规则:

- 列于每个 SELECT 语句的对应位置的被选择的列,应具有相同的数目和类型。例如,被第一个语句选择的第一列,应当和被其他语句选择的第一列具有相同的类型。
- 只有最后一个 SELECT 语句可以使用 INTO OUTFILE。
- HIGH_PRIORITY 不能与作为 UNION 一部分的 SELECT 语句同时使用。
- ORDER BY 和 LIMIT 子句只能在整个语句最后指定,同时还应对单个的 SELECT 语句加圆括号。排序和限制行数对整个最终结果起作用。

使用 UNION 的时候,在第一个 SELECT 语句中被使用的列名称被用于结果的列名称。MySQL 自动从最终结果中去除重复行,所以附加的 DISTINCT 是多余的,但根据 SQL 标准,在语法上允许采用。要得到所有匹配的行,则可以指定关键字 ALL。

【例 4.67】　查找学号为 081101 和学号为 081210 的两位学生的信息。

```
select 学号, 姓名, 专业名, 性别, 出生日期, 总学分
    from xs
    where 学号='081101'
    union
    select 学号, 姓名, 专业名, 性别, 出生日期, 总学分
        from xs
        where 学号='081210';
```

执行结果如图 4.51 所示。

图 4.51　例 4.67 执行结果

4.2.10　HANDLER 语句

前面讨论了用来查询表数据的 SELECT 语句,它通常用来返回行的一个集合。MySQL 还支持另外一个查询数据库的语句:HANDLER 语句,它能够一行一行地浏览表中的数据。但它并不属于 SQL 标准,而是 MySQL 专用的语句。HANDLER 语句只适用于 MyISAM 和 InnoDB 表。

使用 HANDLER 语句时,要先使用 HANDLER OPEN 语句打开一个表,再使用 HANDLER READ 语句浏览打开表的行,浏览完后还必须使用 HANDLER CLOSE 语句关闭已经打开的表。

1. 打开一个表

可以使用 HANDLER OPEN 语句打开一个表,其语法格式为:

```
HANDLER 表名 OPEN[[AS] alias]
```

说明:可以使用 AS 子句给表定义一个别名。若打开表时使用别名,则在其他进一步访问表的语句中也都要使用这个别名。

2. 浏览表中的行

HANDLER READ 语句用于浏览一个已打开的表的数据行,其语法格式一为:

```
HANDLER 表名 READ {FIRST|NEXT}
    [WHERE 条件][LIMIT ...]
```

说明:

- FIRST|NEXT——这两个关键字是 HANDLER 语句的读取声明,FIRST 表示读取第一行,NEXT 表示读取下一行。
- WHERE 子句——如果想返回符合特定条件的行,可以加一条 WHERE 子句,这里的 WHERE 子句和 SELECT 语句中的 WHERE 子句具有相同的功能,但这里的 WHERE 子句中不能包含子查询、系统内置函数、BETWEEN、LIKE 和 IN 运算符。
- LIMIT 子句——若不使用 LIMIT 子句,则 HANDLER 语句只取表中的一行数据。若要读取多行数据,则要添加 LIMIT 子句。这里的 LIMIT 子句和 SELECT 语句中的 LIMIT 子句不同。SLECT 语句中的 LIMIT 子句用来限制结果中的行的总数,而这里的 LIMIT 子句用来指定 HANDLER 语句所能获得的行数。

由于没有其他的声明,在读取一行数据的时候行的顺序是由 MySQL 决定的。如果要按某个顺序来显示,可以通过在 HANDLER READ 语句中指定索引来实现。

HANDLER READ 语句语法格式二为：

```
HANDLER 表名 READ 索引名 {=|<=|>=|<|>} (值 ...)
    [WHERE 条件][LIMIT ...]
HANDLER 表名 READ 索引名 { FIRST|NEXT|PREV|LAST }
    [WHERE 条件][LIMIT ...]
```

说明：第一种方式是使用比较运算符为索引指定一个值，并从符合该条件的一行数据开始读取表。如果是多列索引，则值为多个值的组合，中间用逗号隔开。

第二种方式是使用关键字读取行，FIRST 表示第一行，NEXT 表示下一行，PREV 表示上一行，LAST 表示最后一行。

有关索引的内容将在第 5 章中介绍。

3. 关闭打开的表

行读取完后必须使用 HANDLER CLOSE 语句来关闭表。其语法格式为：

```
HANDLER 表名 CLOSE
```

【**例 4.68**】 一行一行地浏览 kc 表中满足要求的内容，要求第一行为学分大于 4 的第一行数据。

首先打开表：

```
use xscj
handler kc open;
```

然后读取满足条件的第一行：

```
handler kc read first
    where 学分>4;
```

执行结果如图 4.52 所示。

课程号	课程名	开课学期	学时	学分
101	计算机基础	1	80	5

图 4.52　例 4.68 执行结果一

再读取下一行：

```
handler kc read next;
```

执行结果如图 4.53 所示。

课程号	课程名	开课学期	学时	学分
102	程序设计与语言	2	68	4

图 4.53　例 4.68 执行结果二

最后关闭该表：

```
handler kc close;
```

4.3　MySQL 视图

4.3.1　视图的概念

　　视图(View)是从一个或多个表(或视图)导出(采用查询方式)的表,但视图是一个虚表,即它所对应的数据不进行实际存储,数据库中只存储视图的定义,对视图的数据进行操作时,系统根据视图的定义去操作与视图相关联的基本表。

　　视图一经定义,就可以像表一样被查询、修改、删除和更新。使用视图有下列优点:

　　(1) 为用户集中数据,简化用户的数据查询和处理。有时用户所需要的数据分散在多个表中,定义视图可将它们集中在一起,从而方便用户的数据查询和处理。

　　(2) 屏蔽数据库的复杂性。用户不必了解复杂的数据库中的表结构,并且数据库表的更改也不影响用户对数据库的使用。

　　(3) 简化用户权限的管理。只需授予用户使用视图的权限,而不必指定用户只能使用表的特定列,增加了安全性。

　　(4) 便于数据共享。各用户不必都定义和存储自己所需的数据,可共享数据库的数据,同样的数据只需存储一次。

　　(5) 可以重新组织数据以便输出到其他应用程序中。

4.3.2　创建视图

　　视图在数据库中是作为一个对象来存储的。用户创建视图前,要保证自己已被数据库所有者授权可以使用 CREATE VIEW 语句,并且有权操作视图所涉及的表或其他视图。其语法格式为:

```
CREATE
[OR REPLACE]
[ALGORITHM={UNDEFINED|MERGE|TEMPTABLE}]
[DEFINER={user|CURRENT_USER}]
[SQL SECURITY {DEFINER|INVOKER}]
VIEW 视图名 [(列名 ...)]
AS select 语句
[WITH [CASCADED|LOCAL] CHECK OPTION]
```

说明:
- OR REPLACE——给定了该子句,语句就能够替换已有的同名视图。
- ALGORITHM 子句——是对标准的 MySQL 扩展,规定了 MySQL 的算法,算法会影响 MySQL 处理视图的方式。ALGORITHM 可取 MERGE、TEMPTABLE 或 UNDEFINED 3 个值。如果没有该子句,默认算法是 UNDEFINED(未定义的)。若指定了 MERGE 选项,则会将引用视图的语句的文本与视图定义合并,使得视图定义的某一部分取代语句的对应部分。MERGE 算法要求视图中的行和基表中的行具有一对一的关系,如果不具有该关系,必须使用临时表取而代之。若指定了TEMPTABLE 选项,视图的结果将被置于临时表中,然后使用它执行语句。

- 列名——为视图的列名称,由逗号隔开。列名数目必须等于 SELECT 语句检索的列数。若使用与源表或视图中相同的列名时可以省略列名。

- SELECT 语句——用来创建视图的 SELECT 语句,可在 SELECT 语句中查询多个表或视图。但对 SELECT 语句有以下的限制:

  ① 定义视图的用户必须对所参照的表或视图有查询权限。

  ② 不能包含 FROM 子句中的子查询。

  ③ 不能引用系统或用户变量。

  ④ 不能引用预处理语句参数。

  ⑤ 在定义中引用的表或视图必须存在。

  ⑥ 若引用不是当前数据库的表或视图时,要在表或视图前加上数据库的名称。

  ⑦ 在视图定义中允许使用 ORDER BY,但是,如果从特定视图进行了选择,而该视图使用了具有自己 ORDER BY 的语句,则视图定义中的 ORDER BY 将被忽略。

  ⑧ 对于 SELECT 语句中的其他选项或子句,若视图中也包含了这些选项,则效果未定义。例如,如果在视图定义中包含 LIMIT 子句,而 SELECT 语句使用了自己的LIMIT 子句,MySQL 对使用哪个 LIMIT 未作定义。

- WITH CHECK OPTION——指出在可更新视图上所进行的修改都要符合 select_statement 所指定的限制条件,这样可以确保数据修改后,仍可通过视图看到修改的数据。当视图是根据另一个视图定义的时,WITH CHECK OPTION 给出两个参数:LOCAL 和 CASCADED。它们决定了检查测试的范围。LOCAL 关键字使CHECK OPTION 只对定义的视图进行检查,CASCADED 则会对所有视图进行检查。如果未给定任一关键字,则默认值为 CASCADED。

使用视图时,要注意下列事项:

(1) 在默认情况下,将在当前数据库创建新视图。要想在给定数据库中明确创建视图,创建时,应将名称指定为“数据库名.视图名”。

(2) 视图的命名必须遵循标志符命名规则,不能与表同名,且对每个用户视图名必须是唯一的,即对不同用户,即使是定义相同的视图,也必须使用不同的名字。

(3) 不能把规则、默认值或触发器与视图相关联。

(4) 不能在视图上建立任何索引,包括全文索引。

【例 4.69】　假设当前数据库是 test,创建 xscj 数据库上的 cs_kc 视图,包括计算机专业各学生的学号、选修的课程号及成绩。要保证对该视图的修改都符合专业名为“计算机”这个条件。

```
create or replace view xscj.cs_kc
    as
    select xs.学号,课程号,成绩
        from xscj.xs, xscj.xs_kc
```

```
        where xs.学号=xs_kc.学号 and xs.专业名='计算机'
        with check option;
```

【例 4.70】 创建 xscj 数据库上的计算机专业学生的平均成绩视图 cs_kc_avg,包括学号(在视图中列名为 num)和平均成绩(在视图中列名为 score_avg)。

```
use xscj
create view cs_kc_avg(num, score_avg)
    as
    select 学号,avg(成绩)
        from cs_kc
        group by 学号;
```

说明:这里 SELECT 语句将直接从 cs_kc 视图中查询出结果。

4.3.3 查询视图

视图定义后,就可以如同查询基本表那样对视图进行查询。

【例 4.71】 在视图 cs_kc 中查找计算机专业的学生学号和选修的课程号。

```
select 学号, 课程号
    from cs_kc;
```

【例 4.72】 查找平均成绩在 80 分及以上的学生的学号和平均成绩。

本例首先创建学生平均成绩视图 xs_kc_avg,包括学号(在视图中列名为 num)和平均成绩(在视图中列名为 score_avg)。

创建学生平均成绩视图 xs_kc_avg:

```
create view xs_kc_avg (num,score_avg)
    as
    select 学号, avg(成绩)
        from xs_kc
        group by 学号;
```

再对 xs_kc_avg 视图进行查询:

```
select *
    from xs_kc_avg
    where score_avg>=80;
```

执行结果如图 4.54 所示。

从以上两例可以看出,创建视图可以向最终用户隐藏复杂的表连接,简化了用户的 SQL 程序设计。

注意:使用视图查询时,若其关联的基本表中添加了新字段,则该视图将不包含新字段。例如,视图 cs_xs 中的列关联了 xs 表中所有列,若 xs 表新增了"籍贯"字段,那么 cs_xs

图 4.54　例 4.72 执行结果

视图中将查询不到"籍贯"字段的数据。

如果与视图相关联的表或视图被删除,则该视图将不能再使用。

查询视图也可以在 MySQL Query Browser 工具中进行,方法与查询表类似。

4.3.4　更新视图

由于视图是一个虚拟表,所以更新视图(包括插入、修改和删除)数据也就等于在更新与其关联的基本表的数据。但并不是所有的视图都可以更新,只有满足可更新条件的视图才能被更新。更新视图的时候要特别小心,这可能导致不可预期的结果。

1. 可更新视图

要通过视图更新基本表数据,必须保证视图是可更新视图,即可以在 INSET、UPDATE 或 DELETE 等语句当中使用它们。对于可更新的视图,在视图中的行和基表中的行之间必须具有一对一的关系。还有一些特定的其他结构,这类结构使得视图不可更新。如果视图包含下述结构中的任何一种,那么它就是不可更新的:

(1) 聚合函数。

(2) DISTINCT 关键字。

(3) GROUP BY 子句。

(4) ORDER BY 子句。

(5) HAVING 子句。

(6) UNION 运算符。

(7) 位于选择列表中的子查询。

(8) FROM 子句中包含多个表。

(9) SELECT 语句中引用了不可更新视图。

(10) WHERE 子句中的子查询,引用 FROM 子句中的表。

(11) ALGORITHM 选项指定为 TEMPTABLE(使用临时表总会使视图成为不可更新的)。

2. 插入数据

使用 INSERT 语句通过视图向基本表插入数据。

【例 4.73】　创建视图 cs_xs,视图中包含计算机专业的学生信息,并向 cs_xs 视图中插入一条记录:

('081255','李牧','计算机',1,'1994-10-21',50,NULL,NULL)

首先创建视图 cs_xs：

```
create or replace view cs_xs
    as
    select *
        from xs
        where 专业名='计算机'
    with check option;
```

注意：在创建视图的时候加上 WITH CHECK OPTION 子句，是因为 WITH CHECK OPTION 子句会在更新数据的时候检查新数据是否符合视图定义中 WHERE 子句的条件。WITH CHECK OPTION 子句只能和可更新视图一起使用。

接下来插入记录：

```
insert into cs_xs
    values('081255', '李牧', '计算机', 1, '1994-10-14', 50, null, null);
```

注意：这里插入记录时专业名只能为"计算机"。

这时，使用 SELECT 语句查询 cs_xs 视图和基本表 xs，就可发现 xs 表中该记录已经被添加进去，如图 4.55 所示。

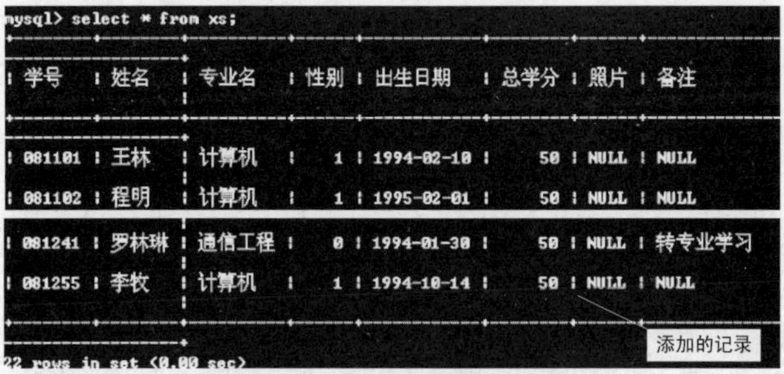
mysql> select * from xs;

学号	姓名	专业名	性别	出生日期	总学分	照片	备注
081101	王林	计算机	1	1994-02-10	50	NULL	NULL
081102	程明	计算机	1	1995-02-01	50	NULL	NULL
081241	罗林琳	通信工程	0	1994-01-30	50	NULL	转专业学习
081255	李牧	计算机	1	1994-10-14	50	NULL	NULL

22 rows in set (0.00 sec)

图 4.55　例 4.73 执行结果

当视图所依赖的基本表有多个时，不能向该视图插入数据，因为这会影响多个基本表。例如，不能向视图 cs_kc 插入数据，因为 cs_kc 依赖两个基本表：xs 和 xs_kc。

对 INSERT 语句还有一个限制：SELECT 语句中必须包含 FROM 子句中指定表的所有不能为空的列。例如，若 cs_xs 视图定义的时候不加上"姓名"字段，则插入数据的时候会出错。

3. 修改数据

使用 UPDATE 语句可以通过视图修改基本表的数据。

【例 4.74】 将 cs_xs 视图中所有学生的总学分增加 8 分。

```
update cs_xs
    set 总学分=总学分+8;
```

上述语句实际上是将 cs_xs 视图所依赖的基本表 xs 中，所有记录的总学分字段值在原来基础上增加 8。

若一个视图依赖于多个基本表，则一次修改该视图只能变动一个基本表的数据。

【例 4.75】 将 cs_kc 视图中学号为 081101 的学生的 101 课程成绩改为 90 分。

```
update cs_kc
    set 成绩=90
    where 学号='081101' and 课程号='101';
```

本例中,视图 cs_kc 依赖于两个基本表:xs 和 xs_kc,对 cs_kc 视图的一次修改只能改变学号(源于 xs 表)或者课程号和成绩(源于 xs_kc 表)。

例如,以下修改就是错误的:

```
update cs_kc
    set 学号='081120',课程号='208'
    where 成绩=90;
```

4. 删除数据

使用 DELETE 语句可以通过视图删除基本表的数据。

【例 4.76】 删除 cs_xs 中李牧同学(学号'081255')的记录。

```
delete from cs_xs
    where 学号='081255';
```

注意:对依赖于多个基本表的视图,不能使用 DELETE 语句。例如,不能通过对 cs_kc 视图执行 DELETE 语句而删除与之相关的基本表 xs 及 xs_kc 表的数据。

4.3.5 修改视图

使用 ALTER 语句可以对已有视图的定义进行修改。其语法格式为:

```
ALTER
    [ALGORITHM={UNDEFINED|MERGE|TEMPTABLE}]
    [DEFINER={用户|CURRENT_USER}]
    [SQL SECURITY { DEFINER|INVOKER }]
    VIEW 视图名 [(列 ...)]
    AS select 语句
    [WITH [CASCADED|LOCAL] CHECK OPTION]
```

ALTER VIEW 语句的语法和 CREATE VIEW 类似,这里不做过多解释。

【例 4.77】 将 cs_xs 视图修改为只包含计算机专业学生的学号、姓名和总学分三列。

```
alter view cs_xs
as
    select 学号,姓名,总学分
        from xs
        where 专业名='计算机';
```

执行结果如图 4.56 所示。

学号	姓名	总学分
081101	王林	58
081102	程明	58
081103	王燕	58
081104	韦严平	58
081106	李方方	58
081107	李明	62
081108	林一帆	60
081109	张强民	58
081110	张蔚	58
081111	赵琳	58
081113	严红	56

11 rows in set (0.00 sec)

图 4.56 例 4.77 执行结果

4.3.6 删除视图

删除视图的语法格式为：

```
DROP VIEW [IF EXISTS]
    view_name [, view_name] ...
    [RESTRICT|CASCADE]
```

说明：view_name 是视图名，声明了 IF EXISTS，若视图不存在也不会出现错误信息。也可以声明 RESTRICT 和 CASCADE，但它们没什么影响。

使用 DROP VIEW 一次可删除多个视图。例如：

```
drop view cs_xs;
```

将删除视图 cs_xs。

习题 4

1. 说明 SELECT 语句的作用。

2. 说明 SELECT 语句的 FROM、WHERE、GROUP 及 ORDER BY 子句的作用。

3. 写出 SQL 语句，对产品销售数据库进行如下操作：

(1) 查找价格为 2000～2900 元的产品名称。

(2) 计算所有产品总价格。

(3) 在产品销售数据库上创建冰箱产品表的视图 bxcp。

(4) 在 bxcp 视图上查询库存量在 100 台以下的产品编号。

CHAPTER 第 5 章

MySQL 索引与完整性约束

当查阅书中某些内容时,为了提高查阅速度,并不是从书的第一页开始顺序查找,而是首先查看书的目录索引,找到需要的内容在目录中所列的页码,然后根据这一页码直接找到需要的内容。

在 MySQL 中,为了更快速地访问表中的数据,引入了索引;而为防止不符合规范的数据进入数据库,MySQL 系统自动按一定的完整性约束条件对用户输入的数据进行监测,以确保数据库中存储的数据正确、有效、相容。

5.1 MySQL 索引

5.1.1 索引及作用

1. 索引

索引是根据表中一列或若干列按照一定顺序建立的列值与记录行之间的对应关系表。在列上创建了索引之后,查找数据时可以直接根据该列上的索引找到对应行的位置,从而快速地找到数据。

例如,如果用户创建了 xs 表中学号列的索引,MySQL 将在索引中排序学号列,对于索引中的每一项,MySQL 在内部为它保存一个数据文件中实际记录所在位置的"指针"。因此,如果要查找学号为"081241"的学生信息,MySQL 能在学号列的索引中找到"081241"的值,然后直接转到数据文件中相应的行,准确地返回该行的数据。在这个过程中,MySQL 只需处理一行就可以返回结果。如果没有"学号"列的索引,MySQL 则要扫描数据文件中的所有记录。

2. MySQL 索引

在 MySQL 5.6 中,所有的 MySQL 列类型都能被索引,但要注意以下几点:

(1) MySQL 能在多个列上创建索引。索引可以由最多 15 个列组成。最大索引长度是 256B。

(2) 对于 CHAR 和 VARCHAR 列,可以索引列的前缀。这样索引的速度更快,并且比索引列的全部内容需要较少的磁盘空间。

(3) 一个表最多可有 16 个索引。

(4) 只有当表类型为 MyISAM、InnoDB 或 BDB 时,才可以包含 NULL、BLOB 或 TEXT 类型的列添加索引。

5.1.2　索引的分类

索引是存储在文件中的,所以索引也是要占用物理空间的,MySQL 将一个表的索引都保存在同一个索引文件中。如果更新表中的一个值或者向表中添加或删除一行,MySQL 会自动地更新索引,因此索引树总是和表的内容保持一致。

1. BTREE 索引

目前大部分 MySQL 索引都是以 B-树(BTREE)方式存储的,索引类型分成下列几个。

1) 普通索引

普通索引(INDEX)是最基本的索引类型,它没有唯一性之类的限制。创建普通索引的关键字是 INDEX。

2) 唯一性索引

唯一性索引(UNIQUE)索引和前面的普通索引基本相同,但有一个区别:索引列的所有值都只能出现一次,即必须是唯一的。创建唯一性索引的关键字是 UNIQUE。

3) 主键

主键(PRIMARY KEY)是一种唯一性索引,它必须指定为 PRIMARY KEY。主键一般在创建表的时候指定,也可以通过修改表的方式加入主键。但是,每个表只能有一个主键。

4) 全文索引

MySQL 支持全文检索和全文索引(FULLTEXT)。全文索引的索引类型为 FULLTEXT。全文索引只能在 VARCHAR 或 TEXT 类型的列上创建,并且只能在 MyISAM 表中创建。它可以通过 CREATE TABLE 命令创建,也可以通过 ALTER TABLE 或 CREATE INDEX 命令创建。对于大规模的数据集,通过 ALTER TABLE(或 CREATE INDEX)命令创建全文索引要比把记录插入带有全文索引的空表更快。

2. 哈希索引

当表类型为 MEMORY 或 HEAP 时,除了 BTREE 索引外,MySQL 还支持哈希索引(HASH)。使用哈希索引,不需要建立树结构,但是所有的值都保存在一个列表中,这个列表指向相关页和行。当根据一个值获取一个特定的行时,哈希索引非常快。

5.2　MySQL 索引创建

1. 用 CREATE INDEX 语句创建

使用 CREATE INDEX 语句可以在一个已有表上创建索引,一个表可以创建多个索引。其语法格式为:

```
CREATE [UNIQUE|FULLTEXT|SPATIAL] INDEX 索引名
    [索引类型]
    ON 表名 (索引列名 ...)
    [索引选项] ...
索引列名=:
    列名 [(长度)] [ASC|DESC]
```

说明:

- UNIQUE | FULLTEXT | SPATIAL——UNIQUE 表示创建的是唯一性索引; FULLTEXT 表示创建全文索引;SPATIAL 表示为空间索引,可以用来索引几何数据类型的列(本书不讨论这种索引)。
- 索引名——索引在一个表中名称必须是唯一的。
- 索引类型——MySQL 支持的索引类型有 BTREE 和 HASH。
- 索引列名——创建索引的列名后的长度表示该列前面创建索引字符个数。这可使索引文件大大减小,从而节省磁盘空间。

BLOB 或 TEXT 列必须用前缀索引。前缀最长为 255B,但对于 MyISAM 和 InnoDB 表,最长达 1000B。

另外,还可以规定索引按升序(ASC)或降序(DESC)排列,默认为 ASC。如果一条 SELECT 语句中的某列按降序排列,那么在该列上定义一个降序索引可加快处理速度。

但是,CREATE INDEX 语句并不能创建主键。

【例 5.1】 根据 xs 表的学号列上的前 5 个字符建立一个升序索引 xh_xs。

```
use xscj
create index xh_xs
    on xs(学号(5) asc);
```

也可以在一个索引的定义中包含多个列,中间用逗号隔开,但它们属于同一个表,这样的索引称为复合索引。

【例 5.2】 在 xs_kc 表的学号列和课程号列上建立一个复合索引 xskc_in。

```
create index xskc_in
    on xs_kc(学号,课程号);
```

2. 用 ALTER TABLE 语句创建

前面介绍过如何使用 ALTER TABLE 语句修改表,其中也包括向表中添加索引。其语法格式为:

```
ALTER [IGNORE] TABLE 表名
...
    |ADD {INDEX|KEY}[索引名]                                    /*添加索引*/
       [索引类型] (索引列名...) [索引选项]...
    |ADD [CONSTRAINT [symbol]] PRIMARY KEY                      /*添加主键*/
       [索引类型] (索引列名...) [索引选项]...
    |ADD [CONSTRAINT [symbol]]UNIQUE [INDEX|KEY][索引名]
       [索引类型] (索引列名...) [索引选项]...                   /*添加唯一性索引*/
    |ADD FULLTEXT  [INDEX|KEY][索引名](索引列名...)[索引选项]... /*添加全文索引*/
    |ADD SPATIAL   [INDEX|KEY][索引名](索引列名...)[索引选项]... /*添加空间索引*/
    |ADD [CONSTRAINT [symbol]] FOREIGN KEY [索引名] (索引列名...) [参照性定义]
                                                               /*添加外键*/
```

```
    |DISABLE KEYS
    |ENABLE KEYS
```

说明：

- 索引类型——语法格式为 USING {BTREE|HASH}。

当定义索引时默认索引名，则一个主键的索引称作 PRIMARY，其他索引使用索引的第一个列名作索引名。如果存在多个索引的名字以某一个列的名字开头，就在列名后面放置一个顺序号码。

- CONSTRAINT [symbol]——为主键、UNIQUE 键、外键定义一个名字。这个将在 5.3 节中介绍。
- DISABLE KEYS | ENABLE KEYS：只在 MyISAM 表中有用，使用 ALTER TABLE...DISABLE KEYS 可以让 MySQL 在更新表时停止更新 MyISAM 表中的非唯一索引，然后使用 ALTER TABLE ... ENABLE KEYS 重新创建丢失的索引，这样可以极大地加快查询速度。

【例 5.3】 在 xs 表的姓名列上创建一个非唯一的索引。

```
alter table xs
    add index xs_xm using btree (姓名);
```

【例 5.4】 以 xs 表为例(假设表中主键未定)创建一个复合索引，以加速表的检索速度。

```
alter table xs
    add index mark(出生日期,性别);
```

如果想要查看表中创建的索引的情况，可以使用 SHOW INDEX FROM 表名语句，例如：

```
show index from xs;
```

系统显示已创建的索引信息，如图 5.1 所示。

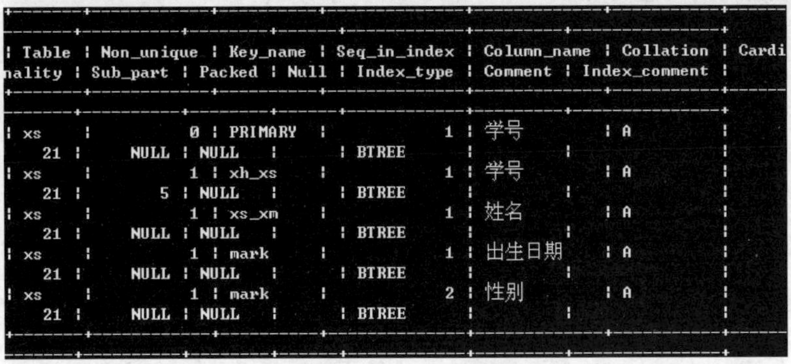

Table	Non_unique	Key_name	Seq_in_index	Column_name	Collation	Cardinality	Sub_part	Packed	Null	Index_type	Comment	Index_comment
xs	0	PRIMARY	1	学号	A	21	NULL	NULL		BTREE		
xs	1	xh_xs	1	学号	A	21	5	NULL		BTREE		
xs	1	xs_xm	1	姓名	A	21	NULL	NULL		BTREE		
xs	1	mark	1	出生日期	A	21	NULL	NULL		BTREE		
xs	1	mark	2	性别	A	21	NULL	NULL		BTREE		

图 5.1　例 5.4 执行结果

3. 在建立表时创建索引

在前两种情况下,索引都是在表建立之后创建的。索引也可以在创建表时一起创建。在创建表的 CREATE TABLE 语句中可以包含索引的定义,其语法格式为:

```
CREATE [TEMPORARY] TABLE [IF NOT EXISTS] 表名
    [([列定义] , ...|[索引定义])]
    [表选项][select 语句];
```

索引定义为:

```
[CONSTRAINT [symbol]]PRIMARY KEY [索引类型] (索引列名...)              /＊主键＊/
|{INDEX|KEY} [索引名] [索引类型](索引列名 ...)                        /＊索引＊/
|[CONSTRAINT [symbol]] UNIQUE [INDEX|KEY] [索引名] [索引类型] (索引列名...)
                                                                  /＊唯一性索引＊/
|[FULLTEXT|SPATIAL] [INDEX|KEY] [索引名] (索引列名...)                /＊全文索引＊/
|[CONSTRAINT [symbol]] FOREIGN KEY [索引名] (索引列名...)[参照性定义]   /＊外键＊/
```

说明:KEY 通常是 INDEX 的同义词。在定义列选项的时候,也可以将某列定义为 PRIMARY KEY,但是当主键是由多个列组成的多列索引时,定义列时无法定义此主键,必须在语句最后加上一个 PRIMARY KEY(列名 ,...)子句。

【例 5.5】 在 mytest 数据库中创建成绩(cj)表,学号和课程号的联合主键,并在成绩列上创建索引。

```
use mytest
create table xs_kc
(
    学号          char(6) not null,
    课程号        char(3) not null,
    成绩          tinyint(1),
    学分          tinyint(1),
    primary key(学号,课程号),
    index cj(成绩)
);
```

说明:使用"SHOW INDEX FROM 表名"命令查看执行结果。

4. 删除索引

当一个索引不再需要的时候,可以用 DROP INDEX 语句或 ALTER TABLE 语句删除这个索引。

1) 使用 DROP INDEX 删除

使用 DROP INDEX 删除索引的语法格式为:

```
DROP INDEX 索引名 ON 表名
```

2）使用 ALTER TABLE 删除

使用 ALTER TABLE 删除索引的语法格式为：

```
ALTER［IGNORE］TABLE 表名
...
|DROP PRIMARY KEY                          /* 删除主键 */
|DROP {INDEX|KEY} 索引名                    /* 删除索引 */
|DROP FOREIGN KEY fk_symbol                /* 删除外键 */
```

说明：DROP {INDEX|KEY}子句可以删除各种类型的索引。使用 DROP PRIMARY KEY 子句时不需要提供索引名称，因为一个表中只有一个主键。

【例 5.6】　删除 xs 表上的 mark 索引。

```
alter table xs
    drop index mark;
```

读者可使用"SHOW INDEX FROM 表名"语句查看执行结果。

如果从表中删除了列，索引可能会受影响。如果所删除的列为索引的组成部分，则该列也会从索引中删除。如果组成索引的所有列都被删除，则整个索引都将被删除。

5.3　MySQL 数据完整性约束

保持数据库的数据完整性是 DBMS 最为重要的功能之一。数据完整性包括数据的一致性和正确性。完整性约束（简称约束）是数据库的内容必须随时遵守的规则。

完整性约束的声明对于一个表的可能值做出了限制，可以通过 CREATE TABLE 或 ALTER TABLE 语句定义几个完整性约束。例如，对于每一列，可以声明 NOT NULL，这意味着不允许为空值，即列必须填充，在前面已经讨论了这种约束。除此之外，MySQL 还有其他各种不同类型的完整性约束，下面将系统介绍。

5.3.1　主键约束

主键就是表中的一列或多个列的一组，其值能唯一地标志表中的每一行。通过定义 PRIMARY KEY 约束来创建主键，而且 PRIMARY KEY 约束中的列不能取空值。由于 PRIMARY KEY 约束能确保数据的唯一性，所以经常用来定义标志列。当为表定义 PRIMARY KEY 约束时，MySQL 为主键列创建唯一性索引，实现数据的唯一性，在查询中使用主键时，该索引可用来对数据进行快速访问。如果 PRIMARY KEY 约束是由多列组合定义的，则某一列的值可以重复，但 PRIMARY KEY 约束定义中所有列的组合值必须唯一。

可以用两种方式定义主键，作为列或表的完整性约束。作为列的完整性约束时，只需在列定义的时候加上关键字 PRIMARY KEY，这一点在 3.2.1 节中已介绍过。作为表的完整性约束时，需要在语句最后加上一条 PRIMARY KEY(col_name,...)语句。

【例 5.7】　创建表 xs1，将姓名定义为主键。

```
create table xs1
(
    学号      varchar(6) null,
    姓名      varchar(8) not null primary key ,
    出生日期 datetime
);
```

说明：例中主键定义于空指定之后，空指定也可以在主键之后指定。

当表中的主键为复合主键时，只能定义为表的完整性约束。

【**例 5.8**】 创建 course 表来记录每门课程的学生学号、姓名、课程号、学分和毕业日期。其中，学号、课程号和毕业日期构成复合主键。

```
create table course
(
    学号          varchar(6)      not null,
    姓名          varchar(8)      not null,
    毕业日期      date            not null,
    课程号        varchar(3) ,
    学分          tinyint ,
    primary key (学号, 课程号, 毕业日期)
);
```

原则上任何列或者列的组合都可以充当一个主键，但是主键列必须遵守下列规则：

（1）每个表只能定义一个主键。

（2）MySQL 可以创建一个没有主键的表。但是，从安全角度应该为每个基础表指定一个主键。主要原因在于：若没有主键，则可能在一个表中存储两个相同的行，这两个行由于不能彼此区分，在查询中，它们满足同样的条件，在更新时也总是一起更新，这样可能会导致数据库崩溃。

（3）表中的两个不同的行在主键上不能具有相同的值，即所谓的"唯一性规则"。

（4）如果从一个复合主键中删除一列后，剩下的列构成的主键仍然满足唯一性原则，那么这个复合主键是不正确的，这条规则称为"最小化规则"。也就是说，复合主键不应包含任何不必要的列。

MySQL 自动地为主键创建一个索引。通常，这个索引名为 PRIMARY。然而，可以重新给这个索引取名。

【**例 5.9**】 创建的 course 表，同时创建主键索引，索引命名为 index_course。

```
create table course
(
    学号          varchar(6)      not null,
```

```
    姓名          varchar(8)      not null,
    毕业日期      date            not null,
    课程号        varchar(3),
    学分          tinyint ,
    primary  key    index_course(学号, 课程号, 毕业日期)
);
```

5.3.2　替代键约束

在关系模型中,替代键像主键一样,是表的一列或一组列,它们的值在任何时候都是唯一的。替代键是没有被选作主键的候选键。定义替代键的关键字是 UNIQUE。

【例 5.10】　在表 xs1 中将姓名列定义为一个替代键。

```
create table xs1
(
    学号          varchar(6) null,
    姓名          varchar(8) not null unique,
    出生日期      datetime null,
    primary key(学号)
);
```

说明:关键字 unique 表示"姓名"是一个替代键,其列值必须是唯一的。

替代键还可以定义为表的完整性约束,故前面的语句也可定义如下:

```
create table xs1
(
    学号          varchar(6) null,
    姓名          varchar(8) not null,
    出生日期      datetime null,
    primary key(学号),
    unique(姓名)
);
```

在 MySQL 中,替代键和主键的区别主要有以下 3 点:

(1) 一个数据表只能创建一个主键。但一个表可以有若干个 UNIQUE 键,并且它们甚至可以重合。例如,在 C_1 和 C_2 列上定义了一个替代键,并且在 C_2 和 C_3 上定义了另一个替代键,这两个替代键在 C_2 列上重合了,而 MySQL 允许这样。

(2) 主键字段的值不允许为 NULL,而 UNIQUE 字段的值可取 NULL,但是必须使用 NULL 或 NOT NULL 声明。

(3) 一般创建 PRIMARY KEY 约束时,系统会自动产生 PRIMARY KEY 索引。创建 UNIQUE 约束时,系统自动产生 UNIQUE 索引。

通过 PRIMERY KEY 约束和 UNIQUE 约束可实现表的所谓实体完整性约束。定义为 PRIMERY KEY 和 UNIQUE KEY 的列上都不允许出现重复的值。

5.3.3 参照完整性约束

在本书所例举的 xscj 数据库中,有很多规则是和表之间的关系有关的。例如,存储在 xs_kc 表中的所有学号必须同时存在于 xs 表的学号列中。xs_kc 表中的所有课程号也必须出现在 kc 表的课程号列中。这种类型的关系就是"参照完整性约束"。参照完整性约束是一种特殊的完整性约束,表现为一个外键,所以 xs_kc 表中的学号列和课程号列都可以定义为一个外键,可以在创建表或修改表时定义一个外键声明。

定义外键的语法格式已经在介绍索引时给出了,这里列出"参照性定义"。

参照性定义为:

```
REFERENCES 表名 [(索引列名 ...)]
    [ON DELETE {RESTRICT|CASCADE|SET NULL|NO ACTION}]
    [ON UPDATE {RESTRICT|CASCADE|SET NULL|NO ACTION}]
```

索引列名为:

```
列名 [(长度)] [ASC|DESC]
```

说明:

(1) 外键被定义为表的完整性约束,参照性定义中包含了外键所参照的表和列,还可以声明参照动作。这里表名称为被参照表。而外键所在的表称为参照表。

列名是外键可以引用一个或多个列,外键中的所有列值在引用的列中必须全部存在。外键可以只引用主键和替代键。外键不能引用被参照表中随机的一组列,它必须是被参照表的列的一个组合,且其中的值都保证是唯一的。

(2) ON DELETE|ON UPDATE:可以为每个外键定义参照动作。

参照动作包含两部分:

在第一部分中,指定这个参照动作应用哪一条语句。这里有两条相关的语句,即 UPDATE 和 DELETE 语句;

在第二部分中,指定采取哪个动作。可能采取的动作是 RESTRICT、CASCADE、SET NULL、NO ACTION 和 SET DEFAULT。

接下来说明这些不同动作的含义。

- RESTRICT:当要删除或更新父表中被参照列上在外键中出现的值时,拒绝对父表的删除或更新操作。
- CASCADE:从父表删除或更新行时自动删除或更新子表中匹配的行。
- SET NULL:当从父表删除或更新行时,设置子表中与之对应的外键列为 NULL。如果外键列没有指定 NOT NULL 限定词,这就是合法的。
- NO ACTION:意味着不采取动作,就是如果有一个相关的外键值在被参考的表里,删除或更新父表中主要键值的企图不被允许,和 RESTRICT 一样。
- SET DEFAULT:作用和 SET NULL 一样,只不过 SET DEFAULT 是指定子表中的外键列为默认值。

如果没有指定动作,两个参照动作就会默认使用 RESTRICT。

外键目前只可以用在那些使用 InnoDB 存储引擎创建的表中,对于其他类型的表, MySQL 服务器能够解析 CREATE TABLE 语句中的 FOREIGN KEY 语法,但不能使用或保存它。

【例 5.11】　创建 xs1 表,所有的 xs 表中学生的学号都必须出现在 xs1 表中,假设已经使用学号列作为主键创建了 xs 表。

```
create table xs1
(
    学号          varchar(6) null,
    姓名          varchar(8) not null,
    出生日期      datetime null,
    primary key (姓名),
    foreign key (学号)
        references xs (学号)
            on delete restrict
            on update restrict
);
```

说明:在这条语句中,定义一个外键的实际作用是,在这条语句执行后,确保 MySQL 插入外键中的每一个非空值都已经在被参照表中作为主键出现过。

这意味着,对于 xs1 表中的每一个学号,都执行一次检查,看这个号码是否已经出现在 xs 表的学号列(主键)中。如果情况不是这样,用户或应用程序会收到一条出错消息,并且更新被拒绝。这也适用于使用 UPDATE 语句更新 xs1 表中的学号列。即 MySQL 确保了 xs1 表中的学号列的内容总是 xs 表中学号列内容的一个子集。下面的 SELECT 语句不会返回任何行:

```
select *
    from xs1
    where 学号 not in
            (select 学号
                from xs
            );
```

当指定一个外键的时候,以下的规则适用:

(1) 被参照表必须已经用一条 CREATE TABLE 语句创建了,或者必须是当前正在创建的表。在后一种情况下,参照表是同一个表。

(2) 必须为被参照表定义主键。

(3) 必须在被参照表的表名后面指定列名(或列名的组合)。这个列(或列组合)必须是这个表的主键或替代键。

(4) 尽管主键是不能够包含空值的,但允许在外键中出现一个空值。这意味着,只要外键的每个非空值出现在指定的主键中,这个外键的内容就是正确的。

(5) 外键中的列的数目必须和被参照表的主键中的列的数目相同。

(6) 外键中的列的数据类型必须和被参照表的主键中的列的数据类型对应相等。

与外键相关的被参照表和参照表可以是同一个表，这样的表称为自参照表（Self-referencing Table），这种结构称为自参照完整性（Self-referential Integrity）。例如，可以创建这样的 xs2 表：

```
create table xs2
(
    学号        varchar(6) not null,
    姓名        varchar(8) not null,
    出生日期    datetime null,
    primary key (学号),
    foreign key (学号)
        references xs1 (学号)
);
```

【例 5.12】 创建带有参照动作 CASCADE 的 xs1 表。

```
create table xs1
(
    学号        varchar(6) not null,
    姓名        varchar(8) not null,
    出生日期 datetime null,
    primary key (学号),
    foreign key (学号)
        references xs (学号)
        on update cascade
);
```

说明：这个参照动作的作用是在主表更新时，子表产生连锁更新动作，有些人称它为"级联"操作。也就是说，如果 xs 表中有一个学号为"081101"的值修改为"091101"，则 xs1 表中的学号列上为"081101"的值也相应地改为"091101"。

同样地，如果例中的参照动作为 ON DELETE SET NULL，则表示如果删除了 xs 表中的学号为"081101"的一行，则同时将 xs1 表中所有学号为"081101"的列值改为 NULL。

5.3.4　CHECK 完整性约束

主键、替代键、外键都是常见的完整性约束的例子。但是，每个数据库都还有一些专用的完整性约束。例如，kc 表中学期必须为 1～8，xs 表中出生日期必须大于 1990 年 1 月 1 日。这样的规则可以使用 CHECK 完整性约束来指定。

CHECK 完整性约束在创建表的时候定义。可以定义为列完整性约束，也可定义为表完整性约束。其语法格式为：

```
CHECK(expr)
```

说明：expr 是一个表达式，指定需要检查的条件，在更新表数据的时候，MySQL 会检查更新后的数据行是否满足 CHECK 的条件。

【例 5.13】　创建表 student，只包括学号和性别两列，性别只能是男或女。

```
create table student
(
    学号          char(6) not null,
    性别          char(1) not null
        check(性别 in ('男', '女'))
);
```

这里 CHECK 完整性约束指定了性别允许哪个值，由于 CHECK 包含在列自身的定义中，所以 CHECK 完整性约束被定义为列完整性约束。

【例 5.14】　创建表 student1，只包括学号和出生日期两列，出生日期必须大于 1990 年 1 月 1 日。

```
create table student1
(
    学号          char(6)     not null,
    出生日期      date        not null
        check(出生日期>'1990-01-01')
);
```

前面的 CHECK 完整性约束中使用的表达式都很简单，MySQL 还允许使用更为复杂的表达式。例如，可以在条件中加入子查询，下面举例说明。

【例 5.15】　创建表 student2，只包括学号和性别两列，并且确认性别列中的所有值都来源于 student 表的性别列中。

```
create table student2
(
    学号          char(6) not null,
    性别          char(1) not null
        check(性别 in
            (   select 性别 from student)
            )
);
```

如果指定的完整性约束中，要相互比较一个表的两个或多个列，那么该列完整性约束必须定义表完整性约束。

【例 5.16】　创建表 student3，有学号、最好成绩和平均成绩三列，要求最好成绩必须大于平均成绩。

```
create table student3
(
    学号          char(6) not null,
    最好成绩      int(1)      not null,
```

```
    平均成绩      int(1)        not null,
        check(最好成绩>平均成绩)
);
```

也可以同时定义多个 CHECK 完整性约束,中间用逗号隔开。

然而,在目前的 MySQL 版本中,CHECK 完整性约束尚未被强化,上面例子中定义的 CHECK 约束会被 MySQL 引擎分析,但会被忽略。也就是说,这里的 CHECK 约束暂时还只是一个注释,不会起任何作用。相信在未来的版本中它能得到扩展。

5.3.5 命名完整性约束

如果一条 INSERT、UPDATE 或 DELETE 语句违反了完整性约束,则 MySQL 返回一条出错消息并且拒绝更新,一个更新可能会导致违反多个完整性约束。在这种情况下,应用程序获取几条出错消息。为了确切地表示出是违反了哪一个完整性约束,可为每个完整性约束分配一个名字,随后出错消息包含这个名字,从而使得消息对于应用程序更有意义。

CONSTRAINT 关键字用来指定完整性约束的名字,其语法格式为:

```
CONSTRAINT [symbol]
```

说明:symbol 为指定的名字,这个名字在完整性约束的前面被定义,在数据库里这个名字必须是唯一的。如果它没有被给出,则 MySQL 自动创建这个名字。只能给表的完整性约束指定名字,而无法给列的完整性约束指定名字。

【例 5.17】 创建与例 5.8 中相同的 xs1 表,并为主键命名。

```
create table xs1
(
    学号         varchar(6)      null,
    姓名         varchar(8)      not null,
    出生日期      datetime       null,
    constraint primary_key_xs1
    primary key(姓名)
);
```

说明:本例中给主键姓名分配了名字 primary_key_xs1。

在定义完整性约束的时候应当尽可能地为它们分配名字,以便在删除完整性约束的时候,可以更容易地引用它们。这意味着,表完整性约束比列完整性约束更受欢迎,因为不可能为后者分配一个名字。

5.3.6 删除完整性约束

如果使用一条 DROP TABLE 语句删除一个表,所有的完整性约束就都自动被删除了,被参照表的所有外键也都被删除了。使用 ALTER TABLE 语句,完整性可以独立地被删除,而不必删除表本身。删除完整性约束的语法和删除索引的语法一样。

【例 5.18】 删除创建的表 xs1 的主键。

```
alter table xs1 drop primary key;
```

删除前后的效果如图 5.2 所示。

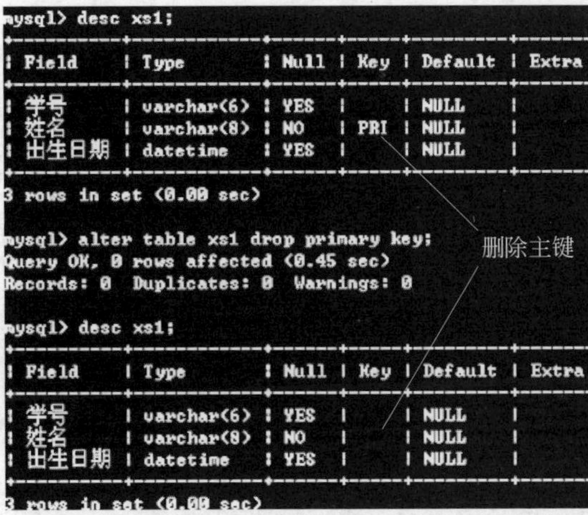

图 5.2 例 5.18 执行结果

习题 5

1. 简述索引的概念与作用。

2. 索引有哪几类？简述各类索引的特点。

3. 按照 5.1.3 节的指导，练习索引的创建和删除操作。

4. 说说使用索引的好处以及可能带来的弊端。

5. 说明数据完整性的含义及分类。

6. 在 MySQL 中，可采用哪些方法实现数据完整性？各举一例，并分别以命令行操作实践。

MySQL 语言结构

MySQL 支持结构化查询语言（Structured Query Language，SQL）语言，在 MySQL 中存储、查询及更新数据的语言肯定是符合 SQL 标准的，但 MySQL 也对 SQL 进行了相应的扩展。本章进一步具体介绍 MySQL 的 SQL 语言。

6.1　MySQL 语言简介

在 MySQL 数据库中，SQL 语言由以下 4 部分组成。

（1）数据定义语言（Data Definition Language，DDL）。用于执行数据库的任务，对数据库及数据库中的各种对象进行创建、删除、修改等操作。如前所述，数据库对象主要包括表、默认约束、规则、视图、触发器、存储过程等。DDL 包括的主要语句及功能如表 6.1 所示。

表 6.1　DDL 主要语句及功能

语句	功　能	说　　明
CREATE	创建数据库或数据库对象	不同数据库对象，其 CREATE 语句的语法形式不同
ALTER	对数据库或数据库对象进行修改	不同数据库对象，其 ALTER 语句的语法形式不同
DROP	删除数据库或数据库对象	不同数据库对象，其 DROP 语句的语法形式不同

（2）数据操纵语言（Data Manipulation Language，DML）。用于操纵数据库中各种对象，检索和修改数据。DML 包括的主要语句及功能如表 6.2 所示。

表 6.2　DML 主要语句及功能

语句	功　能	说　　明
SELECT	从表或视图中检索数据	是使用最频繁的 SQL 语句之一
INSERT	将数据插入表或视图中	
UPDATE	修改表或视图中的数据	既可修改表或视图的一行数据，也可修改一组或全部数据
DELETE	从表或视图中删除数据	可根据条件删除指定的数据

（3）数据控制语言（Data Control Language，DCL）。用于安全管理，确定哪些用户可以查看或修改数据库中的数据，DCL 包括的主要语句及功能如表 6.3 所示。

表 6.3　DCL 主要语句及功能

语句	功能	说明
GRANT	授予权限	可把语句许可或对象许可的权限授予其他用户和角色
REVOKE	收回权限	与 GRANT 的功能相反,但不影响该用户或角色从其他角色中作为成员继承许可权限

（4）MySQL 增加的语言元素。这部分不是 SQL 标准所包含的内容,而是为了用户编程的方便增加的语言元素。这些语言元素包括常量、变量、运算符、函数、流程控制语句和注解等。本章将具体讨论使用 MySQL 这部分增加的语言元素。

每个 SQL 语句都以分号结束,并且 SQL 处理器忽略空格、制表符和回车符。

6.2　常量和变量

6.2.1　常量

常量指在程序运行过程中值不变的量。常量又称为字面值或标量值。常量的使用格式取决于值的数据类型,可分为字符串常量、数值常量、十六进制常量、时间日期常量、位字段值、布尔值和 NULL 值。

1. 字符串常量

字符串是指用单引号或双引号括起来的字符序列,分为 ASCII 字符串常量和 Unicode 字符串常量。

ASCII 字符串常量是用单引号括起来的,由 ASCII 字符构成的符号串,例如:

```
'hello'          'How are you!'
```

Unicode 字符串常量与 ASCII 字符串常量相似,但它前面有一个 N 标志符(N 代表 SQL-92 标准中的国际语言(National Language))。前缀 N 必须为大写。只能用单引号括起字符串,例如:

```
N'hello'          N'How are you!'
```

Unicode 数据中的每个字符用两个字节存储,而每个 ASCII 字符用一个字节存储。

在字符串中不仅可以使用普通的字符,也可使用几个转义序列,它们用来表示特殊的字符,见表 6.4。每个转义序列以一个反斜杠"\"开始,指出后面的字符使用转义字符来解释,而不是普通字符。注意,NUL 字节与 NULL 值不同,NUL 为一个零值字节,而 NULL 代表没有值。

表 6.4　字符串转义序列

序列	含义
\0	一个 ASCII 0（NUL)字符
\n	一个换行符

序列	含　义
\r	一个回车符(Windows 中使用\r\n 作为新行标志)
\t	一个制表符
\b	一个退格符
\Z	一个 ASCII 26 字符(Ctrl＋Z)
\'	一个单引号"'"
\"	一个双引号"""
\\	一个反斜线"\"
\%	一个百分号"%"符。用于在正文中搜索"%"的文字实例,否则这里"%"将解释为一个通配符
_	一个下画线"_"符。用于在正文中搜索"_"的文字实例,否则这里"_"将解释为一个通配符

【例 6.1】　执行如下语句:

```
select 'This\nis\nfour\nlines';
```

执行结果如图 6.1 所示。其中,"\n"表示回车。

有以下几种方式可以在字符串中包括引号:

- 在字符串内用单引号"'"引用的单引号"'"可以写成"''"(两个单引号)。
- 在字符串内用双引号"""引用的双引号"""可以写成""""(两个双引号)。
- 可以在引号前加转义字符"\"。
- 在字符串内用双引号"""引用的单引号"'"不需要特殊处理,不需要用双字符或转义。同样,在字符串内用单引号"'"引用的双引号"""也不需要特殊处理。

执行下面的语句:

```
select 'hello', '"hello"', '""hello""', 'hel''lo', '\'hello';
```

注意:语句中第四个"hello"中间是两个单引号而不是一个双引号。

执行结果如图 6.2 所示。

图 6.1　例 6.1 执行结果一

图 6.2　例 6.1 执行结果二

2. 数值常量

数值常量可以分为整数常量和浮点数常量。

整数常量即不带小数点的十进制数,例如 1894、2、+145345234、-2147483648。

浮点数常量是使用小数点的数值常量,例如 5.26、-1.39、101.5E5、0.5E-2。

3. 十六进制常量

MySQL 支持十六进制值。一个十六进制值通常指定为一个字符串常量,每对十六进制数字被转换为一个字符,其最前面有一个大写字母 X 或小写字 x。在引号中只可以使用数字 0～9 及字母 a～f 或 A～F。例如,X'41'表示大写字母 A,x'4D7953514C'表示字符串 MySQL。

十六进制数值不区分大小写,其前缀 X 或 x 可以被 0x 取代而且不用引号。即 X'41'可以替换为 0x41。注意:0x 中 x 一定要小写。

十六进制值的默认类型是字符串。如果想要确保该值作为数字处理,可以使用 CAST (...AS UNSIGNED)。

执行如下语句:

```
select 0x41, cast(0x41 as unsigned);
```

执行结果如图 6.3 所示。

如果要将一个字符串或数字转换为十六进制格式的字符串,可以用 HEX 函数。

【例 6.2】 将字符串 CAT 转换为十六进制。

```
select hex('CAT');
```

执行结果如图 6.4 所示。

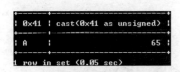

图 6.3　执行结果(一)

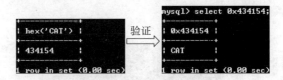

图 6.4　例 6.2 执行结果

十六进制值通常用来存储图像(如 JPG)和电影(如 AVI)等格式的数据。

4. 日期时间常量

用单引号将表示日期时间的字符串括起来构成了日期时间常量。日期型常量包括年、月、日,数据类型为 DATE,表示为"2014-06-17"这样的值。时间型常量包括小时数、分钟数、秒数及微秒数,数据类型为 TIME,表示为"12:30:43.00013"这样的值。MySQL 还支持日期/时间的组合,数据类型为 DATETIME 或 TIMESTAMP,如"2014-06-17 12:30:43"。DATETIME 和 TIMESTAMP 的区别在于:DATETIME 的年份为 1000～9999,而 TIMESTAMP 的年份为 1970～2037,还有就是 TIMESTAMP 在插入带微秒的日期时间时将微秒忽略。TIMESTAMP 还支持时区,即在不同时区转换为相应时间。

需要特别注意的是,MySQL 是按年-月-日的顺序表示日期的。中间的间隔符-也可以使用如\、@或%等特殊符号。

如下是时间常量的例子:

```
'14:30:24'
```

如下是日期时间常量的例子：

```
'2014-05-12 14:28:24:00'
```

日期时间常量的值必须符合日期和时间的标准，如这样的日期是错误的：'2014-02-31'.

5. 位字段值

可以使用 b'value'符号写位字段值。value 是一个用 0 和 1 写成的二进制值。直接显示 b'value'的值可能是一系列特殊的符号。例如，b'0'显示为空白，b'1'显示为一个笑脸图标。

使用 BIN 函数可以将位字段常量显示为二进制格式。使用 OCT 函数可以将位字段常量显示为数值型格式。

执行下列语句：

```
select BIN(b'111101'+0), OCT(b'111101'+0);
```

执行结果如图 6.5 所示。

6. 布尔值

布尔值只包含两个可能的值：TRUE 和 FALSE。FALSE 的数字值为 0，TRUE 的数字值为 1。

【例 6.3】 获取 TRUE 和 FALSE 的值。

```
select TRUE, FALSE;
```

执行结果如图 6.6 所示。

图 6.5　执行结果（二）　　　　　图 6.6　例 6.3 执行结果

7. NULL 值

NULL 值可适用于各种列类型，它通常用来表示"没有值""无数据"等意义，并且不同于数字类型的 0 或字符串类型的空字符串。

6.2.2　变量

变量用于临时存放数据，变量中的数据随着程序的运行而变化，变量有名字及其数据类型两个属性。变量名用于标志该变量，变量的数据类型确定了该变量存放值的格式及允许的运算。在 MySQL 中，变量可分为用户变量和系统变量。

1. 用户变量

用户可以在表达式中使用自己定义的变量，这样的变量称为用户变量。

用户可以先在用户变量中保存值，然后在以后引用它，这样可以将值从一个语句传递到另一个语句。在使用用户变量前必须定义和初始化。如果使用没有初始化的变量,它的值为 NULL。

用户变量与连接有关。也就是说,一个客户端定义的变量不能被其他客户端看到或使用。当客户端退出时,该客户端连接的所有变量将自动释放。

定义和初始化一个变量可以使用 SET 语句,其语法格式为:

```
SET  @user_variable1=expression1[,user_variable2=expression2 , ...]
```

说明:user_variable1、user_variable2 为用户变量名,变量名可以由当前字符集的文字数字字符、.、_ 和 $ 组成。当变量名中需要包含了一些特殊符号(如空格、#等)时,可以使用双引号或单引号将整个变量括起来。

expression1、expression2 为要给变量赋的值,可以是常量、变量或表达式。

【例 6.4】　创建用户变量 name 并赋值为“王林”。

```
set @name='王林';
```

注意:@符号必须放在一个用户变量的前面,以便将它和列名区分开。“王林”是给变量 name 指定的值。name 的数据类型是根据后面的赋值表达式自动分配的。也就是说,name 的数据类型跟'王林'的数据类型是一样的,字符集和校对规则也是一样的。如果给 name 变量重新赋不同类型的值,则 name 的数据类型也会跟着改变。

还可以同时定义多个变量,中间用逗号隔开。

【例 6.5】　创建用户变量 user1 并赋值为 1,变量 user2 赋值为 2,变量 user3 赋值为 3。

```
set @user1=1, @user2=2, @user3=3;
```

定义用户变量时变量值可以是一个表达式。

【例 6.6】　创建用户变量 user4,它的值为 user3 的值加 1。

```
set @user4=@user3+1;
```

在一个用户变量被创建后,它可以以一种特殊形式的表达式用于其他 SQL 语句中。变量名前面也必须加上符号@。

【例 6.7】　查询变量 name 的值。

```
select @name;
```

执行结果如图 6.7 所示。

图 6.7　例 6.7 执行结果

【例 6.8】　使用查询给变量赋值。

```
use xscj
set @student=(select 姓名 from xs where 学号='081101');
```

【例 6.9】　查询表 xs 中名字等于 student 值的学生信息。

```
select 学号, 姓名, 专业名, 出生日期
    from xs
    where 姓名=@student;
```

执行结果如图 6.8 所示。

说明：在 SELECT 语句中，表达式发送到客户端后才进行计算。这说明在 HAVING、GROUP BY 或 ORDER BY 子句中，不能使用包含 SELECT 列表中所设的变量的表达式。

对于 SET 语句，可以使用"＝"或"：＝"作为分配符。分配给每个变量的值可以为整数、实数、字符串或 NULL 值。

也可以用其他 SQL 语句代替 SET 语句来为用户变量分配一个值。在这种情况下，分配符必须为"：＝"，而不能用"＝"，因为在非 SET 语句中"＝"被视为比较操作符。

【例 6.10】 执行如下语句：

```
select @t2:=(@t2:=2)+5 as t2;
```

结果 t2 的值为 7。

2. 系统变量

MySQL 有一些特定的设置，当 MySQL 数据库服务器启动的时候，这些设置被读取来决定下一步骤。例如，有些设置定义了数据如何被存储，有些设置则影响到处理速度，还有些与日期有关，这些设置就是系统变量。和用户变量一样，系统变量也是一个值和一个数据类型，但不同的是，系统变量在 MySQL 服务器启动时就被引入并初始化为默认值。

【例 6.11】 获得现在使用的 MySQL 版本。

```
select @@version;
```

执行结果如图 6.9 所示。

图 6.8　例 6.9 执行结果　　　　　图 6.9　例 6.11 执行结果

说明：在 MySQL 中，系统变量 VERSION 的值设置为版本号。在变量名前必须加两个@符号才能正确返回该变量的值。

大多数的系统变量应用于其他 SQL 语句中时，必须在名称前加两个@符号，而为了与其他 SQL 产品保持一致，某些特定的系统变量是要省略这两个@符号的。例如，CURRENT_ DATE（系统日期）、CURRENT _ TIME（系统时间）、CURRENT _ TIMESTAMP(系统日期和时间)和 CURRENT_USER(SQL 用户的名字)。

【例 6.12】 获得系统当前时间。

```
select CURRENT_TIME;
```

执行结果如图 6.10 所示。

在 MySQL 中,有些系统变量的值是不可以改变的,例如 VERSION 和系统日期。而有些系统变量是可以通过 SET 语句来修改的,例如 SQL_WARNINGS。

图 6.10　例 6.12 执行结果

修改系统变量的语法格式为:

```
SET system_var_name=expr
    |[GLOBAL|SESSION] system_var_name=expr
    |@@[global.|session.] system_var_name=expr
```

说明:system_var_name 为系统变量名,expr 为系统变量设定的新值。名称的前面可以添加 GLOBAL 或 SESSION 等关键字。

指定了 GLOBAL 或@@global.关键字的是全局系统变量(Global system Variable)。指定了 SESSION 或@@session.关键字的则为会话系统变量(Local System Variable)。SESSION 和@@session.还有一个同义词 LOCAL 和@@local.。如果在使用系统变量时不指定关键字,则默认为会话系统变量。

1) 全局系统变量

当 MySQL 启动的时候,全局系统变量就被初始化了,并且应用于每个启动的会话。如果使用 GLOBAL(要求 SUPER 权限)来设置系统变量,则该值被记住,并被用于新的连接,直到服务器重新启动为止。

【例 6.13】　将全局系统变量 sort_buffer_size 的值改为 25000。

```
set @@global.sort_buffer_size=25000;
```

注意:如果在使用 SET GLOBAL 时同时使用了一个只能与 SET SESSION 同时使用的变量,或者如果在设置一个全局变量时未指定 GLOBAL(或@@),则 MySQL 会发生错误。

2) 会话系统变量

会话系统变量(Session System Variable)只适用于当前的会话。大多数会话系统变量的名字和全局系统变量的名字相同。当启动会话的时候,每个会话系统变量都和同名的全局系统变量的值相同。一个会话系统变量的值是可以改变的,但是这个新的值仅适用于正在运行的会话,不适用于所有其他会话。

【例 6.14】　将当前会话的 SQL_WARNINGS 变量设置为 TRUE。

```
set  @@SQL_WARNINGS=ON;
```

说明:这个系统变量表示如果不正确的数据通过一条 INSERT 语句添加到一个表中,MySQL 是否应该返回一条警告。默认情况下这个变量是关闭的,设为 ON 则表示返回警告。

【例 6.15】　对于当前会话,把系统变量 SQL_SELECT_LIMIT 的值设置为 10。这个变量决定了 SELECT 语句的结果集中的最大行数。

```
set  @@SESSION.SQL_SELECT_LIMIT=10;
select  @@LOCAL.SQL_SELECT_LIMIT;
```

执行结果如图 6.11 所示。

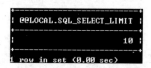

图 6.11　例 6.15 执行结果

说明：关键字 SESSION 放在系统变量的名字前面（SESSION 和 LOCAL 可以通用），这明确地表示会话系统变量 SQL_SELECT_LIMIT 和 SET 语句指定的值保持一致。但是，名为 SQL_SELECT_LIMIT 的全局系统变量的值仍然不变。同样，改变了全局系统变量的值，同名的会话系统变量的值仍保持不变。

MySQL 对于大多数系统变量都有默认值。当数据库服务器启动的时候，就使用这些值。

如果要将一个系统变量值设置为 MySQL 默认值，可以使用 DEFAULT 关键字。

【例 6.16】　把 SQL_SELECT_LIMIT 的值恢复为默认值。

```
set  @@LOCAL.SQL_SELECT_LIMIT=DEFAULT;
```

使用 SHOW VARIABLES 语句可以得到系统变量清单。SHOW GLOBAL VARIABLES 返回所有全局系统变量，而 SHOW SESSION VARIABLES 返回所有会话系统变量。如果不加关键字就默认为 SHOW SESSION VARIABLES。

【例 6.17】　得到系统变量清单。

```
show variables;
```

要获得与样式匹配的具体的变量名称或名称清单，需使用 LIKE 子句，语句如下：

```
show variables like 'max_join_size';
show global variables like 'max_join_size';
```

要得到名称与样式匹配的变量的清单，需使用通配符"％"，例如：

```
show variables like 'character%';
```

6.3　运算符与表达式

MySQL 提供的类运算符有：算术运算符、位运算符、比较运算符、逻辑运算符。通过运算符连接运算量构成表达式。

6.3.1　算术运算符

算术运算符在两个表达式上执行数学运算，这两个表达式可以是任何数字数据类型。算术运算符有：＋(加)、－(减)、＊(乘)、/(除)和％(求模)5 种。

1. ＋运算符

＋运算符用于获得一个或多个值的和。例如：

```
select 1.2+3.09345, 0.00000000001+0.00000000001;
```

执行结果如图 6.12 所示。

2. －运算符

－运算符用于从一个值中减去另一个值，并可以更改参数符号。例如：

```
select 200-201, 0.14-0.1,-2,-23.4;
```

执行结果如图 6.13 所示。

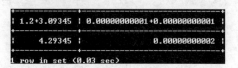

图 6.12　执行结果（三）

图 6.13　执行结果（四）

注意：若该操作符与 BIGINT 同时使用，则返回值也是一个 BIGINT。这意味着，在可能产生－263 的整数运算中，应当避免使用减号，否则会出现错误。

＋（加）和－（减）运算符还可用于对日期时间值（如 DATETIME）进行算术运算。例如：

```
select  '2014-01-20'+INTERVAL 22 DAY;
```

执行结果如图 6.14 所示。

说明：INTERVAL 关键字后面跟一个时间间隔，22 DAY 表示在当前的日期基础上加上 22 天。当前日期为 2014-01-20，加上 22 天后为 2014-02-11。

3. ＊运算符

＊运算符用来获得两个或多个值的乘积。例如：

```
select 5 * 12,5 * 0,-11.2 * 8.2,-19530415 * -19540319;
```

执行结果如图 6.15 所示。

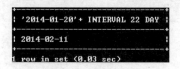

图 6.14　执行结果（五）

图 6.15　执行结果（六）

4. /运算符

/运算符用来获得一个值除以另一个值得到的商。例如：

```
select 12/2, 1.6/-0.1, 23/7, 23.00/7.00000,1/0;
```

执行结果如图 6.16 所示。

```
+------+--------+--------+-------------+-----+
| 12/2 | 1.6/-0.1 | 23/7 | 23.00/7.00000 | 1/0 |
+------+--------+--------+-------------+-----+
| 6.0000 | -16.00000 | 3.2857 | 3.285714 | NULL |
+------+--------+--------+-------------+-----+
1 row in set (0.00 sec)
```

图 6.16 执行结果(七)

显然,除以零的除法是不允许的,如果这样做,MySQL 会返回 NULL。

5. ％运算符

％运算符用来获得一个或多个除法运算的余数。例如:

```
select 12%5,-32%7,3%0;
```

执行结果如图 6.17 所示。

同/运算符一样,％0 的结果也是 NULL。

在运算过程中,用字符串表示的数字可以自动地转换为字符串。当执行转换时,如果字符串的第一位是数字,那么它被转换为这个数字的值,否则它被转换为零。例如:

```
select '80AA'+'1', 'AA80'+1,'10x' * 2 * 'qwe';
```

执行结果如图 6.18 所示。

图 6.17 执行结果(八)

图 6.18 执行结果(九)

6.3.2 比较运算符

比较运算符又称关系运算符,用于比较两个表达式的值,其运算结果为逻辑值,可以为三种之一:1(真)、0(假)及 NULL(不确定)。表 6.5 列出了在 MySQL 中可以使用的比较运算符。

表 6.5 比较运算符

运算符	含义	运算符	含义
=	等于	<=	小于或等于
>	大于	<>、!=	不等于
<	小于	<=>	相等或都等于空
>=	大于或等于		

比较运算符可以用于比较数字和字符串。数字作为浮点值比较,而字符串以不区分大小写的方式进行比较(除非使用特殊的 BINARY 关键字)。前面已经介绍了在运算过程中 MySQL 能够自动地把数字转换为字符串,而在比较运算过程中,MySQL 能够自动地把字

符串转换为数字。

下面这个例子说明了在不同的情况下 MySQL 以不同的方式处理数字和字符串。

【例 6.18】　执行下列语句：

```
select 5='5ab','5'='5ab';
```

执行结果如图 6.19 所示。

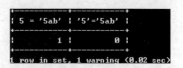

1. ＝运算符

＝运算符用于比较表达式的两边是否相等，也可以对
字符串进行比较。例如：

图 6.19　例 6.18 执行结果

```
select 3.14=3.142,5.12=5.120, 'a'='A','A'='B','apple'='banana';
```

执行结果如图 6.20 所示。

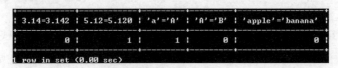

图 6.20　执行结果（十）

注意：因为在默认情况下 MySQL 以不区分大小写的方式比较字符串，所以表达式'a'='A'
的结果为真。如果想执行区分大小写的比较，可以添加 BINARY 关键字，这意味着对字符串
以二进制方式处理。当在字符串上执行比较运算时，MySQL 将区分字符串的大小写。

例如：

```
select 'Apple'='apple' , BINARY 'Apple'='apple';
```

执行结果如图 6.21 所示。

2. ＜＞运算符

与＝运算符相对立的是＜＞运算符，它用来检测表达式的两边是否不相等，如果不相等
则返回真值，相等则返回假值。例如：

```
select 5<>5,5<>6,'a'<>'a','5a'<>'5b';
```

执行结果如图 6.22 所示。

```
select NULL<>NULL, 0<>NULL, 0<>0;
```

图 6.21　执行结果（十一）　　　　　　图 6.22　执行结果（十二）

执行结果如图 6.23 所示。

3. <=、>=、<和>运算符

<=、>=、<和>运算符用来比较表达式的左边是小于或等于、大于或等于、小于还是大于它的右边。例如:

```
select 10>10, 10>9, 10<9, 3.14>3.142;
```

执行结果如图 6.24 所示。

图 6.23　执行结果(十三)　　　　　　图 6.24　执行结果(十四)

6.3.3　逻辑运算符

逻辑运算符用于对某个条件进行测试,运算结果为 TRUE(1)或 FALSE(0)。MySQL 提供的逻辑运算符如表 6.6 所示。

表 6.6　逻辑运算符

运　算　符	运算规则	运　算　符	运算规则
NOT 或!	逻辑非	OR 或‖	逻辑或
AND 或 &&	逻辑与	XOR	逻辑异或

1. NOT 运算符

逻辑运算符中最简单的 NOT 运算符,它对跟在它后面的逻辑测试判断取反,把真变假,假变真。例如:

```
select NOT 1, NOT 0, NOT(1=1),NOT(10>9);
```

执行结果如图 6.25 所示。

2. AND 运算符

AND 运算符用于测试两个或更多的值(或表达式求值)的有效性,如果它的所有成分为真,并且不是 NULL,则返回真值,否则返回假值。例如:

```
select (1=1) AND (9>10),('a'='a') AND ('c'<'d');
```

执行结果如图 6.26 所示。

图 6.25　执行结果(十五)　　　　　　图 6.26　执行结果(十六)

3. OR 运算符

如果包含的值或表达式有一个为真,并且不是 NULL(不需要所有成分为真),它返回 1,若全为假则返回 0。例如:

```
select (1=1) OR (9>10), ('a'='b') OR (1>2);
```

执行结果如图 6.27 所示。

4. XOR 运算符

如果包含的值或表达式一个为真,而另一个为假并且不是 NULL,那么它返回真值,否则返回假值。例如:

```
select (1=1) XOR (2=3), (1<2) XOR (9<10);
```

执行结果如图 6.28 所示。

图 6.27　执行结果(十七)　　　　图 6.28　执行结果(十八)

6.3.4　位运算符

位运算符在两个表达式之间执行二进制位操作,这两个表达式的类型可为整型或与整型兼容的数据类型(如是字符型,但不能是 image 类型),位运算符如表 6.7 所示。

表 6.7　位运算符

运　算　符	运 算 规 则	运　算　符	运 算 规 则	运　算　符	运 算 规 则
&	位 AND	|	位 OR	^	位 XOR
~	位取反	>>	位右移	<<	位左移

1. | 运算符和 & 运算符

|运算符用于执行一个位的或操作,而 & 用于执行一个位的与操作。例如:

```
select 13|28, 3|4,13&28, 3&4;
```

执行结果如图 6.29 所示。

说明: 本例中 13|28 表示按 13 和 28 的二进制位按位进行或(OR)操作。

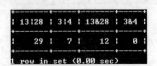

图 6.29　执行结果(十九)

2. << 和 >> 运算符

<< 和 >> 运算符分别用于向左和向右移动位。例如:

```
select 1<<7, 64>>1;
```

执行结果如图 6.30 所示。

说明：本例中 1 的二进制位向左移动 7 位,最后得到的十进制数为 128。64 的二进制位向右移动 1 位,最后得到的十进制数为 32。

3. ^运算符

^运算符执行位异或(XOR)操作。例如：

```
select 1^0,12^5,123^23;
```

执行结果如图 6.31 所示。

4. ～运算符

～运算符执行位取反操作,并返回 64 位整型结果。例如：

```
select ～ 18446744073709551614, ～ 1;
```

执行结果如图 6.32 所示。

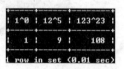
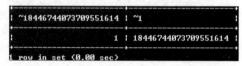

图 6.30　执行结果
（二十）

图 6.31　执行结果
（二十一）

图 6.32　执行结果（二十二）

6.3.5　运算符优先级

除了以上的运算符外,MySQL 还提供了其他一些常用的运算符,如 BETWEEN 运算符、IN 运算符、IS NULL 和 IS NOT NULL 运算符、LIKE 运算符、REGEXP 运算符等,这些在第 4 章介绍 SELECT 语句中的 WHERE 子句时已经介绍过,这里就不再展开讨论。下面讨论运算符的优先级。

当一个复杂的表达式有多个运算符时,运算符优先级决定执行运算的先后次序。执行的次序有时会影响所得到的运算结果。运算符优先级如表 6.8 所示。在一个表达式中按先高(优先级数字小)后低(优先级数字大)的顺序进行运算。

表 6.8　运算符优先级

运　算　符	优先级	运　算　符	优先级
＋(正)、－(负)、～(按位取反)	1	NOT	6
*(乘)、/(除)、%(模)	2	AND	7
＋(加)、－(减)	3	ALL、ANY、BETWEEN、IN、LIKE、OR、SOME	8
比较运算符：=、>、<、>=、<=、<>、!=、!>、!<	4	=(赋值)	9
^(位异或)、&(位与)、|(位或)	5		

当一个表达式中的两个运算符有相同的优先等级时，根据它们在表达式中的位置，一般而言，一元运算符按从右向左的顺序运算，二元运算符对其从左到右进行运算。

表达式中可用括号改变运算符的优先性，先对括号内的表达式求值，然后对括号外的运算符进行运算时使用该值。

若表达式中有嵌套的括号，则首先对嵌套最深的表达式求值。

6.3.6　表达式

表达式就是常量、变量、列名、复杂计算、运算符和函数的组合。一个表达式通常可以得到一个值。与常量和变量一样，表达式的值也具有某种数据类型，可能的数据类型有字符类型、数值类型、日期时间类型。这样，根据表达式的值的类型，表达式可分为字符型表达式、数值型表达式和日期表达式。

表达式还可以根据值的复杂性来分类。

当表达式的结果只是一个值，如一个数值、一个单词或一个日期，这种表达式称为标量表达式。例如，1+2，'a'>'b'。

当表达式的结果是由不同类型数据组成的一行值，这种表达式称为行表达式。例如：

```
学号,'王林','计算机',50 * 10
```

当学号列的值为 081101 时，这个行表达式的值就为：

```
'081101','王林','计算机',500
```

表达式按照形式还可分为单一表达式和复合表达式。单一表达式就是一个单一的值，如一个常量或列名。复合表达式是由运算符将多个单一表达式连接而成的表达式，例如：

```
1+2+3,a=b+3,'2008-01-20'+INTERVAL 2 MONTH
```

表达式一般用在 SELECT 及 SELECT 语句的 WHERE 子句中。

6.4　系统内置函数

在设计 MySQL 数据库程序的时候，常常要调用系统提供的内置函数。这些函数使用户能够很容易地对表中的数据进行操作。MySQL 包含 100 多个内置函数，从简单的数学函数到复杂的比较函数和日期操作函数。如此之多的选择，使 MySQL 开发者可以用最少的代码就进行复杂的操作，这也是 MySQL 流行的重要原因之一。

本节将简要介绍 MySQL 的各种内置函数，这些函数可分为以下几组。

6.4.1　数学函数

数学函数用于执行一些比较复杂的算术操作。MySQL 支持很多的数学函数。数学函数若发生错误，都会返回 NULL。下面举例说明一些常用的数学函数。

1. GREATEST 函数和 LEAST 函数

GREATEST 函数和 LEAST 是数学函数中经常使用的函数，它们的功能是获得一组数中的最大值和最小值。例如：

```
select GREATEST(10,9,128,1),LEAST(1,2,3);
```

执行结果如图 6.33 所示。

数学函数还可以嵌套使用。例如：

```
select GREATEST(-2,LEAST(0,3)), LEAST(1,GREATEST(1,2));
```

执行结果如图 6.34 所示。

图 6.33　执行结果（二十三）

图 6.34　执行结果（二十四）

注意：MySQL 不允许函数名和括号之间有空格。

2. FLOOR 函数和 CEILING 函数

FLOOR 函数用于获得小于一个数的最大整数值，CEILING 函数用于获得大于一个数的最小整数值，例如：

```
select FLOOR(-1.2), CEILING(-1.2), FLOOR(9.9), CEILING(9.9);
```

执行结果如图 6.35 所示。

```
+-----------+-------------+----------+-------------+
| FLOOR(-1.2) | CEILING(-1.2) | FLOOR(9.9) | CEILING(9.9) |
+-----------+-------------+----------+-------------+
|        -2 |          -1 |        9 |          10 |
+-----------+-------------+----------+-------------+
1 row in set (0.09 sec)
```

图 6.35　执行结果（二十五）

3. ROUND 函数和 TRUNCATE 函数

ROUND 函数用于获得一个数的四舍五入的整数值。例如：

```
select ROUND(5.1),ROUND(25.501),ROUND(9.8);
```

执行结果如图 6.36 所示。

```
+----------+--------------+-----------+
| ROUND(5.1) | ROUND(25.501) | ROUND(9.8) |
+----------+--------------+-----------+
|        5 |           26 |        10 |
+----------+--------------+-----------+
1 row in set (0.02 sec)
```

图 6.36　执行结果（二十六）

TRUNCATE 函数用于把一个数字截取为一个指定小数个数的数字，逗号后面的数字表示指定小数的个数。例如：

```
select TRUNCATE(1.54578, 2),TRUNCATE(-76.12, 5);
```

执行结果如图 6.37 所示。

4. ABS 函数

ABS 函数用来获得一个数的绝对值。例如：

```
select ABS(-878),ABS(-8.345);
```

执行结果如图 6.38 所示。

图 6.37　执行结果(二十七)

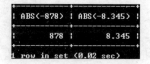

图 6.38　执行结果(二十八)

5. SIGN 函数

SIGN 函数返回数字的符号,返回的结果是正数(1)、负数(−1)或零(0)。例如：

```
select SIGN(-2),SIGN(2),SIGN(0);
```

执行结果如图 6.39 所示。

6. SQRT 函数

SQRT 函数返回一个数的平方根。例如：

```
select SQRT(25),SQRT(15),SQRT(1);
```

执行结果如图 6.40 所示。

图 6.39　执行结果(二十九)

图 6.40　执行结果(三十)

7. POW 函数

POW 函数以一个数作为另外一个数的指数,并返回结果。例如：

图 6.41　执行结果(三十一)

```
select POW(2,2),POW(10,-2),POW(0,3);
```

执行结果如图 6.41 所示。

说明：第一个数表示是 2 的 2 次方,第二个表示是 10 的−2 次方。

8. SIN、COS 和 TAN 函数

SIN、COS 和 TAN 函数返回一个角度(弧度)的正弦、余弦和正切值。例如：

```
select SIN(1),COS(1),TAN(RADIANS(45));
```

执行结果如图 6.42 所示。

SIN(1)	COS(1)	TAN(RADIANS(45))
0.8414709848078965	0.5403023058681398	0.9999999999999999

1 row in set (0.01 sec)

图 6.42　执行结果（三十二）

9. ASIN、ACOS 和 ATAN 函数

ASIN、ACOS 和 ATAN 函数返回一个角度（弧度）的反正弦、反余弦和反正切值。例如：

```
select ASIN(1),ACOS(1),ATAN(DEGREES(45));
```

执行结果如图 6.43 所示。

如果使用的是角度而不是弧度，可以使用 DEGREES 和 RADIANS 函数进行转换。

10. BIN、OTC 和 HEX 函数

BIN、OTC 和 HEX 函数分别返回一个数的二进制、八进制和十六进制值，这个值作为字符串返回。例如：

```
select BIN(2),OCT(12),HEX(80);
```

执行结果如图 6.44 所示。

ASIN(1)	ACOS(1)	ATAN(DEGREES(45))
1.5707963267948966	0	1.570408475869457

1 row in set (0.01 sec)

图 6.43　执行结果（三十三）

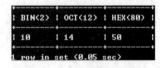

BIN(2)	OCT(12)	HEX(80)
10	14	50

1 row in set (0.05 sec)

图 6.44　执行结果（三十四）

6.4.2　聚合函数

MySQL 有一组函数是特意为求和或者对表中的数据进行集中概括而设计的，这一组函数称为聚合函数。聚合函数常常用于对一组值进行计算，然后返回单个值。通过把聚合函数（如 COUNT 和 SUM）添加到带有一个 GROUP BY 子句的 SELECT 语句块中，数据就可以聚合，包括求一个和、平均、频次等，而不是单个的值。

6.4.3　字符串函数

因为 MySQL 数据库不仅包含数字数据，还包含字符串，因此 MySQL 有一套为字符串操作而设计的函数。在字符串函数中，包含的字符串必须要用单引号括起。下面介绍其中重要的一些字符串函数。

1. ASCII 函数

ASCII 函数的语法格式为：

```
ASCII (char)
```

说明：返回字符表达式最左端字符的 ASCII 值。参数 char 的类型为字符型的表达式，返回值为整型。

【例 6.19】 返回字母 A 的 ASCII 码值。

```
select ASCII('A');
```

执行结果如图 6.45 所示。

2. CHAR 函数

CHAR 函数的语法格式为：

```
char (x1,x2,x3,...)
```

说明：将 x1、x2…的 ASCII 码转换为字符,结果组合成一个字符串。参数 x1、x2、x3…为介于 0～255 的整数,返回值为字符型。

【例 6.20】 返回 ASCII 码值为 65、66、67 的字符,组成一个字符串。

```
select CHAR(65,66,67);
```

执行结果如图 6.46 所示。

3. LEFT 和 RIGHT 函数

LEFT 和 RIGHT 函数的语法格式为：

```
LEFT|RIGHT (str,x)
```

说明：分别返回从字符串 str 左边和右边开始指定 x 个字符。

【例 6.21】 返回 kc 表中课程名最左边的三个字符。

```
use xscj
select LEFT(课程名, 3)
from kc;
```

执行结果如图 6.47 所示。

图 6.45　例 6.19 执行结果　　　图 6.46　例 6.20 执行结果　　　图 6.47　例 6.21 执行结果

4. TRIM、LTRIM 和 RTRIM 函数

TRIM、LTRIM 和 RTRIM 函数的语法格式为：

```
TRIM|LTRIM|RTRIM(str)
```

说明：使用 LTRIM 和 RTRIM 分别删除字符串中前面的空格和尾部的空格，返回值为字符串。参数 str 为字符型表达式，返回值类型为 varchar。TRIM 删除字符串首部和尾部的所有空格。

图 6.48   例 6.22 执行结果

【例 6.22】   执行如下语句：

```
select TRIM('  MySQL  ');
```

执行结果如图 6.48 所示。

5. RPAD 和 LPAD 函数

RPAD 和 LPAD 函数的语法格式为：

```
RPAD|LPAD(str, n, pad)
```

说明：使用 RPAD 和 LPAD 分别用字符串 pad 对字符串 str 的右边和左边进行填补，直至 str 中字符数目达到 n 个，最后返回填补后的字符串。若 str 中的字符个数大于 n，则返回 str 的前 n 个字符。

【例 6.23】   执行如下语句：

```
select RPAD('中国梦',8, '!'), LPAD('welcome',10, '*');
```

执行结果如图 6.49 所示。

6. REPLACE 函数

REPLACE 函数的语法格式为：

```
REPLACE (str1 , str2 , str3)
```

说明：REPLACE 函数用于用字符串 str3 替换 str1 中所有出现的字符串 str2，最后返回替换后的字符串。

【例 6.24】   执行如下语句：

```
select REPLACE('Welcome to CHINA', 'o', 'K');
```

执行结果如图 6.50 所示。

图 6.49   例 6.23 执行结果

图 6.50   例 6.24 执行结果

7. CONCAT 函数

CONCAT 函数的语法格式为：

```
CONCAT(s1,s2,...,sn)
```

说明：CONCAT 函数用于连接指定的几个字符串。

【例 6.25】　执行如下语句：

```
select CONCAT('中国梦','我的梦');
```

执行结果如图 6.51 所示。

8. SUBSTRING 函数

SUBSTRING 函数的语法格式为：

```
SUBSTRING (expression , Start, Length)
```

说明：该函数返回 expression 中指定的部分数据。参数 expression 可为字符串、二进制串、text、image 字段或表达式。Start、Length 均为整型，前者指定子串的开始位置，后者指定子串的长度（要返回字节数）。如果 expression 是字符类型和二进制类型，则返回值类型与 expression 的类型相同。如果为 text 类型，则返回的是 varchar 类型。

【例 6.26】　以下程序在一列中返回 xs 表中所有女学生的姓氏，在另一列中返回名字。

```
use xscj
select SUBSTRING(姓名, 1,1) as 姓, SUBSTRING(姓名,2, length(姓名)-1) as 名
    from xs
    where 性别=0
    order by 姓名;
```

执行结果如图 6.52 所示。

图 6.51　例 6.25 执行结果　　　　图 6.52　例 6.26 执行结果

说明：LENGTH 函数的作用是返回一个字符串的长度。

9. STRCMP 函数

STRCMP 函数的语法格式为：

```
STRCMP(s1,s2)
```

说明：STRCMP 函数用于比较两个字符串，相等返回 0，s1 大于 s2 返回 1，s1 小于 s2 返回—1。

【例 6.27】　执行如下语句：

```
select STRCMP('A', 'A'), STRCMP('ABC', 'OPQ'),STRCMP('T', 'B');
```

执行结果如图 6.53 所示。

STRCMP('A', 'A')	STRCMP('ABC', 'OPQ')	STRCMP('T', 'B')
0	-1	1

1 row in set (0.06 sec)

图 6.53　例 6.27 执行结果

6.4.4　日期和时间函数

MySQL 有很多日期和时间数据类型，所以有相当多的操作日期和时间的函数。下面介绍几个比较重要的函数。

1. NOW 函数

使用 NOW 函数可以获得当前的日期和时间，它以"YYYY-MM-DD HH：MM：SS"的格式返回当前的日期和时间。例如：

```
select NOW();
```

2. CURTIME 和 CURDATE 函数

CURTIME 和 CURDATE 函数比 NOW 更为具体化，它们分别返回的是当前的时间和日期，没有参数。例如：

```
select CURTIME(),CURDATE();
```

3. YEAR 函数

YEAR 函数分析一个日期值并返回其中关于年的部分。例如：

```
select YEAR(20080512142800),YEAR('1982-11-02');
```

执行结果如图 6.54 所示。

4. MONTH 和 MONTHNAME 函数

MONTH 和 MONTHNAME 函数分别以数值和字符串的格式返回月的部分。例如：

```
select MONTH(20080512142800), MONTHNAME('1982-11-02');
```

执行结果如图 6.55 所示。

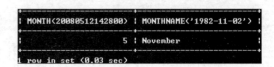

YEAR(20080512142800)	YEAR('1982-11-02')
2008	1982

1 row in set (0.02 sec)

图 6.54　执行结果（三十五）

MONTH(20080512142800)	MONTHNAME('1982-11-02')
5	November

1 row in set (0.03 sec)

图 6.55　执行结果（三十六）

5. DAYOFYEAR、DAYOFWEEK 和 DAYOFMONTH 函数

DAYOFYEAR、DAYOFWEEK 和 DAYOFMONTH 函数分别返回这一天在一年、一星期及一个月中的序数。例如：

```
select DAYOFYEAR(20080512),DAYOFMONTH('2008-05-12');
```

执行结果如图 6.56 所示。

```
select DAYOFWEEK(20080512);
```

执行结果如图 6.57 所示。

图 6.56　执行结果(三十七)　　　　　　图 6.57　执行结果(三十八)

6. DAYNAME 函数

和 MONTHNAME 相似，DAYNAME 函数以字符串形式返回星期名。例如：

```
select DAYNAME('2008-06-01');
```

执行结果如图 6.58 所示。

7. WEEK 和 YEARWEEK 函数

WEEK 函数返回指定的日期是一年的第几个星期，而 YEARWEEK 函数则返回指定的日期是哪一年的哪一个星期。例如：

```
select WEEK('2008-05-01'),YEARWEEK(20080501);
```

执行结果如图 6.59 所示。

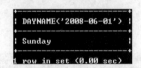

图 6.58　执行结果(三十九)　　　　　　图 6.59　执行结果(四十)

8. HOUR、MINUTE 和 SECOND 函数

HOUR、MINUTE 和 SECOND 函数分别返回时间值的小时、分钟和秒的部分。例如：

```
select HOUR(155300),MINUTE('15:53:00'),SECOND(143415);
```

执行结果如图 6.60 所示。

9. DATE_ADD 和 DATE_SUB 函数

DATE_ADD 和 DATE_SUB 函数可以对日期和时间进行算术操作，它们分别用来增加和减少日期值，其使用的关键字如表 6.9 所示。

```
| HOUR(155300) | MINUTE('15:53:00') | SECOND(143415) |
|           15 |                 53 |             15 |
1 row in set (0.00 sec)
```

图 6.60　执行结果(四十一)

表 6.9　DATE_ADD 函数和 DATE_SUB 函数使用的关键字

关　键　字	间隔值的格式	关　键　字	间隔值的格式
DAY	日期	MINUTE	分钟
DAY_HOUR	日期：小时	MINUTE_ SECOND	分钟：秒
DAY_MINUTE	日期：小时：分钟	MONTH	月
DAY_SECOND	日期：小时：分钟：秒	SECOND	秒
HOUR	小时	YEAR	年
HOUR_MINUTE	小时：分钟	YEAR_MONTH	年-月
HOUR_ SECOND	小时：分钟：秒		

DATE_ADD 函数和 DATE_SUB 函数的语法格式为:

```
DATE_ADD|DATE_SUB(date, INTERVAL int keyword)
```

说明:date 是需要的日期和时间,INTERVAL 关键字表示一个时间间隔。int 表示需要计算的时间值,keyword 已经在表 6.9 中列出。DATE_ADD 函数是计算 date 加上间隔时间后的值,DATE_SUB 则是计算 date 减去时间间隔后的值。

例如:

```
select DATE_ADD('2014-08-08', INTERVAL 17 DAY);
```

执行结果如图 6.61 所示。

```
select DATE_SUB('2014-08-20 10:25:35', INTERVAL 20 MINUTE);
```

执行结果如图 6.62 所示。

```
| DATE_ADD('2014-08-08', INTERVAL 17 DAY) |
| 2014-08-25 |
1 row in set (0.02 sec)
```

图 6.61　执行结果(四十二)

```
| DATE_SUB('2014-08-20 10:25:35', INTERVAL 20 MINUTE) |
| 2014-08-20 10:05:35 |
1 row in set (0.00 sec)
```

图 6.62　执行结果(四十三)

日期和时间函数在 SQL 语句中应用相当广泛。

【例 6.28】　求 xs 表中所有女学生的年龄。

```
use xscj
select 学号,姓名, YEAR(NOW())-YEAR(出生日期) as 年龄
    from xs
    where 性别=0;
```

执行结果如图 6.63 所示。

6.4.5　加密函数

MySQL 特意设计了一些函数对数据进行加密。这里简要
介绍几个主要函数。

1. AES_ENCRYPT 和 AES_DECRYPT 函数

AES_ENCRYPT 和 AES_DECRYPT 函数的语法格式为：

```
AES_ENCRYPT|AES_DECRYPT(str,key)
```

说明：AES_ENCRYPT 函数返回的是密钥 key 对字符串 str 利用高级加密标准（AES）
算法加密后的结果，结果是一个二进制的字符串，以 BLOB 类型存储。而 AES_DECRYPT
函数用于对用高级加密方法加密的数据进行解密。若检测到无效数据或不正确的填充，函
数会返回 NULL。AES_ENCRYPT 和 AES_DECRYPT 函数可以被看作 MySQL 中普遍
使用的最安全的加密函数。

2. ENCODE 和 DECODE 函数

ENCODE 和 DECODE 函数的语法格式为：

```
ENCODE|DECODE(str,key)
```

说明：ENCODE 函数用来对一个字符串 str 进行加密，返回的结果是一个二进制字符
串，以 BLOB 类型存储。DECODE 函数使用正确的密钥对加密后的值进行解密。与上面的
AES_ENCRYPT 和 AES_DECRYPT 函数相比，这两个函数加密程度相对较弱。

3. ENCRYPT 函数

使用 UNIX crypt 系统加密字符串，ENCRYPT(str,salt) 函数接收要加密的字符串和
用于加密过程的 salt（一个可以确定唯一口令的字符串）。但在 Windows 上不可用。

4. PASSWORD 函数

PASSWORD 函数的语法格式为：

```
PASSWORD(str)
```

说明：返回字符串 str 加密后的密码字符串，适合于插入到 MySQL 的安全系统。该加
密过程不可逆，与 UNIX 密码加密过程使用不同的算法，主要用于 MySQL 的认证系统。

【**例 6.29**】　返回字符串"MySQL"的加密版本。

```
select PASSWORD('MySQL');
```

执行结果如图 6.64 所示。

图 6.64　例 6.29 执行结果

图 6.63　例 6.28 执行结果

6.4.6　控制流函数

MySQL 有几个函数是用来进行条件操作的。这些函数可以实现 SQL 的条件逻辑，允许开发者将一些应用程序业务逻辑转换到数据库后台。

1. IFNULL 和 NULLIF 函数

（1）IFNULL 函数的语法格式为：

```
IFNULL(expr1,expr2)
```

说明：此函数的作用是判断参数 expr1 是否为 NULL，当参数 expr1 为 NULL 时返回 expr2，不为 NULL 时则返回 expr1。IFNULL 的返回值是数字或字符串。

【例 6.30】　执行如下语句：

```
select IFNULL(1,2), IFNULL(NULL, 'MySQL'), IFNULL(1/0, 10);
```

执行结果如图 6.65 所示。

图 6.65　例 6.30 执行结果

（2）NULLIF 函数的语法格式为：

```
NULLIF(expr1,expr2)
```

说明：NULLIF 函数用于检验提供的两个参数是否相等，如果相等则返回 NULL，如果不相等就返回第一个参数。

【例 6.31】　执行如下语句：

```
select NULLIF(1,1), NULLIF('A', 'B'), NULLIF(2+3, 3+4);
```

执行结果如图 6.66 所示。

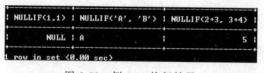

图 6.66　例 6.31 执行结果

2. IF 函数

和许多脚本语言提供的 IF 函数一样，MySQL 的 IF 函数也可以建立一个简单的条件测试。其语法格式为：

```
IF(expr1,expr2,expr3)
```

IF 函数有三个参数,第一个是要被判断的表达式,如果表达式为真,IF 函数将会返回第二个参数;如果为假,IF 函数将会返回第三个参数。

【例 6.32】 判断 $2×4$ 是否大于 $9-5$,是则返回"是",否则返回"否"。

```
select IF(2 * 4>9-5, '是', '否');
```

执行结果如图 6.67 所示。

【例 6.33】 返回 xs 表名字为两个字的学生姓名、性别和专业名。性别值若为 0 显示"女",若为 1 则显示"男"。

```
select 姓名, IF(性别=0, '女', '男') as 性别, 专业名
    from xs
    where 姓名 like '__';
```

执行结果如图 6.68 所示。

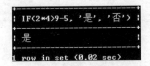

图 6.67　例 6.32 执行结果

图 6.68　例 6.33 执行结果

注意:IF 函数在只有两种可能结果时才适合使用。

6.4.7　格式化函数

MySQL 还有一些函数是特意为格式化数据设计的。

1. FORMAT 函数

FORMAT 函数的语法格式为:

```
FORMAT(x, y)
```

说明:FORMAT 函数把数值格式化为以逗号间隔的数字序列。FORMAT 函数的第一个参数 x 是被格式化的数据,第二个参数 y 是结果的小数位数。

图 6.69　执行结果(四十四)

例如:

```
select FORMAT(11111111111.23654,2), FORMAT(-5468,4);
```

执行结果如图 6.69 所示。

2. DATE_FORMAT 和 TIME_FORMAT 函数

DATE_FORMAT 和 TIME_FORMAT 函数可以用来格式化日期和时间值。

DATE_FORMAT 和 TIME_FORMAT 函数的语法格式为：

```
DATE_FORMAT/ TIME_FORMAT(date|time, fmt)
```

说明：date 和 time 是需要格式化的日期和时间值，fmt 是日期和时间值格式化的形式，表 6.10 列出了 MySQL 中的日期/时间格式化代码。

表 6.10　MySQL 中的日期/时间格式化代码

关键字	间隔值的格式	关键字	间隔值的格式
%a	缩写的星期名(Sun,Mon,…)	%p	AM 或 PM
%b	缩写的月份名(Jan,Feb,…)	%r	时间,12 小时的格式
%d	月份中的天数	%S	秒(00,01,…)
%H	小时(01,02,…)	%T	时间,24 小时的格式
%I	分钟(00,01,…)	%w	一周中的天数(0,1,…)
%j	一年中的天数(001,002,…)	%W	长型星期的名字(Sunday,Monday,…)
%m	月份,2 位(00,01,…)	%Y	年份,4 位
%M	长型月份的名字(January,February,…)		

例如：

```
select DATE_FORMAT(NOW(), '%W,%d,%M, %Y %r');
```

执行结果如图 6.70 所示。

注意：这两个函数是区分字母大小写的。

3. INET_NTOA 和 INET_ATON 函数

MySQL 中的 INET_NTOA 和 INET_ATON 函数可以分别把 IP 地址转换为数字或者进行相反的操作。例如：

```
select INET_ATON('192.168.1.1');
```

执行结果如图 6.71 所示。

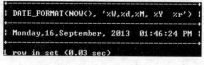
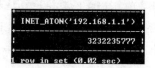

图 6.70　执行结果(四十五)　　　图 6.71　执行结果(四十六)

6.4.8　类型转换函数

MySQL 提供 CAST 函数进行数据类型转换，它可以把一个值转换为指定的数据类型。

其语法格式为：

```
CAST(expr, AS type)
```

说明：expr 是 CAST 函数要转换的值，type 是转换后的数据类型。

在 CAST 函数中 MySQL 支持这几种数据类型：BINARY、CHAR、DATE、TIME、DATETIME、SIGNED 和 UNSIGNED。

通常情况下，当使用数值操作时，字符串会自动地转换为数字。例如：

```
select 1+'99', 1+CAST('99' AS SIGNED);
```

执行结果如图 6.72 所示。

字符串可指定为 BINARY 类型，这样比较操作就成为区分字母大小写的。使用 CAST 函数指定一个字符串为 BINARY 和字符串前面使用 BINARY 关键词具有相同的作用。

【例 6.34】 执行如下语句：

```
select 'a'=BINARY 'A', 'a'=CAST('A' AS BINARY);
```

执行结果如图 6.73 所示。

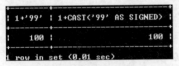

图 6.72　执行结果（四十七）

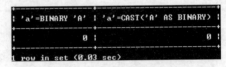

图 6.73　例 6.34 执行结果

说明：两个表达式的结果都为零，表示两个表达式都为假。

MySQL 还可以强制将日期和时间函数的值作为一个数而不是字符串输出。

【例 6.35】 将当前日期显示成数值形式。

```
select CAST(CURDATE() AS SIGNED);
```

执行结果如图 6.74 所示。

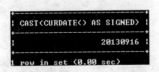

图 6.74　例 6.35 执行结果

当用户要把数据移动到一个新的 DBMS 时，CAST 函数就显得尤其有用，因为它允许用户把值从旧数据类型转变为新的数据类型，以使它们更适合新系统。

6.4.9　系统信息函数

MySQL 还具有一些特殊的函数用来获得系统本身的信息，表 6.11 列出了大部分信息函数。

表 6.11   MySQL 信息函数

函　　数	功　　能
DATABASE	返回当前数据库名
BENCHMARK(n,expr)	将表达式 expr 重复运行 n 次
CHARSET(str)	返回字符串 str 的字符集
CONNECTION_ID	返回当前客户的连接 ID
FOUND_ROWS	返回最后一个 SELECT 查询（没有以 LIMIT 语句进行限制）返回的记录行数目
GET_LOCK(str,dur)	获得一个由字符串 str 命名的并且有 dur 秒延时的锁定
IS_FREE_LOCK(str)	检查以 str 命名的锁定是否释放
LAST_INSERT_ID	返回由系统自动产生的最后一个 AUTOINCREMENT ID 的值
MASTER_POS_WAIT(log,pos,dur)	锁定主服务器 dur 秒直到从服务器与主服务器的日志 log 指定的位置 pos 同步
RELEASE_LOCK(str)	释放由字符串 str 命名的锁定
USER 或 SYSTEM_USER	返回当前登录用户名
VERSION	返回 MySQL 服务器的版本

下面对其中一些信息函数进行举例说明。

（1）DATABASE、USER 和 VERSION 函数可以分别返回当前所选数据库、当前用户和 MySQL 版本信息。例如：

```
select DATABASE(),USER(), VERSION();
```

执行结果如图 6.75 所示。

（2）BENCHMARK 函数用于重复执行 n 次表达式 expr。它可以用于计算 MySQL 处理表达式的速度，结果值通常为零。另一种用处来自 MySQL 客户端内部，能够报告问询执行的次数，根据经过的时间值可以推断服务器的性能。例如：

```
select BENCHMARK(10000000, ENCODE('hello','goodbye'));
```

执行结果如图 6.76 所示。

图 6.75   执行结果（四十八）

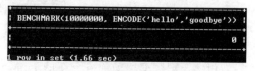

图 6.76   执行结果（四十九）

在上述例子中，MySQL 计算 ENCODE('hello','goodbye')表达式 10 000 000 次仅需要 1.66 秒。

（3）FOUND_ROWS 函数用于返回最后一个 SELECT 语句返回的记录行的数目。

如最后执行的 SELECT 语句是：

```
select * from xs;
```

之后再执行如下语句：

```
select FOUND_ROWS();
```

则执行结果如图 6.77 所示。

　　说明：SELECT 语句可能包括一个 LIMIT 子句，用来限制服务器返回客户端的行数。在有些情况下，要求不用再次运行该语句而得知在没有 LIMIT 时到底该语句返回了多少行。为此，要在 SELECT 语句中选择 SQL_CALC_FOUND_ROWS，随后调用 FOUND_ROWS()。

　　例如，执行如下语句：

```
select SQL_CALC_FOUND_ROWS * from xs where 性别=1 limit 5;
select FOUND_ROWS();
```

　　FOUND_ROWS 函数显示在没有 LIMIT 子句的情况下，SELECT 语句所返回的行数。执行结果如图 6.78 所示。

 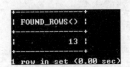

图 6.77　执行结果(五十)　　　　图 6.78　执行结果(五十一)

习题 6

　　1. 说明变量的分类及各类变量的特点。

　　2. 举例说明使用全局系统变量和会话系统变量的不同。

　　3. 定义用户变量 TODAY，并使用一条 SET 语句和一条 SELECT 语句把当前的日期赋值给它。

　　4. MySQL 函数共有几种？说明它们各自的典型用法。

CHAPTER 第 **7** 章
MySQL 过程式数据库对象

自 MySQL 5.0 开始，MySQL 支持存储过程、存储函数、触发器和事件。换句话说，MySQL 版本要在 5.0 以上才能创建上述对象。下面讨论这 4 种过程式数据库对象。

7.1 存储过程

在 MySQL 中，可以定义一段程序存放在数据库中，这样的程序称为存储过程。它是最重要的数据库对象之一。存储过程实质上就是一段代码，它可以由声明式 SQL 语句（如 CREATE、UPDATE 和 SELECT 等）和过程式 SQL 语句（如 IF-THEN-ELSE）组成。存储过程可以由程序、触发器或者另一个存储过程来调用，从而激活它，实现代码段中的 SQL 语句。

使用存储过程的优点有：

（1）存储过程在服务器端运行，执行速度快。

（2）存储过程执行一次后，其执行规划就驻留在高速缓冲存储器，在以后的操作中，只需从高速缓冲存储器中调用已编译好的二进制代码执行，从而提高了系统性能。

（3）确保数据库安全。使用存储过程可以完成所有数据库操作，并可通过编程方式控制上述操作对数据库信息访问的权限。

7.1.1 创建存储过程

创建存储过程命令的语法格式为：

```
CREATE PROCEDURE 存储过程名（[参数 ...]）
    [特征 ...] 主体
```

1）存储过程参数
参数为：

```
[IN|OUT|INOUT] 参数名 参数类型
```

说明：（1）系统默认在当前数据库中创建。需要在特定数据库中创建存储过程时，则要在名称前面加上数据库的名称。

```
格式为：数据库名.存储过程名
```

（2）当存储过程有多个参数的时候中间用逗号隔开。MySQL 存储过程支持三种类型的参数：输入参数、输出参数和输入输出参数，关键字分别是 IN、OUT 和 INOUT。输入参数使数据可以传递给一个存储过程。当需要返回一个答案或结果的时候,存储过程使用输出参数。输入输出参数既可以充当输入参数也可以充当输出参数。

存储过程可以有 0 个、1 个或多个参数。存储过程不加参数,但是名称后面的括号不可省略。

注意:参数的名字不要采用列的名字,否则虽然不会返回出错消息,但是存储过程中的SQL 语句会将参数名看作列名,从而引发不可预知的结果。

2)存储过程特征

特征:

```
    LANGUAGE SQL
|[NOT] DETERMINISTIC
|{CONTAINS SQL|NO SQL|READS SQL DATA|MODIFIES SQL DATA}
|SQL SECURITY {DEFINER|INVOKER}
|COMMENT 'string'
```

说明:

- LANGUAGE SQL——表明编写这个存储过程的语言为 SQL 语言,从目前情况来讲,MySQL 存储过程还不能用外部编程语言来编写。即这个选项可以不指定,将来会对其扩展,最有可能第一个得到支持的语言是 PHP。

- DETERMINISTIC——设置为 DETERMINISTIC 表示存储过程对同样的输入参数产生相同的结果,设置为 NOT DETERMINISTIC 则表示会产生不确定的结果。默认为 NOT DETERMINISTIC。

- CONTAINS SQL——表示存储过程不包含读或写数据的语句。NO SQL 表示存储过程不包含 SQL 语句。READS SQL DATA 表示存储过程包含读数据的语句,但不包含写数据的语句。MODIFIES SQL DATA 表示存储过程包含写数据的语句。如果这些特征没有明确给定,则默认的是 CONTAINS SQL。

- SQL SECURITY——用来指定存储过程是使用创建该存储过程的用户(DEFINER)的许可来执行,还是使用调用者(INVOKER)的许可来执行。默认值是 DEFINER。

- COMMENT 'string'——对存储过程的描述,string 为描述内容。这个信息可以用SHOW CREATE PROCEDURE 语句来显示。

3)存储过程主体

存储过程主体称为存储过程体。里面包含了在过程调用的时候必须执行的语句,这个部分总是以 BEGIN 开始,以 END 结束。当然,当存储过程体中只有一个 SQL 语句时可以省略 BEGIN-END 标志。

在 MySQL 中,服务器处理语句的时候是以分号为结束标志的。但是,在创建存储过程的时候,存储过程体中可能包含多个 SQL 语句,每个 SQL 语句都是以分号结尾,这时服务器处理程序的时候遇到第一个分号就会认为程序结束,这肯定是不行的。所以使用"DELIMITER 结束符号"命令将 MySQL 语句的结束标志修改为其他符号。最后再使用"OPDELIMITER ;"恢复以分号为结束标志。

【例 7.1】 用存储过程实现删除一个特定学生的信息。

```
delimiter $$
create procedure delete_student(in xh char(6))
begin
    delete from xs where 学号=xh;
end $$
delimiter;
```

说明：当调用这个存储过程时，MySQL 根据提供的参数 xh 的值，删除对应在 xs 表中的数据。调用存储过程的命令是 CALL 命令，后面会讲到。

7.1.2　存储过程体

在存储过程体中可以使用所有的 SQL 语句类型，包括所有的 DLL、DCL 和 DML 语句。当然，过程式语句也是允许的，其中也包括变量的定义和赋值。

1. 局部变量

在存储过程中可以声明局部变量，它们可以用来存储临时结果。要声明局部变量必须使用 DECLARE 语句。在声明局部变量的同时也可以对其赋一个初始值，如果不指定默认为 NULL。其语法格式为：

```
DECLARE 变量名 ... 类型 [默认值]
```

例如，声明一个整型变量和两个字符变量。

```
declare num int(4);
declare str1, str2 varchar(6);
```

说明：局部变量只能在 BEGIN…END 语句块中声明，而且必须在存储过程的开头。声明完后，可以在声明它的 BEGIN…END 语句块中使用该变量，其他语句块中不可以使用它。

在存储过程中也可以声明用户变量。局部变量和用户变量的区别在于：局部变量前面没有使用@符号，局部变量在其所在的 BEGIN…END 语句块处理完后就消失了，而用户变量存在于整个会话当中。

2. 使用 SET 语句赋值

要给局部变量赋值可使用 SET 语句，SET 语句也是 SQL 本身的一部分。其语法格式为：

```
SET 变量名=表达式 [,变量名=表达式] ...
```

例如，在存储过程中给局部变量赋值。

```
set num=1, str1='hello';
```

3. SELECT…INTO 语句

使用 SELECT…INT 语句可以把选定的列值直接存储到变量中。因此，返回的结果只能有一行。其语法格式为：

```
SELECT 列名[,...] INTO 变量名[,...] table_expr
```

说明：table_expr 是 SELECT 语句中的 FROM 子句及后面的部分。

例如，在存储过程体中，将 xs 表中的学号为 081101 的学生姓名和专业名的值分别赋给变量 name 和 project。语句如下：

```
select 姓名,专业名 into name, project
    from xs;
    where 学号='081101';
```

注意：该语句只能在存储过程体中使用。变量 name 和 project 需要在之前经过声明。通过该语句赋值的变量可以在语句块的其他语句中使用。

4. 流程控制语句

在 MySQL 中，常见的过程式 SQL 语句可以用在一个存储过程体中。例如，IF 语句、CASE 语句、LOOP 语句、WHILE 语句、ITERATE 语句和 LEAVE 语句。

1）IF 语句

IF-THEN-ELSE 语句可根据不同的条件执行不同的操作。其语法格式为：

```
IF 条件 THEN 语句
[ELSEIF 条件 THEN 语句] ...
[ELSE  语句]
END IF
```

说明：当条件为真时，就执行相应的 SQL 语句。SQL 语句可以是一个或者多个。

【例 7.2】 创建 xscj 数据库的存储过程，判断两个输入的参数哪一个更大。

```
delimiter $$
create procedure xscj.compar
        (in k1 integer, in k2 integer, out k3 char(6))
begin
    if k1>k2 then
        set k3='大于';
    elseif k1=k2 then
        set k3='等于';
    else
        set k3='小于';
    end if;
end$$
delimiter;
```

说明：存储过程中 k1 和 k2 是输入参数，k3 是输出参数。

2）CASE 语句

这里介绍 CASE 语句在存储过程中的用法，与之前略有不同。其语法格式为：

```
CASE case_value
    WHEN when_value THEN 语句
    [WHEN when_value THEN 语句] ...
    [ELSE 语句]
END CASE
```

或

```
CASE
    WHEN 条件 THEN 语句
    [WHEN 条件 THEN 语句] ...
    [ELSE 语句]
END CASE
```

说明：一个 CASE 语句经常可以充当一个 IF-THEN-ELSE 语句。

第一种格式中 case_value 是要被判断的值或表达式，接下来是一系列的 WHEN-THEN 块，每一块的 when_value 参数指定要与 case_value 比较的值，如果为真，就执行相应 SQL 语句。如果前面的每一个块都不匹配就会执行 ELSE 块指定的语句。CASE 语句最后以 END CASE 结束。

第二种格式中 CASE 关键字后面没有参数，在 WHEN-THEN 块中，条件指定了一个比较表达式，表达式为真时执行 THEN 后面的语句。与第一种格式相比，这种格式能够实现更为复杂的条件判断，使用起来更方便。

【例 7.3】 创建一个存储过程，针对参数的不同，返回不同的结果。

```
delimiter $$
create procedure xscj.result
        (in str varchar(4), out sex varchar(4))
begin
    case str
        when 'm' then set sex='男';
        when 'f' then set sex='女';
        else  set sex='无';
    end case;
end$$
delimiter;
```

用第二种格式的 CASE 语句创建以上存储过程，程序片段如下：

```
case
    when str='m' then set sex='男';
    when str='f' then set sex='女';
    else set sex='无';
end case;
```

3）循环语句

MySQL 支持三条循环语句：WHILE、REPEAT 和 LOOP 语句。在存储过程中可以定义 0 个、1 个或多个循环语句。

（1）WHILE 语句语法格式为：

```
[begin_label:]
WHILE 条件 DO
    语句
END WHILE [end_label]
```

说明：语句首先判断条件是否为真，为真则执行对应的语句，然后再次进行判断，为真则继续循环，不为真则结束循环。

begin_label 和 end_label 是 WHILE 语句的标注。除非 begin_label 存在，否则 end_label 不能被给出，并且如果两者都出现，它们的名字必须是相同的。

【例 7.4】　创建一个带 WHILE 循环的存储过程。

```
delimiter $$
create procedure dowhile()
begin
    declare v1 int default 5;
    while v1>0 do
        set v1=v1-1;
    end while;
end$$
delimiter;
```

说明：当调用这个存储过程时，首先判断 v1 的值是否大于零，如果大于零则执行 v1-1，否则结束循环。

（2）REPEAT 语句格式为：

```
[begin_label:]
REPEAT
    语句
    UNTIL 条件
END REPEAT [end_label]
```

说明：REPEAT 语句首先执行指定的语句，然后判断条件是否为真，为真则停止循环，不为真则继续循环。REPEAT 也可以被标注。

用 REPEAT 语句创建一个如前例的存储过程，程序片段如下：

```
repeat
    v1=v1-1;
    until v1<1;
end repeat;
```

说明：REPEAT 语句和 WHILE 语句的区别在于：REPEAT 语句先执行语句，后进行判断；而 WHILE 语句是先判断，条件为真时才执行语句。

(3) LOOP 语句语法格式为：

```
[begin_label:]
LOOP
    语句
END LOOP [end_label]
```

说明：LOOP 允许某特定语句或语句群的重复执行，实现一个简单的循环构造。在循环内的语句一直重复至循环被退出，退出时通常伴随着一个 LEAVE 语句。

LEAVE 语句经常和 BEGIN…END 或循环一起使用，结构如下：

```
LEAVE label
```

label 是语句中标注的名字，这个名字是自定义的。加上 LEAVE 关键字就可以用来退出被标注的循环语句。

【例 7.5】 创建一个带 LOOP 语句的存储过程。

```
delimiter $$
create procedure doloop()
begin
    set @a=10;
    label: loop
        set @a=@a-1;
        if @a<0 then
            leave label;
        end if;
    end loop label;
end$$
delimiter;
```

说明：首先定义了一个用户变量并赋值为 10，接着进入 LOOP 循环，标注为 Label，执行减 1 语句，然后判断用户变量 a 是否小于 0，是则使用 LEAVE 语句跳出循环。

调用此存储过程来查看最后结果。调用该存储过程使用如下命令：

```
call doloop();
```

接着，查看用户变量的值：

```
select @a;
```

执行结果如图 7.1 所示。

可以看到，用户变量 a 的值已经变成−1 了。

另外，循环语句中还有一个 ITERATE 语句，它只可以出现在 LOOP、REPEAT 和

图 7.1　例 7.5 执行结果

WHILE 语句内,意为"再次循环"。其格式为:

```
ITERATE label
```

说明:LEAVE 语句是离开一个循环,而 ITERATE 语句是重新开始一个循环。

5. 处理程序和条件

在存储过程中处理 SQL 语句可能导致一条错误消息。例如,向一个表中插入新的行而主键值已经存在,这条 INSERT 语句会导致一个出错消息,并且 MySQL 立即停止对存储过程的处理。每一个错误消息都有一个唯一代码和一个 SQLSTATE 代码。例如,SQLSTATE 23000 属于如下的出错代码:

```
Error 1022, "Can't write;duplicate key in table"
Error 1048, "Column cannot be null"
Error 1052, "Column is ambiguous"
Error 1062, "Duplicate entry for key"
```

MySQL 手册的"错误消息和代码"中列出了所有的出错消息及它们各自的代码。

为了防止 MySQL 在一条错误消息产生时就停止处理,需要使用 DECLARE HANDLER 语句。

DECLARE HANDLER 语句为错误代码声明了一个所谓的处理程序,它指明:对一条 SQL 语句的处理如果导致一条错误消息,将会发生什么。

DECLARE HANDLER 语法格式为:

```
DECLARE 处理程序的类型 HANDLER FOR condition_value[,...] 存储过程语句
```

1) 处理程序的类型

处理程序的类型主要有三种: CONTINUE、EXIT 和 UNDO。对 CONTINUE 处理程序,MySQL 不中断存储过程的处理。对于 EXIT 处理程序,当前 BEGIN…END 复合语句的执行被终止。UNDO 处理程序类型语句暂时还不被支持。

2) condition_value

```
condition_value:
    SQLSTATE [VALUE] sqlstate_value
|condition_name
|SQLWARNING
|NOT FOUND
|SQLEXCEPTION
|mysql_error_code
```

condition_value 给出 SQLSTATE 的代码表示。

condition_name 是处理条件的名称,接下来会介绍。

SQLWARNING 是对所有以 01 开头的 SQLSTATE 代码的速记。NOT FOUND 是对所有以 02 开头的 SQLSTATE 代码的速记。SQLEXCEPTION 是对所有没有被 SQLWARNING 或 NOT FOUND 捕获的 SQLSTATE 代码的速记。当用户不想为每个可能的出错消息都定义一个处理程序时,可以使用以上三种形式。

mysql_error_code 是具体的 SQLSTATE 代码。除了 SQLSTATE 值外,MySQL 错误代码也被支持,表示的形式为: ERROR='xxxx'.

3) 存储过程语句

存储过程语句是处理程序激活时将要执行的动作。

【例 7.6】　创建一个存储过程,向 xs 表插入一行数据('081101','王民','计算机',1,'1994-02-10',50,NULL,NULL),已知学号 081101 在 XS 表中已存在。如果出现错误,则程序继续进行。

```
use xscj;
delimiter $$
create procedure my_insert ()
begin
    declare continue handler for sqlstate '23000' set @x2=1;
    set @x=2;
    insert into xs values('081101', '王民', '计算机', 1, '1994-02-10', 50 , null,
    null);
    set @x=3;
end$$
delimiter;
```

调用存储过程查看结果的语法格式为:

```
call my_insert();
select @x;
```

执行结果如图 7.2 所示。

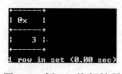

图 7.2　例 7.6 执行结果

说明:在调用存储过程后,未遇到错误消息时处理程序未被激活,当执行 INSERT 语句出现出错消息时,MySQL 检查是否为这个错误代码定义了处理程序。如果有,则激活该处理程序,本例中,INSERT 语句导致的错误消息刚好是 SQLSTATE 代码中的一条。接下来执行处理程序的附加语句(SET @x2=1)。此后,MySQL 检查处理程序的类型,这里的类型为 CONTINUE,因此存储过程继续处理,将用户变量 x 赋值为 3。如果这里的 INSERT 语句能够执行,处理程序将不被激活,用户变量 x2 将不被赋值。

注意:不能为同一个出错消息在同一个 BEGIN…END 语句块中定义两个或更多的处理程序。

为了提高可读性,可以使用 DECLARE CONDITION 语句为一个 SQLSTATE 或出错代码定义一个名字,并且可以在处理程序中使用这个名字。

DECLARE CONDITION 语法格式为:

```
DECLARE condition_name CONDITION FOR condition_value
```

说明:condition_name 是处理条件的名称,condition_value 为要定义别名的 SQLSTATE 或出错代码。同 DECLARE HANDLER。

【例 7.7】　修改前例中的存储过程,将 SQLSTATE '23000' 定义成 NON_UNIQUE,并在处理程序中使用这个名称,程序片段为:

```
begin
    declare non_unique condition for sqlstate '23000';
    declare continue handler for non_unique set @x2=1;
    set @x=2;
    insert into xs values('081101', '王民', '计算机', 1, '1994-02-10', 50 , null,
null);
    set @x=3;
end;
```

6. 游标

一条 SELECT…INTO 语句返回的是带有值的一行,这样可以把数据读取到存储过程中。但是常规的 SELECT 语句返回的是多行数据,如果要处理它需要引入游标这一概念。

MySQL 支持简单的游标。游标一定要在存储过程或函数中使用,不能单独在查询中使用。使用一个游标需要用到 4 条特殊语句:DECLARE CURSOR(声明游标)、OPEN CURSOR(打开游标)、FETCH CURSOR(读取游标)和 CLOSE CURSOR(关闭游标)。

如果使用了 DECLARE CURSOR 语句声明了一个游标,这样就把它连接到了一个由 SELECT 语句返回的结果集中。使用 OPEN CORSOR 语句打开这个游标。接着可以用 FETCH CURSOR 语句把产生的结果一行一行地读取到存储过程或存储函数中去。游标相当于一个指针,它指向当前的一行数据,使用 FETCH CORSOR 语句可以把游标移动到下一行。当处理完所有的行时,使用 CLOSE CURSOR 语句关闭这个游标。

1) 声明游标

声明游标的语法格式为:

```
DECLARE 游标名 CURSOR FOR select 语句
```

说明:这个语句声明一个游标,也可以在存储过程中定义多个游标。但是,一个块中的每一个游标必须有唯一的名字。

注意:这里的 SELECT 语句不能有 INTO 子句。

下面的定义符合一个游标声明:

```
declare xs_cur1 cursor for
    select 学号,姓名,性别,出生日期,总学分
        from xs
        where 专业名='计算机';
```

注意：游标只能在存储过程或存储函数中使用，例子中语句无法单独运行。

2）打开游标

声明游标后，要使用游标从中提取数据，就必须先打开游标。使用 OPEN 语句打开游标，其语法格式为：

```
OPEN 游标名 e
```

在程序中，一个游标可以打开多次，由于其他的用户或程序可能在其间已经更新了表，所以每次打开的结果可能不同。

3）读取数据

游标打开后，就可以使用 FETCH…INTO 语句从中读取数据。其语法格式为：

```
FETCH 游标名 INTO 变量名 ...
```

说明：FETCH…INTO 语句与 SELECT…INTO 语句具有相同的意义，FETCH 语句是将游标指向的一行数据赋给一些变量，子句中变量的数目必须等于声明游标时 SELECT 子句中列的数目。变量名指定为存放数据的变量。

4）关闭游标

游标使用完以后，要及时关闭。关闭游标使用 CLOSE 语句，其语法格式为：

```
CLOSE 游标名
```

语句参数的含义与 OPEN 语句中相同。例如：

```
CLOSE xs_cur2
```

将关闭游标 xs_cur2。

【例 7.8】　创建一个存储过程，计算 xs 表中行的数目。

```
delimiter $$
create procedure compute (out number integer)
begin
    declare xh char(6);
    declare found boolean default true;
    declare number_xs cursor for
        select 学号 from xs;
    declare continue handler for not found
        set found=false;
    set number=0;
    open number_xs;
    fetch number_xs into xh;
    while found do
        set number=number+1;
        fetch number_xs into xh;
```

```
    end while;
    close number_xs;
end$$
delimiter;
```

调用此存储过程并查看结果：

```
call compute(@num);
select @num;
```

执行结果如图 7.3 所示。

说明：这个例子也可以直接使用 COUNT 函数来解决，这里只是为了说明如何使用一个游标而已。

注意：在 MySQL 5.6 中，创建存储过程用户必须具有 CREATE ROUTINE 权限。

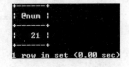

图 7.3　例 7.8 执行结果

另外，要想查看数据库中有哪些存储过程，可以使用 SHOW PROCEDURE STATUS 命令。要查看某个存储过程的具体信息，可使用 SHOW CREATE PROCEDURE 存储过程名命令。

7.1.3　存储过程的调用、删除和修改

1. 存储过程的调用

存储过程创建完后，可以在程序、触发器或者其他存储过程中被调用，但是都必须使用到 CALL 语句，前面已简单介绍了 CALL 语句的形式，本节重点介绍它。其语法格式为：

```
CALL 存储过程名([参数 ...])
```

说明：如果要调用某个特定数据库的存储过程，则需要在前面加上该数据库的名称。另外，语句中的参数个数必须总是等于存储过程的参数个数。

【**例 7.9**】　创建存储过程，实现查询 xs 表中学生人数的功能，该存储过程不带参数。

```
use xscj;
create procedure do_query()
    select count(*) from xs order by 学号;
```

调用该存储过程：

```
call do_query();
```

执行结果如图 7.4 所示。

【**例 7.10**】　创建 xscj 数据库的存储过程，判断两个输入的参数哪一个更大。调用该存储过程。

（1）创建存储过程。

```
delimiter $$
create procedure xscj.compar
```

```
                (in k1 integer, in k2 integer, out k3 char(6))
begin
    if k1>k2 then
        set k3='大于';
    elseif k1=k2 then
        set k3='等于';
    else
        set k3='小于';
    end if;
end$$
delimiter;
```

（2）调用存储过程。

```
call compar(3, 6, @k);
select @k;
```

执行结果如图 7.5 所示。

图 7.4　例 7.9 执行结果

图 7.5　例 7.10 执行结果

说明：3 和 6 对应输入参数 k1 和 k2，用户变量 k 对应输出参数 k3。可以看到，由于 3＜6，输出参数 k 的值就为“小于”。

【例 7.11】　创建一个存储过程，有两个输入参数：xh 和 kcm，要求当某学生某门课程的成绩小于 60 分时将其学分修改为 0，大于或等于 60 分时将学分修改为此课程的学分。

```
delimiter $$
create procedure xscj.do_update(in xh char(6), in kcm char(16))
begin
    declare kch char(3);
    declare xf tinyint;
    declare cj tinyint;
    select 课程号, 学分 into kch, xf from kc where 课程名=kcm;
    select 成绩 into cj from xs_kc where 学号=xh and 课程号=kch;
    if cj<60 then
        update xs_kc set 学分=0 where 学号=xh and 课程号=kch;
    else
        update xs_kc set 学分=xf where 学号=xh and 课程号=kch;
    end if;
end$$
delimiter;
```

接下来向 xs_kc 表中输入一行数据：

```
insert into xs_kc values('081101', '208', 50, 10);
```

然后，再调用存储过程并查询调用结果：

```
call do_update('081101', '数据结构');
    select * from xs_kc where 学号='081101' and
课程号='208';
```

执行结果如图 7.6 所示。

可以看到，成绩小于 60 分时，学分已经被修改为 0。

【例 7.12】　创建一个存储过程 do_insert1，作用是向 xs 表中插入一行数据；再创建另外一个存储过程 do_insert2，在其中调用第一个存储过程，并根据条件处理该行数据。

图 7.6　例 7.11 执行结果

创建第一个存储过程：

```
create procedure xscj.do_insert1()
    insert into xs values('091101', '陶伟', '软件工程', 1, '1994-03-05', 50, null,
    null);
```

创建第二个存储过程：

```
delimiter $$
create procedure xscj.do_insert2(in x bit(1), out str char(8))
begin
    call do_insert1();
    if x=0 then
        update xs set 姓名='刘英', 性别=0 where 学号='091101';
        set str='修改成功';
    elseif x=1 then
        delete from xs where 学号='091101';
        set str='删除成功';
    end if;
end$$
delimiter;
```

接下来调用存储过程 do_insert2 来查看结果：

```
call do_insert2(1, @str);
select @str;
```

执行结果如图 7.7 所示。

```
call do_insert2(0, @str);
select @str;
```

上述语句的执行结果如图 7.8 所示。

图 7.7　例 7.12 执行结果一　　　　　　　　图 7.8　例 7.12 执行结果二

2. 存储过程的删除

创建存储过程后在需要删除时应使用 DROP PROCEDURE 语句。在此之前，必须确认该存储过程没有任何依赖关系，否则会导致其他与之关联的存储过程无法运行。

删除存储过程的语法格式为：

```
DROP PROCEDURE [IF EXISTS] 存储过程名
```

说明：存储过程名是要删除的存储过程的名称。IF EXISTS 子句是 MySQL 的扩展，它用于防止在程序或函数不存在时发生错误。

例如，删除存储过程 dowhile，命令如下：

```
drop procedure if exists dowhile;
```

3. 存储过程的修改

使用 ALTER PROCEDURE 语句可以修改存储过程的某些特征。其语法格式为：

```
ALTER PROCEDURE 存储过程名 [特征 ...]
```

特征：

```
{CONTAINS SQL|NO SQL|READS SQL DATA|MODIFIES SQL DATA}
|SQL SECURITY {DEFINER|INVOKER}
|COMMENT 'string'
```

如果要修改存储过程的内容，可以使用先删除再重新定义存储过程的方法。

【例 7.13】 使用先删除后修改的方法修改存储过程。

```
delimiter $$
drop procedure if exists do_query;
create procedure do_query()
begin
    select * from xs;
end$$
delimiter;
```

完成后可调用：

```
call do_query();
```

我们会发现，该存储过程的作用由原先的只查询 xs 表学生人数，扩展为查询整个 xs 表全体学生的信息。

7.2　存储函数

存储函数与存储过程很相似，也是由 SQL 和过程式语句组成的代码片段，并且可以从应用程序和 SQL 中调用。然而，它们也有一些区别：

（1）存储函数不能拥有输出参数，因为存储函数本身就是输出参数。

（2）不能用 CALL 语句来调用存储函数。

（3）存储函数必须包含一条 RETURN 语句，而这条特殊的 SQL 语句不允许包含在存储过程中。

7.2.1　创建存储函数

创建存储函数使用 CREATE FUNCTION 语句。要查看数据库中有哪些存储函数，可以使用 SHOW FUNCTION STATUS 命令。

CREATE FUNCTION 的语法格式为：

```
CREATE FUNCTION 存储过程名 （[参数 ...]）
    RETURNS type
    [特征 ...]    主体
```

说明：*存储函数的定义格式和存储过程相差不大。*

- *存储函数不能拥有与存储过程相同的名字。*
- *存储函数的参数只有名称和类型，不能指定 IN、OUT 和 INOUT。RETURNS type 子句声明函数返回值的数据类型。*
- *主体又称存储函数体，所有在存储过程中使用的 SQL 语句在存储函数中也适用，包括流程控制语句、游标等。但是，存储函数体中必须包含一个 RETURN value 语句，value 为存储函数的返回值。这是存储过程体中没有的。*

下面举一些存储函数的例子。

【例 7.14】　创建一个存储函数，它返回 xs 表中学生的数目作为结果。

```
delimiter $$
create function num_of_xs()
returns integer
begin
    return (select count(*) from xs);
end$$
delimiter;
```

说明：RETURN 子句中包含 SELECT 语句时，SELECT 语句的返回结果只能是一行且只能有一列值。

【例 7.15】 创建一个存储函数，返回某个学生的姓名。

```
delimiter $$
create function name_of_stu(xh char(6))
returns char(8)
begin
    return (select 姓名 from xs where 学号=xh);
end$$
delimiter;
```

【例 7.16】 创建一个存储函数来删除 xs_kc 表中存在但 xs 表中不存在的学号。

```
delimiter $$
create function delete_stu(xh char(6))
    returns boolean
begin
    declare stu char(6);
    select 姓名 into stu from xs where 学号=xh;
    if stu is null then
        delete from xs_kc where 学号=xh;
        return true;
    else
        return false;
    end if;
end$$
delimiter;
```

说明：如果调用存储函数时，参数中的学号在 xs 表中不存在，那么将删除 xs_kc 表中所有与该学号相关的行，之后返回 1。如果学号在 xs 中存在，则直接返回 0。

7.2.2 存储函数的调用、删除和修改

1. 存储函数的调用

存储函数创建完后，就如同系统提供的内置函数（如 VERSION 函数），所以调用存储函数的方法也差不多，都是使用 SELECT 关键字。其语法格式为：

```
SELECT 存储函数名 ([参数[,...]])
```

例如，无参数调用存储函数。命令如下：

```
select num_of_xs();
```

执行结果如图 7.9 所示。

例如，有参数调用存储函数。命令如下：

```
select name_of_stu('081106');
```

执行结果如图 7.10 所示。

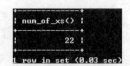

图 7.9　无参数调用存储函数举例　　　　图 7.10　有参数调用存储函数举例

存储函数中还可以调用另外一个存储函数或存储过程。

【例 7.17】　创建一个存储函数,通过调用存储函数 NAME_OF_STU 获得学号的姓名,判断姓名是否是"王林",是则返回王林的出生日期,不是则返回 FALSE。

```
delimiter $$
create function is_stu(xh char(6))
    returns char(10)
begin
    declare name char(8);
    select name_of_stu(xh) into name;
    if name='王林' then
        return(select 出生日期 from xs where 学号=xh);
    else
        return 'false';
    end if;
end$$
delimiter;
```

接着调用存储函数 is_stu 查看结果:

```
select is_stu('081102');
```

```
select is_stu('081101');
```

上述语句的执行结果分别如图 7.11 所示和图 7.12 所示。

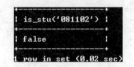
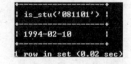

图 7.11　例 7.17 执行结果一　　　　图 7.12　例 7.17 执行结果二

2. 删除存储函数

删除存储函数与删除存储过程的方法基本一样,都使用 DROP FUNCTION 语句。其语法格式为:

```
DROP FUNCTION [IF EXISTS] 存储过程名
```

例如，删除存储函数 num_of_xs。

```
drop function if exists num_of_xs;
```

完成后读者可使用 SHOW FUNCTION STATUS 查看一下，已经没有这个函数了。

使用 ALTER FUNCTION 语句可以修改存储函数的特征。其语法格式为：

```
ALTER FUNCTION 存储过程名［特征 ...］
```

当然，要修改存储函数的内容则要采用先删除、后定义的方法。

7.3 触发器

触发器是一个被指定关联到一个表的数据对象，触发器是不需要调用的，当对一个表的特别事件出现时，它就会被激活。触发器的代码也是由声明式和过程式的 SQL 语句组成，因此用在存储过程中的语句也可以用在触发器的定义中。在当前的 MySQL 中，触发器的功能还不够全面，以后的版本有望逐步改进。

触发器与表的关系密切，用于保护表中的数据。当有操作影响到触发器保护的数据时，触发器自动执行，例如通过触发器实现多个表间数据的一致性。当对表执行 INSERT、DELETE 或 UPDATE 操作时，将激活触发器。

利用触发器可以方便地实现数据库中数据的完整性。例如，对于 xscj 数据库有 xs 表、xs_kc 表和 kc 表，当要删除 xs 表中一个学生的数据时，该学生在 xs_kc 表中对应的记录也相应地被删除，这样才不会出现不一致的冗余数据。可通过定义 DELETE 触发器来实现上述功能。

1. 创建触发器

创建触发器使用 CREATE TRIGGER 语句，要查看数据库中有哪些触发器使用 SHOW TRIGGERS 命令。

CREATE TRIGGER 的语法格式为：

```
CREATE TRIGGER 触发器名 触发时刻 触发事件
    ON 表名 FOR EACH ROW 触发器动作
```

说明：

- 触发器名称在当前数据库中必须唯一。如果要在某个特定数据库中创建，名称前面应该加上数据库的名称。
- 关于触发时刻，有两个选项：AFTER 和 BEFORE，以表示触发器是在激活它的语句之前或之后触发。如果想要在激活触发器的语句执行后执行几个或更多的改变，通常使用 AFTER 选项；如果想要验证新数据是否满足使用的限制，则使用 BEFORE 选项。
- 触发事件：指明了激活触发程序的语句的类型。可以是下述值之一：
  INSERT——将新行插入表时激活触发器。例如，通过 INSERT、LOAD DATA 和 REPLACE 语句。

UPDATE——更改某一行时激活触发器。例如，通过 UPDATE 语句。

DELETE——从表中删除某一行时激活触发器。例如，通过 DELETE 和 REPLACE
语句。

- 表名：表示在该表上发生触发事件才会激活触发器。同一个表不能拥有两个具有相
  同触发时刻和事件的触发器。例如，某个表不能有两个 BEFORE UPDATE 触发
  器，但可有一个 BEFORE UPDATE 触发器和一个 BEFORE INSERT 触发器，或一
  个 BEFORE UPDATE 触发器和一个 AFTER UPDATE 触发器。
- FOR EACH ROW：这个声明用来指定，对于受触发事件影响的每一行，都要激活触
  发器的动作。例如，使用一条语句向一个表中添加若干行，触发器会对每一行执行
  相应触发器动作。
- 触发器动作：包含触发器激活时将要执行的语句。如果要执行多个语句，可使用
  BEGIN…END 复合语句结构。这样，就能使用存储过程中允许的相同语句。

注意：触发器不能返回任何结果到客户端，为了阻止从触发器返回结果，不要在触发器
定义中包含 SELECT 语句。同样，也不能调用将数据返回客户端的存储过程。

【例 7.18】 创建一个表 table1，其中只有一列 a。在表上创建一个触发器，每次插入操
作时，将用户变量 str 的值设为"trigger is working"。

```
create table table1(a integer);
create trigger table1_insert after insert
    on table1 for each row
    set @str=' trigger is working ';
```

向 table1 中插入一行数据：

```
insert into table1 values(10);
```

查看 str 的值：

```
select @str;
```

执行结果如图 7.13 所示。

1）在触发器中关联表中的列

在 MySQL 触发器中的 SQL 语句可以关联表中的任意
列。但不能直接使用列的名称作为标志，那会使系统混淆，因
为激活触发器的语句可能已经修改、删除或添加了新的列名，
而列的旧名同时存在。因此，必须用这样的语法来标志：

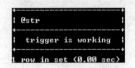

图 7.13　例 7.18 执行结果

NEW.column_name 或者 OLD.column_name。NEW.column_name 用来引用新行的一列，
OLD.column_name 用来引用更新或删除它之前的已有行的一列。

对于 INSERT 语句，只有 NEW 是合法的；对于 DELETE 语句，只有 OLD 才合法；而
UPDATE 语句可以与 NEW 或 OLD 同时使用。

【例 7.19】 创建一个触发器，当删除表 xs 中某个学生的信息时，同时将 xs_kc 表中与
该学生有关的数据全部删除。

```
delimiter $$
create trigger xs_delete after delete
    on xs for each row
begin
    delete from xs_kc where 学号=old.学号;
end$$
delimiter;
```

现在验证一下触发器的功能：

```
delete from xs where 学号='081101';
```

使用 SELECT 语句查看 xs_kc 表中的情况：

```
select * from xs_kc;
```

这时可以发现，学号 081101 的学生在 xs_kc 表中的所有信息已经被删除了。为了继续下面的例子，建议将此处删除的数据恢复。

【例 7.20】　创建一个触发器，当修改 xs_kc 表中数据时，如果修改后的成绩小于 60 分，则触发器将该成绩对应的课程学分修改为 0，否则将学分改成对应课程的学分。

```
delimiter $$
create trigger xs_kc_update before update
    on xs_kc for each row
begin
    declare xf int(1);
    select 学分 into xf from kc where 课程号=new.课程号;
    if new.成绩<60 then
        set new.学分=0;
    else
        set new.学分=xf;
    end if;
end$$
delimiter;
```

注意：当触发器涉及对触发表自身的更新操作时，只能使用 BEFORE，AFTER 触发器将不被允许。

【例 7.21】　创建触发器，实现当向 xs_kc 表插入一行数据时，根据成绩对 xs 表的总学分进行修改。如果成绩≥60，则总学分加上该课程的学分，否则总学分不变。

```
delimiter $$
create trigger xs_kc_zxf after insert
    on xs_kc for each row
begin
    declare xf int(1);
```

```
    select 学分 into xf from kc where 课程号=new.课程号;
    if new.成绩>=60 then
        update xs set 总学分=总学分+xf where 学号=new.学号;
    end if;
end$$
delimiter;
```

本例结果自行验证。

2）在触发器中调用存储过程

在触发器中还可以调用存储过程。

【例 7.22】　假设 xscj 数据库中有一个与 xs 表结构完全一样的表 student，创建一个触发器，在 xs 表中添加数据的时候，调用存储过程，将 student 表中的数据与 xs 表同步。

首先，定义存储过程：

```
delimiter $$
create procedure changes()
begin
    replace into student select * from xs;
end$$
delimiter;
```

然后，创建触发器：

```
create trigger student_change after insert
    on xs for each row
        call changes();
```

验证：

```
insert into xs
    values('091102', '王大庆', '计算机', 1, '1994-08-14', 48, null,null);
select * from student;
```

执行结果如图 7.14 所示。

mysql> select * from student;

学号	姓名	专业名	性别	出生日期	总学分	照片	备注
081101	王林	计算机	1	1994-02-10	50	NULL	NULL
081102	程明	计算机	1	1995-02-01	50	NULL	NULL
091102	王大庆	计算机	1	1994-08-14	48	NULL	NULL

23 rows in set (0.00 sec)

图 7.14　例 7.22 执行结果

可见，student 表中数据已经和 xs 表完全相同，为了 xs 表和 student 的数据真正同步，还可以定义一个 UPDATE 触发器和 DELETE 触发器。

2. 触发器删除

和其他数据库对象一样，使用 DROP 语句即可将触发器从数据库中删除。其语法格式为：

```
DROP TRIGGER [schema_name.]trigger_name
```

说明：trigger_name：指要删除的触发器名称。schema_name 为所在数据库的名称，如果在当前数据库，则可以省略。

例如，删除触发器 xs_delete。

```
use xscj
drop trigger xs_delete;
```

7.4 事件

从 MySQL 5.6 开始已经支持事件，不同的版本可用的功能可能会有所不同。这里简单介绍 MySQL 5.6 版本的功能。

MySQL 在应用程序要求执行的时候才会执行一条 SQL 语句或开始一个存储过程，触发器也是由一个应用程序间接调用的。

事件是 MySQL 在相应的时刻调用的过程式数据库对象。一个事件可以只调用一次，例如在 2014 年的 10 月 1 日下午 2 点。一个事件也能周期性地启动，例如每周日晚上 8 点。

事件和触发器相似，都是在某些事情发生的时候启动。当在数据库上启动一条触发语句的时候，触发器就启动了；而事件是根据调度事件来启动的。由于它们彼此相似，所以事件也称为临时性触发器（temporal trigger）。

事件的主要作用如下：

（1）关闭账户。

（2）打开或关闭数据库指示器。

（3）使数据库中的数据在某个间隔后刷新。

（4）执行对进入数据的复杂的检查工作。

7.4.1 创建事件

创建事件可以使用 CREATE EVENT 语句，其语法格式为：

```
CREATE EVENT [IF NOT EXISTS] 事件名
    ON SCHEDULE schedule
    [ON COMPLETION [NOT] PRESERVE]
    [ENABLE|DISABLE|DISABLE ON SLAVE]
    [COMMENT 'comment']
    DO sql 语句;
```

schedule:

```
AT timestamp [+INTERVAL interval]
|EVERY interval
[STARTS timestamp [+INTERVAL interval]]
[ENDS timestamp [+INTERVAL interval]]
interval:
count { YEAR|QUARTER|MONTH|DAY|HOUR|MINUTE|
    WEEK|SECOND|YEAR_MONTH|DAY_HOUR|DAY_MINUTE|
    DAY_SECOND|HOUR_MINUTE|HOUR_SECOND|MINUTE_SECOND}
```

说明：

（1）schedule：时间调度，表示事件何时发生或者每隔多久发生一次。

● AT 子句：表示在某个时刻事件发生。timestamp 表示一个具体的时间点，后面可以加上一个时间间隔，表示在这个时间间隔后事件发生。interval 表示这个时间间隔，由一个数值和单位构成，count 是间隔时间的数值。

● EVERY 子句：表示在指定时间区间内每隔多长时间事件发生一次。STARTS 子句指定开始时间，ENDS 子句指定结束时间。

（2）sql 语句：包含事件启动时执行的代码。如果包含多条语句，可以使用 BEGIN…END 复合结构。

（3）事件的属性：对于每一个事件都可以定义几个属性。

● ON COMPLETION [NOT] PRESERVE：ON COMPLETION NOT PRESERVE 表示事件最后一次调用后将自动删除该事件。ON COMPLETION PRESERVE 则表示事件最后一次调用后将保留该事件。默认为 ON COMPLETION NOT PRESERVE。

● ENABLE|DISABLE|DISABLE ON SLAVE：ENABLE 表示该事件是活动的，活动意味着调度器检查事件动作是否必须调用。DISABLE 表示该事件是关闭的，关闭意味着事件的声明存储到目录中，但是调度器不会检查它是否应该调用。DISABLE ON SLAVE 表示事件在从机中是关闭的。如果不指定任何选项，在一个事件创建之后，它立即变为活动的。

一个打开的事件可以执行一次或多次。一个事件的执行称为调用事件。每次调用一个事件，MySQL 都处理事件动作。

MySQL 事件调度器负责调用事件。这个模块是 MySQL 数据库服务器的一部分。它不断地监视一个事件是否需要调用。要创建事件，必须打开调度器。可以使用系统变量 EVENT_SCHEDULER 来打开事件调度器，TRUE 为打开，FALSE 为关闭。例如：

```
SET GLOBAL EVENT_SCHEDULER=TRUE;
```

【例 7.23】　创建一个立即启动的事件。

```
use xscj
create event direct
```

```
on schedule at now()
do insert into xs values('091103', '张建', '软件工程', 1, '1994-06-05', 50,
null,null);
```

说明：这个事件只调用一次，在事件创建之后立即调用。

【**例 7.24**】　创建一个 30 秒后启动的事件。

```
create event thrityseconds
    on schedule at now()+interval 30 second
    do
        insert into xs values('091104', '陈建', '软件工程', 1, '1994-08-16', 50,
        null,null);
```

【**例 7.25**】　创建一个事件，它每个月启动一次，开始于下一个月并且在 2014 年的 12 月
31 日结束。

```
delimiter $$
create event startmonth
    on schedule every 1 month
        starts curdate()+interval 1 month
    ends '2014-12-31'
    do
    begin
        if year(curdate())<2014 then
            insert into xs values('091105', '王建', '软件工程', 1, '1994-03-16',
            48,null,null);
        end if;
    end$$
delimiter;
```

7.4.2　修改和删除事件

1. 修改事件

事件在创建后可以通过 ALTER EVENT 语句来修改其定义和相关属性，其语法格
式为：

```
ALTER EVENT event_name
    [ON SCHEDULE schedule]
    [ON COMPLETION [NOT] PRESERVE]
    [RENAME TO new_event_name]
    [ENABLE|DISABLE|DISABLE ON SLAVE]
    [COMMENT 'comment']
    [DO sql_statement]
```

说明：ALTER EVENT 语句与 CREATE EVENT 语句格式相仿，用户可使用一条

ALTER EVENT 语句让一个事件关闭或再次让它活动。当然,如果一个事件最后一次调用后已经不存在了就无法修改了。用户还可使用一条 RENAME TO 子句修改事件的名称。

【例 7.26】 将事件 startmonth 的名字改成 firstmonth。

```
alter event startmonth
    rename to firstmonth;
```

可以使用 SHOW EVENTS 命令查看修改结果,如图 7.15 所示。

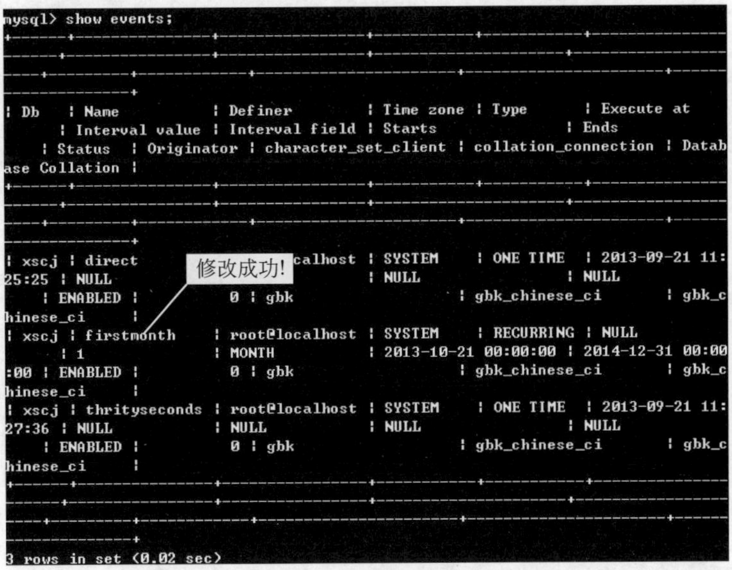

图 7.15　例 7.26 执行结果

2. 删除事件

删除事件的语法格式为:

```
DROP EVENT [IF EXISTS][database name.] event name
```

例如,删除名为 direct 的事件,命令如下:

```
drop event direct;
```

同样,可使用 SHOW EVENTS 命令查看操作结果。

习题 7

1. 简要说明存储过程的特点及分类。
2. 举例说明存储过程的使用。
3. 举例说明存储函数的定义与调用。
4. 举例说明触发器的使用。
5. 简要说明事件的主要作用。

CHAPTER 第 8 章
MySQL 数据库备份与恢复

尽管系统中采取了各种措施来保证数据库的安全性和完整性,在异常情况下,会影响数据正确性,甚至会破坏数据库,使数据库中的数据部分或全部丢失。因此,DBMS 都提供了把数据库从错误状态返回到某一正确状态的功能,这种功能称为恢复。数据库的恢复是以备份为基础的,MySQL 的备份和恢复组件为存储在 MySQL 数据库中的关键数据提供了重要的保护手段。本章着重讨论备份恢复策略和过程。

8.1 基本概念

数据库中的数据丢失或被破坏可能是由以下原因造成:

(1) 计算机硬件故障。由于使用不当或产品质量等原因,计算机硬件可能会出现故障,不能使用。例如,硬盘损坏会使得存储于其上的数据丢失。

(2) 软件故障。由于软件设计上的失误或用户使用不当,软件系统可能会误操作引起数据破坏。

(3) 病毒。破坏性病毒会破坏系统软件、硬件和数据。

(4) 误操作。例如,用户误使用了如 DROP DATABASE、DROP TABLE、DELETE、UPDATE 等命令而引起数据丢失或破坏。

(5) 自然灾害。例如,火灾、洪水或地震等,它们会造成极大的破坏,毁坏计算机系统及其数据。

(6) 盗窃。一些重要数据可能会遭窃。

因此,必须制作数据库的副本,即进行数据库备份,在数据库遭到破坏时能够修复数据库,即进行数据库恢复,数据库恢复就是把数据库从错误状态恢复到某一正确状态。

备份和恢复数据库也可以用于其他目的,如可以通过备份与恢复将数据库从一个服务器移动或复制到另一个服务器。

MySQL 有三种保证数据安全的方法。

(1) 数据库备份:通过导出数据或者表文件的副本来保护数据。

(2) 二进制日志文件:保存更新数据的所有语句。

(3) 数据库复制:MySQL 内部复制功能建立在两个或两个以上服务器之间,通过设定它们之间的主从关系来实现。其中一个作为主服务器,其他的作为从服务器。

本章主要介绍前两种方法。

8.2　常用的备份恢复方法

数据库备份是最简单的保护数据的方法,本节将介绍多种备份方法。

8.2.1　使用 SQL 语句:导出或导入表数据

用户可以使用 SELECT INTO…OUTFILE 语句把表数据导出到一个文本文件中,并用 LOAD DATA…INFILE 语句恢复数据。但是,这种方法只能导出或导入数据的内容,不包括表的结构。如果表的结构文件损坏,则必须先恢复原来的表的结构。

1. 导出表数据

SELECT INTO…OUTFILE 的语法格式为:

```
SELECT * INTO OUTFILE '文件名 1'
[FIELDS
    [TERMINATED BY 'string']
    [[OPTIONALLY] ENCLOSED BY 'char']
    [ESCAPED BY 'char']
]
[LINES TERMINATED BY 'string']
|DUMPFILE '文件名 2'
```

说明:

(1) 这个语句的作用是将表中 SELECT 语句选中的行写入一个文件中。文件默认在服务器主机上创建,并且文件存在原文件将被覆盖。如果要将该文件写入一个特定的位置,则要在文件名前加上具体的路径。在文件中,数据行以一定的形式存放,空值用\N 表示。

(2) 使用 OUTFILE 时,可以在 export_options 中加入以下两个自选的子句,它们的作用是决定数据行在文件中存放的格式。

(3) FIELDS 子句:在 FIELDS 子句中有三个亚子句,即 TERMINATED BY、[OPTIONALLY] ENCLOSED BY 和 ESCAPED BY。如果指定了 FIELDS 子句,则这三个亚子句中至少要指定一个。

- TERMINATED BY 用来指定字段值之间的符号。例如,"TERMINATED BY ','"指定了逗号作为两个字段值之间的标志。
- ENCLOSED BY 子句用来指定包裹文件中字符值的符号。例如,"ENCLOSED BY '"'"表示文件中字符值放在双引号之间,若加上关键字 OPTIONALLY 则表示所有的值都放在双引号之间。
- ESCAPED BY 子句用来指定转义字符。例如,"ESCAPED BY '*'"将"*"指定为转义字符来取代\,如空格将表示为 * N。

(4) LINES 子句:在 LINES 子句中使用 TERMINATED BY 指定一行结束的标志。例如,"LINES TERMINATED BY '?'"表示一行以问号"?"作为结束标志。

如果 FIELDS 和 LINES 子句都不指定，则默认使用以下子句：

```
FIELDS TERMINATED BY '\t' ENCLOSED BY '' ESCAPED BY '\\'
LINES TERMINATED BY '\n'
```

如果使用 DUMPFILE 而不是使用 OUTFILE，所导出文件中的所有行都彼此紧挨着放置，值和行之间没有任何标记，形成了一个长长的值。

2. 导入表数据

LOAD DATA …INFILE 语句可以将 SELECT INTO…OUTFILE 语句导出的一个文件中的数据导入数据库中。

LOAD DATA …INFILE 的语法格式为：

```
LOAD DATA [LOW_PRIORITY|CONCURRENT][LOCAL] INFILE '文件名.txt'
    [REPLACE|IGNORE]
    INTO TABLE 表名
    [FIELDS
        [TERMINATED BY 'string']
        [[OPTIONALLY] ENCLOSED BY 'char']
        [ESCAPED BY 'char']
    ]
    [LINES
        [STARTING BY 'string']
        [TERMINATED BY 'string']
    ]
    [IGNORE number LINES]
    [(列名或用户变量, ...)]
    [SET 列名=表达式, ...)]
```

说明：

- LOW_PRIORITY|CONCURRENT：若指定 LOW_PRIORITY，则延迟语句的执行。若指定 CONCURRENT，则当 LOAD DATA 正在执行的时候，其他线程可以同时使用该表的数据。

- LOCAL：若指定了 LOCAL，则文件会被客户主机上的客户端读取，并被发送到服务器。文件会被赋予一个完整的路径名称，以指定确切的位置。如果给定的是一个相对的路径名称，则此名称会被理解为相对于启动客户端时所在的目录。若未指定 LOCAL，则文件必须位于服务器主机上，并且被服务器直接读取。与让服务器直接读取文件相比，使用 LOCAL 速度略慢，这是因为文件的内容必须通过客户端发送到服务器上。

- 文件名.txt：该文件中保存了待存入数据库的数据行，它由 SELECT INTO…OUTFILE 命令导出产生。载入文件时可以指定文件的绝对路径，如 D:/file/myfile.txt，则服务器根据该路径搜索文件。若不指定路径，则服务器在数据库默认目录中读取。若文件为./myfile.txt,则服务器直接在数据目录下读取,即 MySQL 的 data 目录。出于安全原因,当读取位于服务器中的文本文件时,文件必须位于数据库目录中,或者是全体可读的。

注意:这里使用正斜杠指定 Windows 路径名称,而不是使用反斜杠。

- 表名:该表在数据库中必须存在,表结构必须与导入文件的数据行一致。
- REPLACE|IGNORE:如果指定了 REPLACE,则当文件中出现与原有行相同的唯一关键字值时,输入行会替换原有行。如果指定了 IGNORE,则把与原有行有相同的唯一关键字值的输入行跳过。
- FIELDS 子句:和 SELECT…INTO OUTFILE 语句中类似。用于判断字段之间和数据行之间的符号。
- LINES 子句:TERMINATED BY 亚子句用来指定一行结束的标志。STARTING BY 亚子句则指定一个前缀,导入数据行时,忽略行中的该前缀和前缀之前的内容。如果某行不包括该前缀,则整个行被跳过。例如,文件 myfile.txt 中有以下内容:

```
xxx"row",1
something xxx"row",2
```

导入数据时添加以下子句:

```
STARTING BY 'xxx'
```

最后只得到数据("row",1)和("row",2)。

- IGNORE number LINES:这个选项可以用于忽略文件的前几行。例如,可以使用 IGNORE 1 LINES 来跳过第一行。
- 列名或用户变量:如果需要载入一个表的部分列或文件中字段值顺序与表中列的顺序不同,就必须指定一个列清单。例如:

```
LOAD DATA INFILE 'myfile.txt'
    INTO TABLE myfile (学号,姓名,性别);
```

- SET 子句:SET 子句可以在导入数据时修改表中列的值。

【例 8.1】 备份 xscj 数据库中的 kc 表中数据到 D 盘 file 目录中,要求字段值如果是字符就用双引号标注,字段值之间用逗号隔开,每行以问号"?"为结束标志。最后将备份后的数据导入一个和 kc 表结构一样的空表 course 表中。

注意,导出数据操作前先创建 D:\file 目录。可使用以下命令导出数据:

```
use xscj;
select * from kc
    into outfile 'd:/file/myfile1.txt'
        fields terminated by ','
            optionally enclosed by '"'
        lines terminated by '?';
```

导出数据成功后可以查看 D 盘 file 文件夹下的 myfile1.txt 文件，文件内容如图 8.1 所示。

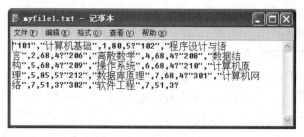

图 8.1   备份数据文件内容

文件备份完后可以使用以下命令将文件中的数据导入 course 表中：

```
load data infile 'd:/file/myfile1.txt'
    into table course
        fields terminated by ','
            optionally enclosed by '"'
        lines terminated by '?';
```

注意：在导入数据时，必须根据文件中数据行的格式指定判断的符号。例如，在 myfile1.txt 文件中字段值是以逗号隔开的，导入数据时一定要使用"terminated by ','"子句指定逗号为字段值之间的分隔符，与 SELECT…INTO OUTFILE 语句相对应。

因为 MySQL 表保存为文件形式，所以备份很容易。但是，在多个用户使用 MySQL 的情况下，为得到一致的备份，在相关的表上需要做读锁定，防止在备份过程中表被更新；当恢复数据时，需要写锁定，以避免冲突。在备份或恢复完以后还要对表进行解锁。有关锁定与解锁的内容在 10.2.2 节中介绍。

8.2.2   使用客户端工具：备份数据库

MySQL 提供了很多免费的客户端程序和实用工具，不同的 MySQL 客户端程序可以连接服务器以访问数据库或执行不同的管理任务。这些程序不与服务器进行通信，但可以执行 MySQL 相关的操作。在 MySQL 目录下的 bin 子目录中存储着这些客户端程序。本节简单介绍 mysqldump 程序和 mysqlimport 程序。

使用客户端程序的方法如下。

打开命令行，进入 bin 目录：

```
cd C:\Program Files\MySQL\MySQL Server 5.6\bin
```

后面介绍的客户端命令都在此处输入，如图 8.2 所示。

1. 使用 mysqldump 备份数据

mysqldump 客户端也可用于备份数据，它比 SQL 语句多做的工作是可以在导出的文件中包含表结构的 SQL 语句，因此可以备份数据库表的结构，而且可以备份一个数据库甚至整个数据库系统。

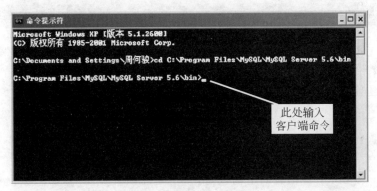

图 8.2　运行客户端程序

1）备份表

备份表命令格式为：

```
mysqldump [OPTIONS] db_name [tables]>filename
```

说明：OPTIONS 是 mysqldump 命令支持的选项，可以通过执行 mysqldump-help 命令得到 mysqldump 选项表及帮助信息，这里不详细列出。db_name 是数据库名，后面可以跟需要备份的表名。filename 为最后备份的文件名，如果该语句中有多个表，则都保存在这个文件中，文件默认的保存地址是 MySQL 的 bin 目录下。如果要保存在特定位置，可以指定其具体路径。注意，文件名在目录中不能已经存在，否则新的备份文件将会将原文件覆盖，造成不必要的麻烦。

同其他客户端程序一样，备份数据时需要使用一个用户账号连接到服务器，这需要用户手工提供参数或在选项文件中修改有关值。其参数格式为：

```
-h[hostname]-u[username]-p[password]
```

其中，-h 后是主机名，-u 后是用户名，-p 是用户密码，-p 选项和密码之间不能有空格。

【例 8.2】　使用 mysqldump 备份 xs 表和 kc 表。具体命令如下：

```
mysqldump-h localhost-u root-p19830925 xscj xs kc>twotables.sql
```

说明：如果是本地服务器，那么-h 选项可以省略。执行命令后，在 MySQL 的 bin 目录下可以看到，已经保存了一个.sql 格式的文件，文件中存储了创建 xs 表和 kc 表的一系列 SQL 语句。

注意：若在命令中没有表名，则备份整个数据库。

2）备份数据库

mysqldump 程序还可以将一个或多个数据库备份到一个文件中。其命令格式为：

```
mysqldump [OPTIONS]--databases [OPTIONS] DB1 [DB2 DB3...]>filename
```

【例 8.3】　备份 xscj 数据库和 test 数据库到 D 盘 file 文件夹下。命令如下：

```
mysqldump-uroot-p19830925--databases xscj test>D:/file/data.sql
```

说明：命令执行完后，在 file 文件夹下的 data.sql 文件被创建了，其中存储了 xscj 数据库和 test 数据库的全部 SQL 语句。

MySQL 还能备份整个数据库系统，即系统中的所有数据库。

【例 8.4】 备份 MySQL 服务器上的所有数据库。使用如下命令：

```
mysqldump-uroot-p19830925--all-databases>all.sql
```

虽然用 mysqldump 导出表的结构很有用，但是在恢复数据时，如果数据量很大，众多 SQL 语句将使恢复的效率降低。可以通过使用--tab＝选项，分开数据和创建表的 SQL 语句。--tab＝选项会在选项中＝后面指定的目录里，分别创建存储数据内容的.txt 格式文件和包含创建表结构的 SQL 语句的.sql 格式文件。该选项不能与--databases 或 --all-databases 同时使用，并且 mysqldump 必须运行在服务器主机上。

【例 8.5】 将 xscj 数据库中所有表的表结构和数据都分别备份到 D 盘 file 文件夹下。命令如下：

```
mysqldump-uroot-p19830925--tab=D:/file/  xscj
```

其效果是在 file 文件夹生成 xscj 数据库中每个表所对应的.sql 文件和.txt 文件。

3）恢复数据库

mysqldump 程序备份的文件中存储的是 SQL 语句的集合，用户可以将这些语句还原到服务器中以恢复一个损坏的数据库。

【例 8.6】 假设 xscj 数据库损坏，用备份文件将其恢复。

备份 xscj 数据库的命令为：

```
mysqldump-uroot-p19830925 xscj>xscj.sql
```

恢复命令为：

```
mysql-uroot-p19830925 xscj<xscj.sql
```

如果表的结构损坏，也可以恢复，但是表中原有的数据将全部被清空。

【例 8.7】 假设 xs 表结构损坏，备份文件在 D 盘 file 目录下，现将包含 xs 表结构的 .sql 文件恢复到服务器中。命令如下：

```
mysql-uroot-p19830925 xscj<D:/file/xs.sql
```

如果只恢复表中的数据，就要使用 mysqlimport 客户端。

2. 使用 mysqlimport 恢复数据

mysqlimport 客户端可以用来恢复表中的数据，它提供了 LOAD DATA INFILE 语句的一个命令行接口，发送一个 LOAD DATA INFILE 命令到服务器来运作。其大多数选项直接对应 LOAD DATA INFILE 语句。

mysqlimport 命令格式为：

```
mysqlimport [options] db_name filename ...
```

说明：options 是 mysqlimport 命令的选项，使用 mysqlimport-help 即可查看这些选项的内容和作用。常用的选项为：

- -d,--delete——在导入文本文件前清空表格。
- --lock-tables——在处理任何文本文件前锁定所有的表。这保证所有的表在服务器上同步。而对于 InnoDB 类型的表则不必进行锁定。
- --low-priority,--local,--replace,--ignore——分别对应 LOAD DATA INFILE 语句的 LOW_PRIORITY、LOCAL、REPLACE、IGNORE 关键字。

对于在命令行上命名的每个文本文件，mysqlimport 剥去文件名的扩展名，并使用它决定向哪个表导入文件的内容。例如，patient.txt、patient.sql 和 patient 都会被导入名为 patient 的表中。所以，备份的文件名应根据需要恢复表命名。

【例 8.8】　恢复 xscj 数据库中表 xs 的数据，保存数据的文件为 xs.txt。命令如下：

```
mysqlimport-uroot-p19830925--low-priority--replace xscj xs.txt
```

mysqlimport 也需要提供-u、-p 选项来连接服务器。值得注意的是，mysqlimport 是通过执行 LOAD DATA INFILE 语句来恢复数据库的。备份文件未指定位置，默认是在 MySQL 的 DATA 目录中。

8.2.3　直接复制

由于 MySQL 的数据库和表是直接通过目录和表文件实现的，因此可以通过直接复制文件的方法来备份数据库。不过，直接复制文件不能够移植到其他机器上，除非要复制的表使用 MyISAM 存储格式。

如果要把 MyISAM 类型的表直接复制到另一个服务器使用，首先要求两个服务器必须使用相同的 MySQL 版本，而且硬件结构必须相同或相似。在复制之前要保证数据表不被使用，保证复制完整性的最好方法是关闭服务器，复制数据库下的所有表文件（*.frm、*.MYD 和 *.MYI 文件），然后重启服务器。复制的文件可以放到另外一个服务器的数据库目录下，这样另外一个服务器就可以正常使用这张表了。

8.3　日志文件

在实际操作中，用户和系统管理员不可能随时备份数据，但当数据丢失时，或者数据库目录中的文件损坏时，只能恢复已经备份的文件，而在这之后更新的数据就无能为力恢复了。要解决这个问题，就必须使用日志文件。日志文件可以实时记录修改、插入和删除的 SQL 语句。在 MySQL 5.6 中，更新日志已经被二进制日志取代，它是一种更有效的格式，包含了所有更新了数据或者已经潜在更新了数据的所有语句，语句以"事件"的形式保存。

8.3.1　启用日志

二进制日志可以在启动服务器的时候启用，这需要修改 C:\Program Files\MySQL\
MySQL Server 5.6 文件夹中的 my-default.ini 选项文件。打开该文件，找到[mysqld]所在
的行，在该行后面加上以下格式的一行：

```
log-bin[=filename]
```

说明：加入该选项后，服务器启动时就会加载该选项，从而启用二进制日志。如果
filename 包含扩展名，则扩展名被忽略。MySQL 服务器为每个二进制日志名后面添加一
个数字扩展名。每次启动服务器或刷新日志时该数字增加 1。如果 filename 未给出，则默
认为主机名。

假设这里 filename 取名为 bin_log。若不指定目录，则在 MySQL 的 data 目录下自动创
建二进制日志文件。由于下面使用 mysqlbinlog 工具处理日志时，日志必须处于 bin 目录
下，所以日志的路径就指定为 bin 目录，添加的行改为以下一行：

```
log-bin=C:/Program Files/MySQL/MySQL Server 5.6/bin/bin_log
```

保存，重启服务器。

重启服务器的方法是：先关闭服务器，在如图 8.2 所示的窗口中输入以下命令：

```
net stop mysql
```

再启动服务器：

```
net start mysql
```

此时，MySQL 安装目录的 bin 目录下多出两个文件：bin_log.000001 和 bin_log.index。bin
_log.000001 就是二进制日志文件，以二进制形式存储，用于保存数据库更新信息。当这个日
志文件大小达到最大，MySQL 还会自动创建新的二进制文件。bin_log.index 是服务器自动创
建的二进制日志索引文件，包含所有使用的二进制日志文件的文件名。

8.3.2　用 mysqlbinlog 处理日志

使用 mysqlbinlog 实用工具可以检查二进制日志文件，其命令格式为：

```
mysqlbinlog[options] log-files...
```

说明：log-files 是二进制日志的文件名。
例如，运行以下命令可以查看 bin_log.000001 的内容：

```
mysqlbinlog bin_log.000001
```

由于二进制数据可能非常庞大，无法在屏幕上延伸，可以保存到文本文件中：

```
mysqlbinlog bin_log.000001>D:/file/lbin-log000001.txt
```

使用日志恢复数据的命令格式如下：

```
mysqlbinlog [options] log-files...|mysql [options]
```

【例 8.9】　假设用户在星期一下午 1 点使用 mysqldump 工具进行数据库 xscj 的完全备份，备份文件为 file.sql。从星期一下午 1 点开始用户启用日志，bin_log.000001 文件保存了从星期一下午 1 点到星期二下午 1 点的所有更改，在星期二下午 1 点运行一条 SQL 语句：

```
flush logs;
```

此时，创建了 bin_log.000002 文件，在星期三下午 1 点时数据库崩溃。现要将数据库恢复到星期三下午 1 点时的状态。首先将数据库恢复到星期一下午 1 点时的状态，在图 8.2 的命令窗口输入以下命令：

```
mysqldump -uroot -p19830925 xscj<file.sql
```

使用以下命令将数据库恢复到星期二下午时的状态：

```
mysqlbinlog bin_log.000001|mysql -uroot -p19830925
```

再使用以下命令即可将数据库恢复到星期三下午 1 点时的状态：

```
mysqlbinlog bin_log.000002|mysql -uroot -p19830925
```

由于日志文件要占用很大的硬盘资源，所以要及时将没用的日志文件清除。以下这条 SQL 语句用于清除所有的日志文件：

```
reset master;
```

如果要删除部分日志文件，可以使用 PURGE MASTER LOGS 语句，其语法格式为：

```
PURGE {MASTER|BINARY} LOGS TO 'log_name'
```

或

```
PURGE {MASTER|BINARY} LOGS BEFORE 'date'
```

说明：第一个语句用于删除特定的日志文件，log_name 为文件名。第二个语句用于删除时间 date 之前的所有日志文件。MASTER 和 BINARY 是同义词。

习题 8

1. 为什么要在 MySQL 中设置备份与恢复功能？
2. 设计备份策略的指导思想是什么？主要考虑哪些因素？
3. 数据库恢复要执行哪些操作？
4. SQL 语句中用于数据库备份和恢复的命令选项的含义分别是什么？

MySQL 安全管理

众所周知,一定要用已有的用户名登录到 MySQL 以后才能访问数据库数据,前面都是以 ROOT 用户来登录的。本章介绍如何添加用户并给用户授予权限。

MySQL 的用户信息存储在自带的数据库的 user 表中。如果创建一个新的用户,则这个新的用户就称作 SQL 用户,接下来就可以给这个用户授予一定的权限。

MySQL 的安全系统是很灵活的,它允许以多种不同方式设置用户权限。例如,可以允许一个用户创建新的表,另一个用户被授权更新现有的表,而第三个用户则只能查询表。

可以使用标准的 SQL 语句 GRANT 和 REVOKE 语句来修改控制客户访问的授权表。了解 MySQL 授权表的结构和服务器如何利用它们决定访问权限是有帮助的,这样允许管理员通过直接修改授权表增加、删除或修改用户权限。它也允许管理员在检查这些表时诊断权限问题。

9.1 用户管理

9.1.1 添加、删除用户

1. 添加用户

可以使用 CREATE USER 语法添加一个或多个用户并设置相应的密码,其语法格式为:

```
CREATE USER 用户 [IDENTIFIED BY [PASSWORD] '密码'] ...
```

用户:

```
'用户名'@'主机名'
```

说明:在大多数 SQL 产品中,用户名和密码只由字母和数字组成。

使用自选的 IDENTIFIED BY 子句,可以为账户给定一个密码。特别是要在纯文本中指定密码,需忽略 PASSWORD 关键词。如果不想以明文发送密码,而且知道 PASSWORD 函数返回给密码的混编值,则可以指定该混编值,但要加关键字 PASSWORD。

CREATE USER 用于创建新的 MySQL 账户。CREATE USER 会在系统本身的 MySQL 数据库的 user 表中添加一个新记录。要使用 CREATE USER,必须拥有 MySQL 数据库的全局 CREATE USER 权限或 INSERT 权限。如果账户已经存在,则出现错误。

【**例 9.1**】 添加两个新的用户,king 的密码为 queen,palo 的密码为 530415。

```
create user
    'king'@'localhost' identified by 'queen',
    'palo'@'localhost' identified by '530415';
```

完成后可切换到 MySQL 数据库,从 user 表中查到刚刚添加的两个用户记录:

```
use mysql
show tables;
select * from user
```

结果如图 9.1 所示。

图 9.1　查看添加的用户

说明:在用户名的后面声明了关键字 localhost。这个关键字指定了用户创建的使用 MySQL 的连接所来自的主机。如果一个用户名和主机名中包含特殊符号(如_)或通配符 (如%),则需要用单引号将其括起。%表示一组主机。

如果两个用户具有相同的用户名但主机不同,MySQL 将其视为不同的用户,允许为这两个用户分配不同的权限集合。

如果没有输入密码,那么 MySQL 允许相关的用户不使用密码登录。但是,从安全的角度并不推荐这种做法。

刚刚创建的用户还没有很多权限。用户可以登录 MySQL,但是不能使用 USE 语句来让用户已经创建的任何数据库成为当前数据库,因此,用户无法访问那些数据库的表,只允许进行不需要权限的操作。例如,用一条 SHOW 语句查询所有存储引擎和字符集的列表。

2. 删除用户

删除用户的语法格式为:

```
DROP USER 用户 [,用户]...
```

DROP USER 语句用于删除一个或多个 MySQL 账户,并取消其权限。要使用 DROP USER,必须拥有 MySQL 数据库的全局 CREATE USER 权限或 DELETE 权限。

【例 9.2】　删除用户 palo。

```
drop user palo@localhost;
```

删除后可以用上面介绍的方法查看效果。如果被删的用户已创建了表、索引或其他数据库对象，它们将继续保留，因为 MySQL 并没有记录是由谁创建了这些对象。

9.1.2　修改用户名、密码

1. 修改用户名

可以使用 RENAME USER 语句来修改一个已经存在的 SQL 用户的名字，其语法格式为：

```
RENAME USER 老用户 TO 新用户,
    [,老用户 TO 新用户]...
```

说明：RENAME USER 语句用于对原有 MySQL 账户进行重命名。要使用 RENAME USER，必须拥有全局 CREATE USER 权限或 MySQL 数据库的 UPDATE 权限。如果旧账户不存在或者新账户已存在，则会出现错误。

【例 9.3】　将用户 king 的名字修改为 ken。

```
rename user
    'king'@'localhost' to ' ken'@'localhost';
```

完成后可用前面介绍的方法查看是否修改成功。

2. 修改用户密码

要修改某个用户的登录密码，可以使用 SET PASSWORD 语句，其语法格式为：

```
SET  PASSWORD [FOR 用户]=PASSWORD('新密码')
```

说明：如果不加"FOR 用户"，表示修改当前用户的密码；加了"FOR 用户"，则修改当前主机上的特定用户的密码，用户值必须以" '用户名'@'主机名' "格式给定。

【例 9.4】　将用户 ken 的密码修改为 qen。

```
set password for 'ken'@'localhost'=password('qen');
```

9.2　权限控制

9.2.1　授予权限

新的 SQL 用户不允许访问属于其他 SQL 用户的表，也不能立即创建自己的表，它必须被授权。可以授予的权限有以下几组。

（1）列权限：和表中的一个具体列相关。例如，使用 UPDATE 语句更新表 xs 学号列的值的权限。

（2）表权限：和一个具体表中的所有数据相关。例如，使用 SELECT 语句查询表 xs 的所有数据的权限。

（3）数据库权限：和一个具体的数据库中的所有表相关。例如，在已有的 xscj 数据库中创建新表的权限。

（4）用户权限：和 MySQL 所有的数据库相关。例如，删除已有的数据库或者创建一个新的数据库的权限。

给某用户授予权限可以使用 GRANT 语句。使用 SHOW GRANTS 语句可以查看当前账户拥有什么权限。

GRANT 的语法格式为：

```
GRANT priv_type [(列名)]...
    ON [object_type] {表名或视图名|*|*.*|数据库名.*}
    TO 用户 [IDENTIFIED BY [PASSWORD] '密码']...
    [WITH with_option ...]
```

object_type：

```
TABLE
|FUNCTION
|PROCEDURE
```

with_option：

```
GRANT OPTION
|MAX_QUERIES_PER_HOUR count
|MAX_UPDATES_PER_HOUR count
|MAX_CONNECTIONS_PER_HOUR count
|MAX_USER_CONNECTIONS count
```

说明：priv_type 为权限的名称，如 SELECT、UPDATE 等，给不同的对象授予权限 priv_type 的值也不相同。TO 子句用来设定用户的密码。ON 关键字后面给出的是要授予权限的数据库或表名，下面将一一介绍。

1. 授予表权限和列权限

1）授予表权限

授予表权限时，priv_type 可以是以下值：

- SELECT——给予用户使用 SELECT 语句访问特定的表的权力。用户也可以在一个视图公式中包含表。然而，用户必须对视图公式中指定的每个表（或视图）都有 SELECT 权限。
- INSERT——给予用户使用 INSERT 语句向一个特定表中添加行的权力。
- DELETE——给予用户使用 DELETE 语句向一个特定表中删除行的权力。
- UPDATE——给予用户使用 UPDATE 语句修改特定表中值的权力。
- REFERENCES——给予用户创建一个外键来参照特定的表的权力。

- CREATE——给予用户使用特定的名字创建一个表的权力。
- ALTER——给予用户使用 ALTER TABLE 语句修改表的权力。
- INDEX——给予用户在表上定义索引的权力。
- DROP——给予用户删除表的权力。
- ALL 或 ALL PRIVILEGES——表示所有权限名。

【例 9.5】 授予用户 ken 在 xs 表上的 SELECT 权限。

```
use xscj;
grant select
    on xs
    to ken@localhost;
```

说明：这里假设是在 root 用户中输入了这些语句，这样用户 ken 就可以使用 SELECT 语句来查询 xs 表，而不管是由谁创建的这个表。

若在 TO 子句中给存在的用户指定密码，则新密码将原密码覆盖。如果权限授予了一个不存在的用户，MySQL 会自动执行一条 CREATE USER 语句来创建这个用户，但必须为该用户指定密码。

【例 9.6】 用户 liu 和 zhang 不存在，授予它们在 xs 表上的 SELECT 和 UPDATE 权限。

```
grant select,update
    on xs
    to liu@localhost identified by 'lpwd',
        zhang@localhost identified by 'zpwd';
```

2）授予列权限

对于列权限，priv_type 的值只能取 SELECT、INSERT 和 UPDATE。权限的后面需要加上列名 column_list。

【例 9.7】 授予 ken 在 xs 表上的学号列和姓名列的 UPDATE 权限。

```
use xscj
grant update(姓名, 学号)
    on xs
    to ken@localhost;
```

2. 授予数据库权限

表权限适用于一个特定的表。MySQL 还支持针对整个数据库的权限。例如，在一个特定的数据库中创建表和视图的权限。

授予数据库权限时，priv_type 可以是以下值：

- SELECT——给予用户使用 SELECT 语句访问特定数据库中所有表和视图的权力。
- INSERT——给予用户使用 INSERT 语句向特定数据库中所有表添加行的权力。
- DELETE——给予用户使用 DELETE 语句删除特定数据库中所有表的行的权力。

- UPDATE——给予用户使用 UPDATE 语句更新特定数据库中所有表的值的权力。
- REFERENCES——给予用户创建指向特定的数据库中的表外键的权力。
- CREATE——给予用户使用 CREATE TABLE 语句在特定数据库中创建新表的权力。
- ALTER——给予用户使用 ALTER TABLE 语句修改特定数据库中所有表的权力。
- INDEX——给予用户在特定数据库中的所有表上定义和删除索引的权力。
- DROP——给予用户删除特定数据库中所有表和视图的权力。
- CREATE TEMPORARY TABLES——给予用户在特定数据库中创建临时表的权力。
- CREATE VIEW——给予用户在特定数据库中创建新的视图的权力。
- SHOW VIEW——给予用户查看特定数据库中已有视图的视图定义的权力。
- CREATE ROUTINE——给予用户为特定的数据库创建存储过程和存储函数等权力。
- ALTER ROUTINE——给予用户更新和删除数据库中已有的存储过程和存储函数等权力。
- EXECUTE ROUTINE——给予用户调用特定数据库的存储过程和存储函数的权力。
- LOCK TABLES——给予用户锁定特定数据库的已有表的权力。
- ALL 或 ALL PRIVILEGES——表示以上所有权限名。

在 GRANT 语法格式中,授予数据库权限时 ON 关键字后面跟星号"＊"和"数据库.＊"。星号"＊"表示当前数据库中的所有表;"数据库.＊"表示某个数据库中的所有表。

【例 9.8】 授予 ken 在 xscj 数据库中的所有表的 SELECT 权限。

```
grant select
   on xscj.*
   to ken@localhost;
```

说明:这个权限适用于所有已有的表,以及此后添加到 xscj 数据库中的任何表。

【例 9.9】 授予 ken 在 xscj 数据库中所有的数据库权限。

```
use xscj;
grant  all
   on   *
   to  ken@localhost;
```

和表权限类似,被授予一个数据库权限也不意味着拥有另一个权限。如果用户被授予可以创建新表和视图,但是还不能访问它们。要访问它们,它还需要单独被授予 SELECT 权限或更多权限。

3. 授予用户权限

最有效率的权限授予就是用户权限授予,对于需要授予数据库权限的所有语句,也可以定义在用户权限上。例如,在用户级别上授予某人 CREATE 权限,这个用户可以创建一个新的数据库,也可以在所有(而不是特定)的数据库中创建新表。

MySQL 授予用户权限时 priv_type 还可以是以下值:

- CREATE USER——给予用户创建和删除新用户的权力。
- SHOW DATABASES——给予用户使用 SHOW DATABASES 语句查看所有已有的数据库的定义的权力。

在 GRANT 语法格式中,授予用户权限时 ON 子句中使用"＊.＊",表示所有数据库的所有表。

【例 9.10】　授予 peter 对所有数据库中的所有表的 CREATE、ALTERT 和 DROP 权限。

```
grant  create, alter, drop
    on  *.*
    to  peter@localhost identified by 'ppwd';
```

【例 9.11】　授予 peter 创建新用户的权力。

```
grant  create  user
    on  *.*
    to  peter@localhost;
```

为了概括,表 9.1 列出了可以在哪些级别授予某条 SQL 语句权限。

表 9.1　权限一览

语　　句	用户权限	数据库权限	表　权　限	列　权　限
SELECT	Yes	Yes	Yes	No
INSERT	Yes	Yes	Yes	No
DELETE	Yes	Yes	Yes	Yes
UPDATE	Yes	Yes	Yes	Yes
REFERENCES	Yes	Yes	Yes	Yes
CREATE	Yes	Yes	Yes	No
ALTER	Yes	Yes	Yes	No
DROP	Yes	Yes	Yes	No
INDEX	Yes	Yes	Yes	Yes
CREATE TEMPORARY TABLES	Yes	Yes	No	No
CREATE VIEW	Yes	Yes	No	No
SHOW VIEW	Yes	Yes	No	No
CREATE ROUTINE	Yes	Yes	No	No
ALTER ROUTINE	Yes	Yes	No	No
EXECUTE ROUTINE	Yes	Yes	No	No

语　　句	用户权限	数据库权限	表　权　限	列　权　限
LOCK TABLES	Yes	Yes	No	No
CREATE USER	Yes	No	No	No
SHOW DATABASES	Yes	No	No	No
FILE	Yes	No	No	No
PROCESS	Yes	No	No	No
RELOAD	Yes	No	No	No
REPLICATION CLIENT	Yes	No	No	No
REPLICATION SLAVE	Yes	No	No	No
SHUTDOWN	Yes	No	No	No
SUPER	Yes	No	No	No
USAGE	Yes	No	No	No

9.2.2　权限转移和限制

GRANT 语句的最后可以使用 WITH 子句。如果指定为 WITH GRANT OPTION，则表示 TO 子句中指定的所有用户都有把自己所拥有的权限授予其他用户的权力，而不管其他用户是否拥有该权限。

【例 9.12】　授予 caddy 在 xs 表上的 SELECT 权限，并允许其将该权限授予其他用户。

首先在 root 用户下授予 caddy 用户 SELECT 权限：

```
grant select
    on  xscj.xs
    to  caddy@localhost identified by '19830925'
    with grant option;
```

接着以 caddy 用户身份登录 MySQL，登录方式如下：

(1) 打开命令行窗口，进入 MySQL 安装目录下的 bin 目录。

```
cd C:\Program Files\MySQL\MySQL Server 5.6\bin
```

(2) 登录，输入以下命令：

```
mysql-hlocalhost-ucaddy-p19830925
```

其中，-h 后为主机名，-u 后为用户名，-p 后为密码。

登录后的界面如图 9.2 所示。

登录后，caddy 用户只有查询 xscj 数据库中 xs 表的权限，它可以把这个权限传递给其他用户，这里假设用户 Jim 已经创建：

```
grant select
    on xscj.xs
    to Jim@localhost;
```

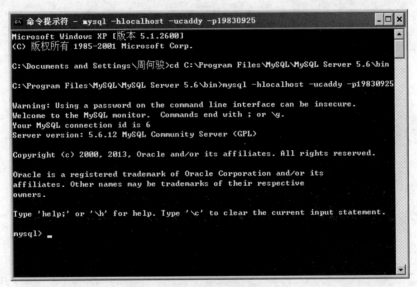

图 9.2　用户登录界面

说明：使用了 WITH GRANT OPTION 子句后，如果 caddy 在该表上还拥有其他权限，则可以将其他权限也授予 Jim 而不仅限于 SELECT。

WITH 子句也可以对一个用户授予使用限制。其中，MAX_QUERIES_PER_HOUR count 表示每小时可以查询数据库的次数；MAX_CONNECTIONS_PER_HOUR count 表示每小时可以连接数据库的次数；MAX_UPDATES_PER_HOUR count 表示每小时可以修改数据库的次数。例如，某人每小时可以查询数据库多少次。MAX_USER_CONNECTIONS count 表示同时连接 MySQL 的最大用户数。count 是一个数值，对于前三个指定，count 如果为 0，则表示不起限制作用。

【例 9.13】 授予 Jim 每小时只能处理一条 SELECT 语句的权限。

```
grant select
    on  xs
    to  Jim@localhost
    with  max_queries_per_hour 1;
```

除了 MAX_QUERIES_PER_HOUR，还可以指定 MAX_CONNECTIONS_PER_HOUR、MAX_UPDATES_PER_HOUR 和 MAX_USER_CONNECTIONS。对于前三个指定，如果值等于 0，就没有限制会起作用。

9.2.3　权限回收

要从一个用户回收权限，但不从 user 表中删除该用户，可以使用 REVOKE 语句，这条

语句和 GRANT 语句格式相似,但具有相反的效果。要使用 REVOKE,用户必须拥有
MySQL 数据库的全局 CREATE USER 权限或 UPDATE 权限。

REVOKE 语句的语法格式为:

```
REVOKE priv_type [(列)] ...
    ON  {表名或视图名|*|*.*|数据库名.*}
    FROM 用户...
```

或

```
REVOKE ALL PRIVILEGES, GRANT OPTION
    FROM 用户 ...
```

说明:第一种格式用来回收某些特定的权限,第二种格式回收所有该用户的权限。

【例 9.14】 回收用户 caddy 在 xs 表上的 SELECT 权限。

```
use xscj
revoke  select
    on  xs
    from  caddy@localhost;
```

由于 caddy 用户对 xs 表的 SELECT 权限被回收了,那么包括直接或间接地依赖于它
的所有权限也被回收了。在这个例子中,Jim 也失去了对 xs 表的 SELECT 权限。但以上
语句执行之后,WITH GRANT OPTION 还保留,当再次授予 caddy 对于同一个表的表权
限时,它会立刻把这个权限传递给 Jim。

9.3　表维护语句

MySQL 支持几条与维护和管理数据库相关的 SQL 语句,这些语句统称为表维护
语句。

9.3.1　索引列可压缩性语句

在一个定义了索引的列上不同值的数目被称为该索引列的可压缩性,可以使用
"SHOW INDEX FROM 表名"语句来显示它。

一个索引列的可压缩性不是自动更新的。也就是说,用户在某列创建了一个索引,而该
列的可压缩性是不会立即计算出来的。这时需要使用 ANALYZE TABLE 语句来更新它。

ANALYZE TABLE 语句的语法格式为:

```
ANALYZE [LOCAL|NO_WRITE_TO_BINLOG]
    TABLE 表名 ...
```

在 MySQL 上执行的所有更新都将写入一个二进制日志文件中。这里如果直接使用
ANALYZE TABLE 语句,则结果数据也会写入日志文件中。如果指定了 NO_WRITE_

TO_BINLOG 选项，则关闭这个功能(LOCAL 是 NO_WRITE_TO_BINLOG 的同义词)，这样 ANALYZE TABLE 语句也将会更快完成。

【例 9.15】　更新表 xs 的索引的可压缩性，并随后显示。

```
analyze table xs;
show index from xs;
```

执行结果如图 9.3 所示。

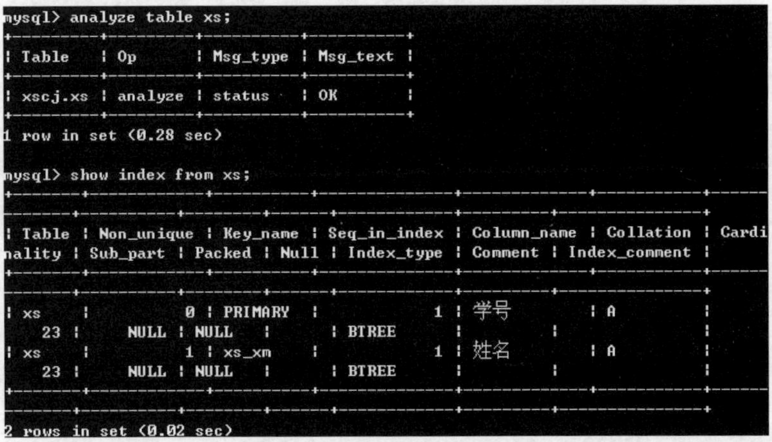

```
mysql> analyze table xs;
+---------+---------+----------+----------+
| Table   | Op      | Msg_type | Msg_text |
+---------+---------+----------+----------+
| xscj.xs | analyze | status   | OK       |
+---------+---------+----------+----------+
1 row in set (0.28 sec)

mysql> show index from xs;
| Table | Non_unique | Key_name | Seq_in_index | Column_name | Collation | Cardi
nality | Sub_part | Packed | Null | Index_type | Comment | Index_comment |
| xs    |          0 | PRIMARY  |            1 | 学号        | A         |
   23 |     NULL | NULL   |      | BTREE      |         |               |
| xs    |          1 | xs_xm    |            1 | 姓名        | A         |
   23 |     NULL | NULL   |      | BTREE      |         |               |
2 rows in set (0.02 sec)
```

图 9.3　例 9.15 执行结果

9.3.2　检查表是否有错语句

下面这条语句用来检查一个或多个表是否有错误，只对 MyISAM 和 InnoDB 表起作用。其语法格式为：

```
CHECK TABLE 表名 ... [option] ...
```

option：

```
QUICK|FAST|MEDIUM|EXTENDED|CHANGED
```

说明：

- QUICK——不扫描行，不检查错误的链接，这是最快的方法。
- FAST——检查表是否已经正确关闭。
- CHANGED——检查上次检查后被更改的表，以及没有被正确关闭的表。
- MEDIUM——扫描行，以验证被删除的链接是有效的。也可以计算各行的关键字校验和，并使用计算出的校验和验证这一点。
- EXTENDED——对每行的所有关键字进行全面的关键字查找。这可以确保表是 100%一致的，但是花的时间较长。

【例 9.16】　检查 xs 表是否正确。

```
check table xs;
```

执行结果如图 9.4 所示。

说明：该语句返回的是一个状态表。其中，Table 为表名称；Op 为进行的动作，此处是 check；Msg_type 是状态、错误、信息或错误之一；Msg_text 是返回的消息，这里为 OK，说明表是正确的。

9.3.3　获得表校验和语句

对于数据库中的每一个表，都可以使用 CHECKSUM TABLE 语句获得一个校验和。CHECKSUM TABLE 语句的语法格式为：

```
CHECKSUM TABLE 表名 ... [QUICK|EXTENDED]
```

说明：如果表是 MyISAM 表，并且指定了 QUICK，则报告表校验和，否则报告 NULL。指定 EXTENDED 则表示无论表是否是 MyISAM 表，都只计算校验和。

【例 9.17】　获得表 xs 的校验和的值。

```
checksum table xs;
```

执行结果如图 9.5 所示。

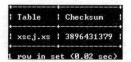

图 9.4　例 9.16 执行结果　　　　　图 9.5　例 9.17 执行结果

9.3.4　优化表语句

如果用户不断地使用 DELETE、INSERT 和 UPDATE 语句更新一个表，那么表的内部结构就会出现很多碎片和未利用的空间。这时可以使用 OPTIMIZE TABLE 语句来重新利用未使用的空间，并整理数据文件的碎片。OPTIMIZE TABLE 语句只对 MyISAM、BDB 和 InnoDB 表起作用。其语法格式为：

```
OPTIMIZE [LOCAL|NO_WRITE_TO_BINLOG] TABLE 表名 ...
```

【例 9.18】　优化 xs 表。

```
optimize table kc;
```

9.3.5　修复表语句

如果一个表或索引已经损坏，可以使用 REPAIR TABLE 语句尝试修复它。REPAIR TABLE 只对 MyISAM 和 ARCHIVE 表起作用。其语法格式为：

```
REPAIR[LOCAL|NO_WRITE_TO_BINLOG] TABLE 表名 ...
    [QUICK][EXTENDED][USE_FRM]
```

说明：

- QUICK：如果指定了该选项，则 REPAIR TABLE 会尝试只修复索引树。
- EXTENDED：使用该选项，则 MySQL 会一行一行地创建索引行，代替使用分类一次创建一个索引。
- USE_FRM：如果 MYI 索引文件缺失或标题被破坏，则必须使用此选项。

另外，还有两个表维护语句：BACKUP TABLE 和 RESTORE TABLE 语句。

使用 BACKUP TABLE 语句可以对一个或多个 MyISAM 表备份。其语法格式为：

```
BACKUP TABLE 表名 ... TO '/path/to/backup/directory'
```

使用 RESTORE TABLE 语句可以获取 BACKUP TABLE 创建的一个或多个表的副本，将数据读取到数据库中。其语法格式为：

```
RESTORE TABLE 表名 ... FROM '/path/to/backup/directory'
```

但是这两条语句不是很理想，已经不推荐使用了。

习题 9

1. MySQL 采用哪些措施实现数据库的安全管理？
2. 用户角色分为哪几类？每类都有哪些权限？
3. 数据库角色分为哪几类？每类又有哪些操作权限？
4. 如何给一个数据库角色、用户赋予操作权限？
5. 根据 9.2 节的介绍，上机实践，进行用户权限授予、转移、限制和回收等操作，并分别查看效果。
6. 上机练习用界面工具操作用户和权限。
7. MySQL 支持哪些表维护语句？举例说明它们的用法。

CHAPTER 第 **10** 章
MySQL 多用户事务管理

本书到目前为止都假设数据库只有一个用户在使用,但实际情况往往是多个用户共享数据库。本章将介绍多用户使用 MySQL 数据库的情况。

10.1 事务管理

10.1.1 事务的概念

事务是构成多用户使用数据库的基础。

下面使用一个简单的例子来帮助理解事务:向公司添加一名新的雇员(见图 10.1)。这个过程由三个基本步骤组成:①在雇员数据库中为雇员创建一条新记录;②为新雇员分配部门;③建立他的工资和奖金记录。

如果这三步中的任何一步失败,如为新成员分配的雇员 ID 已经被其他人使用或者输入到工资系统中的值太大,系统就必须撤销在此之前所有的变化,删除所有不完整记录的痕迹,避免以后出现不一致和计算错误。

前面的三项任务构成了一个事务,其中任何一个任务的失败都会导致整个事务被撤销,系统返回到以前的状态。

在 MySQL 环境中,事务由作为一个单独单元的一个或多个 SQL 语句组成。这个单元中的每个 SQL 语句是互相依赖的,而且单元作为一个整体是不可分割的。如果单元中的一个语句不能完成,整个单元就会回滚(撤销操作),所有影响到的数据将返回到事务开始以前的状态。因而,只有事务中的所有语句都成功地执行才能说这个事务被成功地执行。

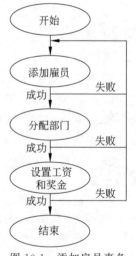
图 10.1 添加雇员事务

在现实生活中,银行交易、股票交易、网上购物、库存品控制,无不是以事务为基本的构成实现的。

10.1.2 ACID 属性

并不是所有的存储引擎都支持事务。例如,InnoDB 和 BDB 支持,但 MyISAM 和 MEMORY 并不支持。本章假设使用了一个支持事务的存储引擎来创建表。

通过 InnoDB 和 BDB 表类型,MySQL 事务系统能够完全满足事务安全的 ACID 测试。旧的表类型,如 MyISAM 类型,不支持事务。因此,这种系统中的事务只能通过直接的表锁定实现。

术语 ACID 是一个简称,每个事务的处理必须满足 ACID 原则,即原子性(Atomicity)、一致性(Consistency)、隔离性(Isolation)和持久性(Durability)。

1. 原子性

原子性意味着每个事务都必须被看作一个不可分割的单元。假设一个事务由两个或者多个任务组成,其中的语句必须同时成功才能认为整个事务是成功的。如果事务失败,系统将会返回到该事务以前的状态。

2. 一致性

不管事务是完全成功完成还是中途失败,当事务使系统处于一致的状态时存在一致性。参照前面的例子,一致性是指如果从系统中删除了一个雇员,则所有和该雇员相关的数据,包括工资数据和组的成员资格也要被删除。

在 MySQL 中,一致性主要由 MySQL 的日志机制处理,它记录了数据库的所有变化,为事务恢复提供了跟踪记录。如果系统在事务处理中间发生错误,MySQL 恢复过程将使用这些日志来发现事务是否已经完全成功地执行,是否需要返回。因而一致性属性保证了数据库从不返回一个未处理完的事务。

3. 隔离性

隔离性是指每个事务在它自己的空间发生,和其他发生在系统中的事务隔离,而且事务的结果只有在它完全被执行时才能看到。即使在这样的一个系统中同时发生了多个事务,隔离性原则保证某个特定事务在完全完成之前,其结果是看不见的。

当系统支持多个同时存在的用户和连接时,隔离性原则就尤为重要。如果系统不遵循这个基本规则,就可能导致大量数据的破坏,如每个事务的各自空间的完整性很快地被其他冲突事务所侵犯。

获得绝对隔离性的唯一方法是保证在任意时刻只能有一个用户访问数据库。当处理像 MySQL 这样多用户的 RDBMS 时,这不是一个实际的解决方法。但是,大多数事务系统使用页级锁定或行级锁定隔离不同事务之间的变化,这是要以降低性能为代价的。例如,MySQL 的 BDB 表处理程序使用页级锁定来保证处理多个同时发生的事务的安全,InnoDB 表处理程序使用更好的行级锁定。

4. 持久性

持久性是指即使系统崩溃,一个提交的事务仍然存在。当一个事务完成,数据库的日志已经被更新时,持久性就开始发生作用。大多数 RDBMS 产品通过保存所有行为的日志来保证数据的持久性,这些行为是指在数据库中以任何方法更改数据。数据库日志记录了所有对于表的更新、查询、报表等。

如果系统崩溃或者数据存储介质被破坏,通过使用日志,系统能够恢复在重启前进行的最后一次成功的更新,反映了在崩溃时处于过程的事务的变化。

MySQL 通过保存一条记录事务过程中系统变化的二进制事务日志文件来实现持久性。如果遇到硬件破坏或者突然的系统关机,在系统重启时,通过使用最后的备份和日志就可以很容易地恢复丢失的数据。

默认情况下,InnDB 表是 100% 持久的(所有在崩溃前系统所进行的事务在恢复过程中都能可靠地恢复)。MyISAM 表提供部分持久性,所有在最后一个 FLUSH TABLES 命令前进行的变化都能保证被存盘。

10.1.3　事务处理

前面介绍了事务的基本知识,那么,在 MySQL 中又是如何处理事务的呢?

大家知道,事务是由一组 SQL 语句构成的,它由一个用户输入,并以修改成持久的或者滚到原来状态而终结。在 MySQL 中,当一个会话开始时,系统变量 AUTOCOMMIT 值为 1,即自动提交功能是打开的,当用户每执行一条 SQL 语句后,该语句对数据库的修改就立即被提交成为持久性修改保存到磁盘上,一个事务也就结束了。因此,用户必须关闭自动提交,事务才能由多条 SQL 语句组成,可以使用如下语句:

```
SET @@AUTOCOMMIT=0;
```

执行此语句后,必须明确地指示每个事务的终止,事务中的 SQL 语句对数据库所做的修改才能称为持久化修改。例如,执行如下语句:

```
delete from xs where 学号='081101';
select * from xs;
```

从执行结果中发现,表中已经删去了一行。但是,这个修改并没有持久化,因为自动提交已经关闭了。用户可以通过 ROLLBACK 撤销这一修改,或者使用 COMMIT 语句持久化这一修改。下面将具体介绍如何处理一个事务。

1. 开始事务

当一个应用程序的第一条 SQL 语句或者在 COMMIT 或 ROLLBACK 语句(后面介绍)后的第一条 SQL 执行后,一个新的事务就开始了。另外,还可以使用一条 START TRANSACTION 语句来显式地启动一个事务。其语法格式为:

```
START TRANSACTION|BEGIN WORK
```

一条 BEGIN WORK 语句可以用来替代 START TRANSACTION 语句,但是 START TRANSACTION 更常用。

2. 结束事务

COMMIT 语句是提交语句,它使得自从事务开始以来所执行的所有数据修改成为数据库的永久部分,也标志一个事务的结束,其语法格式为:

```
COMMIT [WORK] [AND [NO] CHAIN] [[NO] RELEASE]
```

说明:可选的 AND CHAIN 子句会在当前事务结束时,立刻启动一个新事务,并且新事务与刚结束的事务有相同的隔离等级。RELEASE 子句在终止了当前事务后,会让服务器断开与当前客户端的连接。包含 NO 关键词可以抑制 CHAIN 或 RELEASE 完成。

注意:MySQL 使用的是平面事务模型,因此嵌套的事务是不允许的。在第一个事务里使用 START TRANSACTION 命令后,当第二个事务开始时,自动地提交第一个事务。同样,下面的这些 MySQL 语句运行时都会隐式地执行一个 COMMIT 命令:

- DROP DATABASE/DROP TABLE。
- CREATE INDEX/DROP INDEX。
- ALTER TABLE/RENAME TABLE。
- LOCK TABLES/UNLOCK TABLES。
- SET AUTOCOMMIT=1。

3. 撤销事务

ROLLBACK 语句是撤销语句,它撤销事务所做的修改,并结束当前这个事务。其语法格式为:

```
ROLLBACK [WORK] [AND [NO] CHAIN] [[NO] RELEASE]
```

在前面的举例中,若在最后加上以下这条语句:

```
rollback work;
```

执行完该语句后,前面的删除动作将被撤销,使用 SELECT 语句可查看该行数据是否还原。

4. 回滚事务

除了撤销整个事务,用户还可以使用 ROLLBACK TO 语句使事务回滚到某个点,在这之前需要使用 SAVEPOINT 语句来设置一个保存点。SAVEPOINT 的语法格式为:

```
SAVEPOINT identifier
```

其中,identifier 为保存点的名称。

ROLLBACK TO SAVEPOINT 语句会向已命名的保存点回滚一个事务。如果在保存点被设置后,当前事务对数据进行了更改,则这些更改会在回滚中被撤销。其语法格式为:

```
ROLLBACK [WORK] TO SAVEPOINT identifier
```

当事务回滚到某个保存点后,在该保存点之后设置的保存点将被删除。

RELEASE SAVEPOINT 语句会从当前事务的一组保存点中删除已命名的保存点。不出现提交或回滚。如果保存点不存在,会出现错误。其语法格式为:

```
RELEASE SAVEPOINT identifier
```

下面几个语句说明了有关事务的处理过程:

```
1. START TRANSACTION
2. UPDATE ...
3. DELETE...
4. SAVEPOINT S1;
5. DELETE...
```

```
6. ROLLBACK WORK TO SAVEPOINT S1;
7. INSERT...
8. COMMIT WORK;
```

说明：在以上语句中，第一行语句开始了一个事务；第 2、3 行语句对数据进行了修改，但没有提交；第 4 行设置了一个保存点；第 5 行删除了数据，但没有提交；第 6 行将事务回滚到保存点 S1，这时第 5 行所做修改被撤销了；第 7 行修改了数据；第 8 行结束了这个事务，这时第 2、3、7 行对数据库做的修改被持久化。

10.1.4 事务隔离级

每一个事务都有一个所谓的隔离级，它定义了用户彼此之间隔离和交互的程度。在单用户的环境中，这个属性无关紧要，因为在任意时刻只有一个会话处于活动状态。但是，在多用户环境中，许多 RDBMS 会话在任一给定时刻都是活动的。在这种情况下，RDBMS 能够隔离事务是很重要的，这样它们互不影响，同时保证数据库性能不会受到影响。

基于 ANSI/ISO SQL 规范，MySQL 提供了 4 种隔离级：序列化（SERIALIZABLE）、可重复读（REPEATABLE READ）、提交读（READ COMMITTED）、未提交读（READ UNCOMMITTED）。

只有支持事务的存储引擎才可以定义一个隔离级。定义隔离级可以使用 SET TRANSACTION 语句。其语法格式为：

```
SET [GLOBAL|SESSION] TRANSACTION ISOLATION LEVEL
        SERIALIZABLE
    |REPEATABLE READ
    |READ COMMITTED
    |READ UNCOMMITTED
```

说明：如果指定 GLOBAL，那么定义的隔离级将适用于所有的 SQL 用户；如果指定 SESSION，则隔离级只适用于当前运行的会话和连接。MySQL 默认为 REPEATABLE READ 隔离级。

1. 序列化：SERIALIZABLE

如果隔离级为序列化，用户之间通过一个接一个顺序地执行当前的事务提供了事务之间最大限度的隔离。

2. 可重复读：REPEATABLE READ

在这一级上，事务不会被看成一个序列。不过，当前在执行事务的变化仍然不能看到，即如果用户在同一个事务中执行同条 SELECT 语句数次，结果总是相同的。

3. 提交读：READ COMMITTED

READ COMMITTED 隔离级的安全性比 REPEATABLE READ 隔离级的安全性要差。不仅处于这一级的事务可以看到其他事务添加的新记录，而且其他事务对现存记录做出的修改一旦被提交，也可以看到。这意味着在事务处理期间，如果其他事务修改了相应的表，那么同一个事务的多个 SELECT 语句可能返回不同的结果。

4. 未提交读: READ UNCOMMITTED

提供了事务之间最小限度的隔离。除了容易产生虚幻的读操作和不能重复的读操作外,处于这个隔离级的事务可以读到其他事务还没有提交的数据,如果这个事务使用其他事务不提交的变化作为计算的基础,然后那些未提交的变化被它们的父事务撤销,这就导致了大量的数据变化。

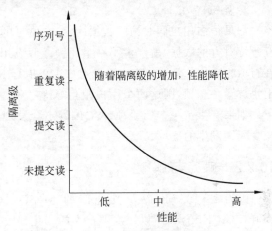

图 10.2 执行结果

系统变量 TX_ISOLATION 中存储了事务的隔离级,可以使用 SELECT 随时获得当前隔离级的值,如图 10.2 所示。

默认情况下,这个系统变量的值是基于每个会话设置的,但是可以通过向 SET 命令行添加 GLOBAL 关键字修改该全局系统变量的值。

当用户从无保护的 READ UNCOMMITTED 隔离级转移到更安全的 SERIALIZABLE 级时,RDBMS 的性能也会受到影响。原因很简单:用户要求系统提供越强的数据完整性,它就越需要做更多的工作,运行的速度也就越慢。因此,需要在 RDBMS 的隔离性需求和性能之间协调。

MySQL 默认为 REPEATABLE READ 隔离级,这个隔离级适用于大多数应用程序,只有在应用程序有具体的对于更高或更低隔离级的要求时才需要改动。没有一个标准公式来决定哪个隔离级适用于应用程序——大多数情况下,这是一个主观的决定,它是基于应用程序的容错能力和应用程序开发者对于潜在数据错误的影响的判断。隔离级的选择对于每个应用程序也是没有标准的。例如,同一个应用程序的不同事务基于执行的任务需要不同的隔离级。图 10.3 中列出了事务隔离级和性能之间的关系。

图 10.3 事务隔离级和性能之间的关系

10.2 多用户访问

10.2.1 锁定的级别

前面已经介绍了 InnoDB 和 BDB 表环境中的事务,这是 MySQL 天生支持的 ACID 规则事务的仅有的表类型。旧的 MySQL 表类型,在许多安装 MySQL 的环境中仍在使用,它们不支持事务,但是 MySQL 仍然可以使用户通过表锁定来实现原始形式的事务。

MySQL 支持很多不同的表类型,而且对于不同的类型,锁定机制也是不同的。因此,理解不同级别的锁定是使用 MySQL 的非事务表实现伪事务环境的基本条件。

1. 表锁定

一种特殊类型的访问,整个表被客户锁定。根据锁定的类型,其他客户不能向表中插入记录,甚至从中读数据也受到限制。

2. 页锁定

MySQL 将锁定表中的某些行(称为页)。被锁定的行只对锁定最初的线程是可行的。如果另外一个线程想要向这些行写数据,它必须等到锁被释放。不过,其他页的行仍然可以使用。

3. 行锁定

行级的锁定比表级锁定或页级锁定对锁定过程提供了更精细的控制。在这种情况下,只有线程使用的行是被锁定的。表中的其他行对于其他线程都是可用的。在多用户的环境中,行级的锁定降低了线程间的冲突,可以使多个用户同时从一个相同表读数据甚至写数据。

MyISAM 表类型只支持表级的锁定,当涉及大量的读操作而不是写操作时,它提供了比行级和页级锁定更好的性能。BDB 表类型支持页级锁定。InnoDB 表类型在事务中自动执行行级的锁定。

4. 死锁

如果很多用户同时访问数据库,一个常见的现象就是死锁。简单地说,如果两个用户相互等待对方的数据,就产生了一个死锁。假设用户 U1 在行 R1 上定义了一个锁,并且希望在行 R2 上也放置一个锁。假设用户 U2 是行 R2 上的一个锁的拥有者,并且希望在行 R1 上也放置一个锁,则这两个用户相互等待。

如果产生了一个死锁,MySQL 将不会发现它。必须在设计程序的过程中加以注意来减少死锁发生的概率。

10.2.2 锁定与解锁

因为 MyISAM(以及其他旧的 MySQL 表)不支持 InnoDB 格式的 COMMIT 和 ROLLBACK 语法,所以每次数据库的变化都被立即保存在磁盘上。像前面所讲的那样,在单用户的环境中没有问题,但是在多用户的环境中就会导致很多问题。因为它不能创建事务来使用户所做的变化隔离于其他用户所做的变化。在这种情况下,唯一一种保证不同用户能够看到一致数据的方法是强制方法:在变化的过程中阻止其他用户访问正在变化的表(通过锁定表),只在变化完成后才允许访问。

本节的前面部分已经讨论了 InnoDB 和 BDB 表,它们支持行级和页级的锁定来保证同时执行的事务的安全。不过,MyISAM 表类型不支持这些锁定机制。所以,要明确地设置表锁定,以避免同时存在的事务互相侵犯空间。

MySQL 提供了 LOCK TABLES 语句来锁定当前线程的表,其语法格式为:

```
LOCK TABLES
    表名 [AS 别名] {READ [LOCAL]|[LOW_PRIORITY] WRITE}
```

说明:表锁定支持以下类型的锁定。

- READ:读锁定,确保用户可以读取表,但是不能修改表。加上 LOCAL 后允许在表锁定后用户可以进行非冲突的 INSERT 语句,只适用于 MyISAM 类型的表。
- WRITE:写锁定,只有锁定该表的用户可以修改表,其他用户无法访问该表。加上 LOW_PRIORITY 后允许其他用户读取表,但是不能修改它。

当用户在一次查询中多次使用到一个锁定了的表,需要在锁定表的时候用 AS 子句为表定义一个别名,alias 表示表的别名。

表锁定只用于防止其他客户端进行不正当地读取和写入。保持锁定(即使是读取锁定)的客户端可以进行表层级的操作,如 DROP TABLE。

在对一个事务表使用表锁定的时候需要注意以下两点:

(1) 在锁定表时会隐式地提交所有事务,在开始一个事务时,如 START TRANSACTION,会隐式解开所有表锁定。

(2) 在事务表中,系统变量 AUTOCOMMIT 值必须设为 0;否则,MySQL 会在调用 LOCK TABLES 之后立刻释放表锁定,并且很容易形成死锁。

【例 10.1】 在 xs 表上设置一个读锁定。

```
lock tables xs read;
```

说明:LOCK TABLES 还可以同时锁定多个表,中间用逗号隔开即可。

【例 10.2】 在 kc 表上设置一个写锁定。

```
lock tables kc write;
```

在锁定表以后,可以使用 UNLOCK TABLES 命令解除锁定,其语法格式为:

```
unlock tables;
```

UNLOCK TABLES 命令不需要指出解除锁定的表的名字。MySQL 会自动对前面通过 LOCK TABLES 锁定的所有表解除锁定。当用户发布另一个 LOCK TABLES 时,或当与服务器的连接关闭时,所有由当前用户锁定的表被隐式地解锁。

10.2.3　并发访问的问题

当用户对数据库并发访问时,为了确保事务完整性和数据库一致性,需要使用锁定,它是实现数据库并发控制的主要手段。锁定可以防止用户读取正在由其他用户更改的数据,并可以防止多个用户同时更改相同数据。如果不使用锁定,则数据库中的数据可能在逻辑上不正确,并且对数据的查询可能会产生意想不到的后果。具体地说,锁定可以防止丢失更新、脏读、不可重复读和幻读。

丢失更新(Lost Update):指当两个或多个事务选择同一行,然后基于最初选定的值更新该行时,由于每个事务都不知道其他事务的存在,因此最后的更新将重写由其他事务所做的更新,这将导致数据丢失。

脏读(Dirty Read):指一个事务正在访问数据,而其他事务正在更新该数据,但尚未提交,此时就会发生脏读问题,即第一个事务所读取的数据是"脏"(不正确)数据,它可能会引起错误。

不可重复读(Unrepeatable Read):是当一个事务多次访问同一行而且每次读取不同的数据时会发生的问题。它与脏读有相似之处,因为该事务也是正在读取其他事务正在更改的数据。当一个事务访问数据时,另外的事务也访问该数据并对其进行修改,因此就发生了由于第二个事务对数据的修改而导致第一个事务两次读到的数据不一样的情况。

幻读(Phantom Read):是当一个事务对某行执行插入或删除操作,而该行属于某个事务正在读取的行的范围时发生的问题。事务第一次读的行范围显示出其中一行已不复存在于第二次读或后续读中,因为该行已被其他事务删除。同样,由于其他事务的插入操作,事务的第二次读或后续读显示有一行已不存在于原始读中。

习题 10

   1. 什么是事务? 简述事务 ACID 各属性的含义。

   2. 如何具体处理一个事务? 有哪几个典型步骤?

   3. 为什么要使用锁定? MySQL 提供了哪几种锁模式?

   4. 什么是死锁? 死锁产生的机理是怎样的?

   5. 多用户并发访问数据库时会出现哪些问题?

第二部分 MySQL 实验

实验 1
MySQL 的使用

目的要求

（1）掌握 MySQL 服务器的安装方法。

（2）基本了解数据库及其对象。

实验准备

（1）了解 MySQL 安装的软硬件要求。

（2）了解 MySQL 支持的身份验证模式。

（3）了解 MySQL 各组件的主要功能。

（4）基本了解数据库、表、数据库对象。

实验内容

1. 安装 MySQL 服务器和 MySQL 界面工具

（1）按照本书第 1 章中的介绍，安装并配置 MySQL 服务器。

（2）安装 MySQL 界面工具。

2. 利用 MySQL 客户端访问数据库

（1）MySQL 客户端需经由命令行进入，单击"开始"→"所有程序"→"附件"→"命令提示符"命令，进入 Windows 命令行，输入：

```
cd C:\Program Files\MySQL\MySQL Server 5.6\bin
```

然后输入：

```
mysql.exe-uroot-p
```

即可启动 MySQL 客户端，登录后界面如图实验 1.1 所示。

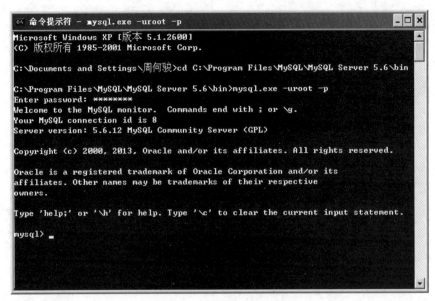

图实验 1.1　MySQL 客户端界面

（2）在客户端中输入 help 或 \h,查看 MySQL 帮助菜单,仔细阅读帮助菜单的内容。

（3）使用 SHOW 语句查看系统中已有（包括用户自己创建）的数据库:

```
show databases;
```

执行结果如图实验 1.2 所示。

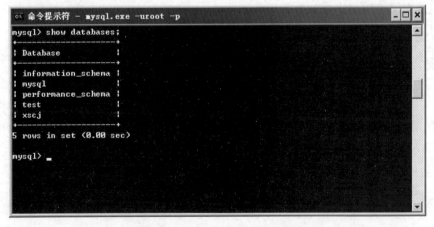

图实验 1.2　查看系统中已有数据库

除了三个系统库外,还有两个(test 和 xscj)数据库是本书讲解实例的需要自行创建的用户数据库。

（4）使用 USE 语句选择 MySQL 数据库为当前数据库:

```
use mysql;
```

执行结果如图实验 1.3 所示。

语句执行后即选择了 MySQL 为当前数据库,执行
SQL 语句时如果不指明数据库,则表示在当前数据库中进
行操作。

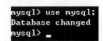

图实验 1.3   执行结果(一)

(5) 使用 SHOW TABLES 语句查看当前数据库中的表。

```
show tables;
```

由于当前数据库为 MySQL,所以语句的查询结果即 MySQL 数据库中的表。

通过这条 SHOW 语句结果可以看出,MySQL 数据库中有 28 个表,如图实验 1.4 所示。
这些表中都包含了有关 MySQL 的系统信息。

(6) 使用一条 SELECT 语句查看 MySQL 数据库中存储用户信息的表 user 的
内容。

```
select user from user;
```

执行结果如图实验 1.5 所示。

图实验 1.4   执行结果(二)   图实验 1.5   执行结果(三)

由结果可知,当前数据库中除了管理员用户 root,还有很多其他用户,都是在本书各章

演示实例的时候陆续创建的。

【思考与练习】

使用 USE 语句将当前数据库设定为 information_schema,并查看该系统库中有哪些表。

3. MySQL 界面工具的使用

根据上述命令操作(部分)功能,尝试用 MySQL 界面工具完成。

创建数据库和表

目的和要求

(1) 了解 MySQL 数据库的存储引擎的分类。

(2) 了解表的结构特点。

(3) 了解 MySQL 的基本数据类型。

(4) 了解空值概念。

(5) 学会在 MySQL 界面工具中创建数据库和表。

(6) 学会使用 SQL 语句创建数据库和表。

实验内容

1. 实验题目

创建用于企业管理的员工管理数据库,数据库名为 YGGL,包含员工的信息、部门信息及员工的薪水信息。数据库 YGGL 包含下列三个表:

(1) Employees——员工信息表。

(2) Departments——部门信息表。

(3) Salary——员工薪水情况表。

各表的结构如表实验 2.1、表实验 2.2、表实验 2.3 所示。

表实验 2.1 Employees 表结构

列　　名	数 据 类 型	长　　度	是否允许为空值	说　　明
EmployeeID	char	6	×	员工编号,主键
Name	char	10	×	姓名
Education	char	4	×	学历
Birthday	date	16	×	出生日期
Sex	char	2	×	性别
WorkYear	tinyint	1	√	工作时间
Address	varchar	20	√	地址
PhoneNumber	char	12	√	电话号码
DepartmentID	char	3	×	员工部门号,外键

表实验 2.2　Departments 表结构

列　　名	数 据 类 型	长　　度	是否允许为空值	说　　明
DepartmentID	字符型(char)	3	×	部门编号,主键
DepartmentName	字符型(char)	20	×	部门名
Note	文本(text)	16	√	备注

表实验 2.3　Salary 表结构

列　　名	数 据 类 型	长　　度	是否允许为空值	说　　明
EmployeeID	字符型(char)	6	×	员工编号,主键
InCome	浮点型(float)	8	×	收入
OutCome	浮点型(float)	8	×	支出

2. 实验准备

首先要明确,能够创建数据库的用户必须是系统管理员,或是被授权使用 CREATE DATABASE 语句的用户。

其次,确定数据库包含哪些表,以及所包含的各表的结构,还要了解 MySQL 的常用数据类型,以创建数据库的表。

此外还要了解两种常用的创建数据库、表的方法,即使用 CREATE DATABASE 语句创建和在界面管理工具中创建。

实验步骤

1. 使用命令行方式创建数据库 YGGL

以管理员身份登录 MySQL 客户端,使用 CREATE 语句创建 YGGL 数据库:

```
create database YGGL;
```

执行结果如图实验 2.1 所示。

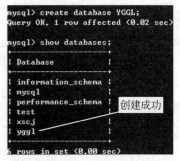

图实验 2.1　执行结果

2. 使用 SQL 语句在 YGGL 数据库中创建表 Employees

执行创建表 Employees 的 SQL 语句:

```
use YGGL
create table Employees
(
    EmployeeID     char(6) not null,
    Name           char(10)not null,
    Education      char(4) not null,
    Birthday       date    not null,
    Sex            char(2) not null default '1',
    WorkYear       tinyint(1),
```

```
    Address      varchar(20),
    PhoneNumber char(12),
    DepartmentID char(3) not null,
    primary key(EmployeeID)
)engine=innodb;
```

用同样的方法在数据库 YGGL 中创建表 Salary。

创建一个与 Employees 表结构相同的空表 Employees0：

```
create table Employees0 like Employees;
```

3. 使用 SQL 语句删除表和数据库

删除表 Employees：

```
drop table Employees;
```

删除数据库 YGGL：

```
drop database YGGL;
```

【思考与练习】

(1) 在 YGGL 数据库存在的情况下，使用 CREATE DATABASE 语句新建数据库 YGGL，查看错误信息，再尝试加上 IF NOT EXISTS 关键词创建 YGGL，看看有什么变化。

(2) 使用命令行方法创建数据库 YGGL1，要求数据库字符集为 utf8，校对规则为 utf8_general_ci。

(3) 使用界面方法在 YGGL1 数据库中新建表 Employees1，要求使用存储引擎为 MyISAM，表的结构与 Employees 相同。

(4) 分别使用命令行方式和界面方式将表 Employees1 中的 EmailAddress 列删除，并将 Sex 列的默认值修改为"男"。

4. MySQL 界面工具的使用

根据上述命令操作(部分)功能，尝试用 MySQL 界面工具完成。

表数据插入、修改和删除

目的和要求

　　(1) 学会在界面管理工具中对数据库表进行插入、修改和删除数据操作。

　　(2) 学会使用 SQL 语句对数据库表进行插入、修改和删除数据操作。

　　(3) 了解数据更新操作时要注意数据完整性。

　　(4) 了解 SQL 语句对表数据操作的灵活控制功能。

实验内容

1. 实验题目

　　使用 SQL 语句，向在实验 2 中建立的数据库 YGGL 的三个表：Employees、Departments 和 Salary 中插入多行数据记录，然后修改和删除一些记录。使用 SQL 进行有限制的修改和删除。

2. 实验准备

　　首先，了解对表数据的插入、删除、修改都属于表数据的更新操作。

　　其次，要掌握 SQL 中用于对表数据进行插入、修改和删除的命令分别是 INSERT、UPDATE 和 DELETE(或 TRANCATE TABLE)。

　　要特别注意在执行插入、删除和修改等数据更新操作时，必须保证数据完整性。

　　在实验 2 中，用于实验的 YGGL 数据库中的三个表已经建立，现在要将各表的样本数据添加到表中。样本数据如表实验 3.1、表实验 3.2 和表实验 3.3 所示。

表实验 3.1　Employees 表数据样本

编号	姓名	学历	出生日期	性别	工作时间	住址	电话	部门号
000001	王林	大专	1966-01-23	1	8	中山路 32-1-508	83355668	2
010008	伍容华	本科	1976-03-28	1	3	北京东路 100-2	83321321	1
020010	王向容	硕士	1982-12-09	1	2	四牌楼 10-0-108	83792361	1
020018	李丽	大专	1960-07-30	0	6	中山东路 102-2	83413301	1
102201	刘明	本科	1972-10-18	1	3	虎踞路 100-2	83606608	5
102208	朱俊	硕士	1965-09-28	1	2	牌楼巷 5-3-106	84708817	5
108991	钟敏	硕士	1979-08-10	0	4	中山路 10-3-105	83346722	3
111006	张石兵	本科	1974-10-01	1	1	解放路 34-1-203	84563418	5
210678	林涛	大专	1977-04-02	1	2	中山北路 24-35	83467336	3

续表

编号	姓名	学历	出生日期	性别	工作时间	住址	电话	部门号
302566	李玉珉	本科	1968-09-20	1	3	热和路 209-3	58765991	4
308759	叶凡	本科	1978-11-18	1	2	北京西路 3-7-52	83308901	4
504209	陈林琳	大专	1969-09-03	0	5	汉中路 120-4-12	84468158	4

表实验 3.2　Departments 表数据样本

部　门　号	部　门　名　称	备　　注	部　门　号	部　门　名　称	备　　注
1	财务部	NULL	4	研发部	NULL
2	人力资源部	NULL	5	市场部	NULL
3	经理办公室	NULL			

表实验 3.3　Salary 表数据样本

编　　号	收　　入	支　　出	编　　号	收　　入	支　　出
000001	2100.8	123.09	108991	3259.98	281.52
010008	1582.62	88.03	020010	2860.0	198.0
102201	2569.88	185.65	020018	2347.68	180.0
111006	1987.01	79.58	308759	2531.98	199.08
504209	2066.15	108.0	210678	2240.0	121.0
302566	2980.7	210.2	102208	1980.0	100.0

实验步骤

1. 初始化数据库 YGGL 中所有表的数据

(1) 打开 YGGL 数据库。

(2) 向 Employees 表中加入表实验 3.1 中的记录。

(3) 向 Departments 表和 Salary 表中分别插入表实验 3.2 和表实验 3.3 中的记录。

注意：插入的数据要符合列的类型。试着在 INT 型的列中插入字符型数据（如字母），查看发生的情况。

不能插入两行有相同主键的数据。例如，如果编号 000001 的员工信息已经在 Employees 中存在，则不能向 Employees 表再插入编号为 000001 的数据行。

说明：可以在界面工具中观察数据的变化，验证操作是否成功。

2. 修改数据库 YGGL 中的表数据

(1) 删除表 Employees 的第 1 行和表 Salary 的第 1 行。注意进行删除操作时，作为两表主键的 EmployeeID 的值，以保持数据完整性。

(2) 将表 Employees 中编号为 020018 的记录的部门号（DepartmentID 字段）改为 4。

说明：可以在界面工具中观察数据的变化，验证操作是否成功。

3. 插入表数据

(1) 向表 Employees 中插入实验步骤 2(1)中删除的一行数据:

```
insert into Employees values('000001', '王林', '大专', '1966-01-23', '1', 8, '中山
路 32-1-508', '83355668', '2');
```

(2) 向表 Salary 插入实验步骤 2(1)中删除的一行数据:

```
insert into Salary set EmployeeID='000001', InCome=2100.8, OutCome=123.09;
```

(3) 使用 REPLACE 语句向 Departments 表插入一行数据:

```
replace into Departments values('1', '广告部', '负责推广产品');
```

执行完该语句后,使用 SELECT 语句进行查看,可见原有的 1 号部门已经被新插入的一行数据替换了,效果如图实验 3.1 所示。

【思考与练习】

(1) 由于本实验没有创建可以插入图片的数据类型,无法演示如何插入图片。读者可以自行验证如何使用命令行和界面方式插入图片数据。

图实验 3.1　执行结果(一)

(2) INSERT INTO 语句还可以通过 SELECT 子句来添加其他表中的数据,但是 SELECT 子句中的列要与添加表的列数目和数据类型都一一对应。假设有另一个空表 Employees2,结构和 Employees 表完全相同,使用 INSERT INTO 语句将 Employees 表中数据添加到 Employees2 中,语句如下:

```
insert into Employees2 select * from Employees;
```

查看 Employees2 表中的变化,如图实验 3.2 所示。

可见,这时表 Employees2 中已经有了表 Employees 的全部数据。

4. 使用 SQL 语句修改表数据

(1) 使用 SQL 命令修改表 Salary 中的某个记录的字段值:

```
update Salary set InCome=2890
    where EmployeeID='102201';
```

执行上述语句,将编号为 102201 的职工收入改为 2890。

(2) 将所有职工收入增加 100:

```
update Salary
    set InCome=InCome+100;
```

说明:可以在界面工具中观察数据的变化,验证操作是否成功。

(3) 使用 SQL 命令删除表 Employees 中编号为 102201 的职工信息:

图实验 3.2　执行结果(二)

```
delete from Employees where EmployeeID='102201';
```

(4) 删除所有收入大于 2500 的员工信息:

```
delete from Employees
    where EmployeeID=(select EmployeeID from Salary where InCome>2500);
```

(5) 使用 TRUNCATE TABLE 语句删除表中所有行:

```
truncate table Salary;
```

执行上述语句,将删除 Salary 表中的所有行。

注意:实验时不要轻易做这个操作,因为后面实验还要用到这些数据。如果要查看实验该命令的效果,可建一个临时表,输入少量数据后进行。

说明:可以在界面工具中观察数据的变化,验证操作是否成功。

【思考与练习】

使用 INSERT、UPDATE 语句将实验 3 中所有对表的修改恢复到原来的状态,方便在以后的实验中使用。

数据库的查询和视图

实验 4.1 数据库的查询

目的与要求

(1) 掌握 SELECT 语句的基本语法。

(2) 掌握子查询的表示。

(3) 掌握连接查询的表示。

(4) 掌握 SELECT 语句的 GROUP BY 子句的作用和使用方法。

(5) 掌握 SELECT 语句的 ORDER BY 子句的作用和使用方法。

(6) 掌握 SELECT 语句的 LIMIT 子句的作用和使用方法。

实验准备

(1) 了解 SELECT 语句的基本语法格式。

(2) 了解 SELECT 语句的执行方法。

(3) 了解子查询的表示方法。

(4) 了解连接查询的表示。

(5) 了解 SELECT 语句的 GROUP BY 子句的作用和使用方法。

(6) 了解 SELECT 语句的 ORDER BY 子句的作用。

(7) 了解 SELECT 语句的 LIMIT 子句的作用。

实验内容

1. SELECT 语句的基本使用

(1) 对于实验 2 给出的数据库表结构,查询每个雇员的所有数据。使用以下的 SQL 语句:

```
use YGGL
select * from Employees;
```

【思考与练习】

用 SELECT 语句查询 Departments 和 Salary 表的所有记录。

(2) 查询每个雇员的姓名、地址和电话。使用以下的 SQL 语句:

```
select Name, Address, PhoneNumber
    from Employees;
```

执行结果如图实验 4.1 所示。

【思考与练习】

① 用 SELECT 语句查询 Departments 和 Salary 表的一列或若干列。

② 查询 Employees 表中部门号和性别,要求使用 DISTINCT 消除重复行。

(3)查询 EmployeeID 为 000001 的雇员的地址和电话。使用以下的 SQL 语句:

图实验 4.1 执行结果(一)

```
select Address,PhoneNumber
    from Employees
    where EmployeeID='000001';
```

执行结果如图实验 4.2 所示。

【思考与练习】

① 查询月收入高于 2000 元的雇员号码。

② 查询 1970 年以后出生的雇员的姓名和住址。

③ 查询所有财务部的雇员的号码和姓名。

(4)查询 Employees 表中女雇员的地址和电话,使用 AS 子句将结果中各列的标题分别指定为地址、电话。使用以下的 SQL 语句:

```
select Address as 地址, PhoneNumber as 电话
    from Employees
    where sex='0';
```

执行结果如图实验 4.3 所示。

图实验 4.2 执行结果(二)   图实验 4.3 执行结果(三)

【思考与练习】

查询 Employees 表中男雇员的姓名和出生日期,要求将各列标题用中文表示。

(5)查询 Employees 表中雇员的姓名和性别,要求 Sex 值为 1 时显示为"男",为 0 时显示为"女"。

```
select Name as 姓名,
    case
        when Sex='1' then '男'
        when Sex='0' then '女'
```

```
end as 性别
from Employees;
```

执行结果如图实验 4.4 所示。

【思考与练习】

查询 Employees 雇员的姓名、住址和收入水平,2000 元以下显示为低收入,2000～3000 元显示为中等收入,3000 元以上显示为高收入。

(6) 计算每个雇员的实际收入。使用以下的 SQL 语句:

```
select EmployeeID, InCome-OutCome as 实际收入
from Salary;
```

执行结果如图实验 4.5 所示。

图实验 4.4　执行结果(四)

图实验 4.5　执行结果(五)

【思考与练习】

使用 SELECT 语句进行简单的计算。

(7) 获得雇员总数。

```
select COUNT( * )
from Employees;
```

执行结果如图实验 4.6 所示。

【思考与练习】

① 计算 Salary 表中雇员月收入的平均数。

② 获得 Employees 表中最大的雇员号码。

③ 计算 Salary 表中所有雇员的总支出。

④ 查询财务部雇员的最高和最低实际收入。

(8) 找出所有姓王的雇员的部门号。

使用以下的 SQL 语句:

```
select DepartmentID
from Employees
where name like '王%';
```

执行结果如图实验 4.7 所示。

【思考与练习】

① 找出所有其地址中含有"中山"的雇员的号码及部门号。

② 查找雇员号码中倒数第二个数字为 0 的姓名、地址和学历。

(9) 找出所有收入为 2000～3000 元的雇员号码。使用以下的 SQL 语句：

```
select EmployeeID
    from Salary
    where InCome between 2000 and 3000;
```

执行结果如图实验 4.8 所示。

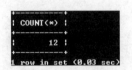

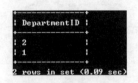

图实验 4.6　执行结果(六)　　　　图实验 4.7　执行结果(七)　　　　图实验 4.8　执行结果(八)

【思考与练习】

找出所有在部门"1"或"2"工作的雇员的号码。

注意：在 SELECT 语句中 LIKE、BETWEEN…AND、IN、NOT 及 CONTAIN 谓词的作用。

2. 子查询的使用

(1) 查找在财务部工作的雇员的情况。使用以下的 SQL 语句：

```
select * from Employees
    where DepartmentID=
        (select DepartmentID
            from Departments
            where DepartmentName='广告部');
```

执行结果如图实验 4.9 所示。

```
+------------+--------+-----------+------------+-----+----------+------------+
| EmployeeID | Name   | Education | Birthday   | Sex | WorkYear | Address    |
| PhoneNumber| DepartmentID |       |            |     |          |            |
+------------+--------+-----------+------------+-----+----------+------------+
| 010008     | 伍容华 | 本科      | 1976-03-28 | 1   |        3 | 北京东路100-2 |
| 83321321   | 1      |           |            |     |          |            |
| 020010     | 王向容 | 硕士      | 1982-12-09 | 1   |        2 | 四牌楼10-0-108 |
| 83792361   | 1      |           |            |     |          |            |
+------------+--------+-----------+------------+-----+----------+------------+
2 rows in set (0.00 sec)
```

图实验 4.9　执行结果(九)

【思考与练习】

用子查询的方法查找所有收入在 2500 元以下的雇员的情况。

（2）查找研发部年龄不低于市场部所有雇员年龄的雇员的姓名。输入如下的语句并执行：

```
select Name
    from Employees
    where DepartmentID in
    (select DepartmentID
        from Departments
        where DepartmentName='研发部')
    and
    Birthday <=ALL
        (select Birthday
            from Employees
            where DepartmentID in
                (select DepartmentID
                    from Departments
                    where DepartmentName='市场部')
        );
```

执行结果如图实验 4.10 所示。

【思考与练习】

用子查询的方法查找研发部比市场部所有雇员收入都高的雇员的姓名。

（3）查找比广告部所有的雇员收入都高的雇员的姓名。使用以下的 SQL 语句：

```
select Name
    from Employees
    where  EmployeeID in
        ( select EmployeeID
            from Salary
            where InCome>
            all ( select InCome
                from Salary
                where EmployeeID in
                    ( select EmployeeID
                        from Employees
                        where DepartmentID=
                            ( select DepartmentID
                                from Departments
                                where DepartmentName='广告部')
                    )
                )
        );
```

执行结果如图实验 4.11 所示。

图实验 4.10 执行结果(十)

图实验 4.11 执行结果(十一)

【思考与练习】

用子查询的方法查找年龄比市场部所有雇员年龄都大的雇员的姓名。

3. 连接查询的使用

(1) 查询每个雇员的情况及其薪水的情况。使用以下的 SQL 语句:

```
select Employees.*, Salary.*
    from Employees, Salary
    where Employees.EmployeeID=Salary.EmployeeID;
```

【思考与练习】

查询每个雇员的情况及其工作部门的情况。

(2) 使用内连接的方法查询名字为"王林"的雇员所在的部门。

```
select DepartmentName
    from Departments join Employees
        on Departments.DepartmentID=Employees.
DepartmentID
    where Employees.Name='王林';
```

执行结果如图实验 4.12 所示。

【思考与练习】

① 使用内连接方法查找不在广告部工作的所有雇员信息。

② 使用外连接方法查找所有雇员的月收入。

(3) 查找广告部收入在 2000 元以上的雇员姓名及其薪水详情。使用以下的 SQL 语句:

```
select Name,InCome,OutCome
    from Employees , Salary , Departments
    where Employees.EmployeeID=Salary.EmployeeID
        and
            Employees.DepartmentID=Departments.DepartmentID
        and
            DepartmentName='广告部'
        and
            InCome>2000;
```

执行结果如图实验 4.13 所示。

【思考与练习】

查询研发部在 1966 年以前出生的雇员姓名及其薪水详情。

图实验 4.12　执行结果（十二）　　　　　　图实验 4.13　执行结果（十三）

4. GROUP BY、ORDER BY 和 LIMIT 子句的使用

（1）查找 Employees 中男性和女性的人数。

```
select Sex, COUNT(Sex)
    from Employees
    group by Sex;
```

执行结果如图实验 4.14 所示。

【思考与练习】

① 按部门列出在该部门工作的雇员的人数。

② 按雇员的学历分组，列出本科、大专和硕士的人数。

（2）查找雇员数超过 2 人的部门名称和雇员数量。

```
select DepartmentName, COUNT(*) AS 人数
    from Employees, Departments
    where Employees.DepartmentID=Departments.
DepartmentID
    group by Employees.DepartmentID
    having COUNT(*)>2;
```

执行结果如图实验 4.15 所示。

【思考与练习】

按雇员的工作年份分组，统计各个工作年份的人数，如工作 1 年的多少人，工作 2 年的多少人。

（3）将 Employees 表中的雇员号码由大到小排列。使用如下 SQL 语句：

```
select EmployeeID
    from Employees
    order by EmployeeID DESC;
```

执行结果如图实验 4.16 所示。

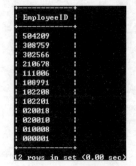

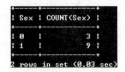　　

图实验 4.14　执行结果（十四）　　图实验 4.15　执行结果（十五）　　图实验 4.16　执行结果（十六）

【思考与练习】

① 将雇员信息按出生日期从小到大排列。

② 在 ORDER BY 子句中使用子查询,查询雇员姓名、性别和工龄信息,要求按实际收入从大到小排列。

（4）返回 Employees 表中的前 5 位雇员的信息。

```
select *
    from Employees
    limit 5;
```

执行结果如图实验 4.17 所示。

图实验 4.17　执行结果(十七)

【思考与练习】

返回 Employees 表中从第 3 位雇员开始的 5 个雇员的信息。

实验 4.2　视图的使用

目的和要求

（1）熟悉视图的概念和作用。

（2）掌握视图的创建方法。

（3）掌握如何查询和修改视图。

实验准备

（1）了解视图的概念。

（2）了解创建视图的方法。

（3）了解对视图的操作。

实验内容

1. 创建视图

（1）创建 YGGL 数据库上的视图 DS_VIEW,视图包含 Departments 表的全部列。

```
create or replace
    view DS_VIEW
    as select * from Departments;
```

（2）创建 YGGL 数据库上的视图 Employees_view，视图包含员工号码、姓名和实际收入。使用如下 SQL 语句：

```
create or replace
    view Employees_view(EmployeeID, Name, RealIncome)
    as
        select Employees. EmployeeID, Name, InCome-OutCome
            from Employees, Salary
                where Employees. EmployeeID=Salary. EmployeeID;
```

【思考与练习】

① 在创建视图时 SELECT 语句有哪些限制？

② 在创建视图时有哪些注意点？

③ 创建视图，包含员工号码、姓名、所在部门名称和实际收入这几列。

2. 查询视图

（1）从视图 DS_VIEW 中查询出部门号为 3 的部门名称。

```
select DepartmentName
    from DS_VIEW
    where DepartmentID= '3';
```

执行结果如图实验 4.18 所示。

（2）从视图 Employees_view 查询出姓名为"王林"的员工的实际收入。

```
select RealIncome
    from Employees_view
    where Name= '王林';
```

执行结果如图实验 4.19 所示。

图实验 4.18　执行结果（十八）

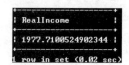

图实验 4.19　执行结果（十九）

【思考与练习】

① 若视图关联了某表中的所有字段，此时该表中添加了新的字段，视图中能否查询到该字段？

② 自己创建一个视图，并查询视图中的字段。

3. 更新视图

在更新视图前需要了解可更新视图的概念，了解什么视图是不可以进行修改的。更新视图真正更新的是与视图关联的表。

（1）向视图 DS_VIEW 中插入一行数据：6，财务部，财务管理。

```
insert into DS_VIEW values('6', '财务部', '财务管理');
```

执行完该命令，使用 SELECT 语句分别查看视图 DS_VIEW 和基本表 Departments 中发生的变化。

尝试向视图 Employees_view 中插入一行数据，看看会发生什么情况。

（2）修改视图 DS_VIEW，将部门号为 5 的部门名称修改为“生产车间”。

```
update DS_VIEW
    set DepartmentName='生产车间'
    where DepartmentID='5';
```

执行完该命令，使用 SELECT 语句分别查看视图 DS_VIEW 和基本表 Departments 中发生的变化。

（3）修改视图 Employees_view 中号码为 000001 的员工的姓名为“王浩”。

```
update Employees_view
    set Name='王浩'
    where EmployeeID='000001';
```

（4）删除视图 DS_VIEW 中部门号为“1”的数据。

```
delete from DS_VIEW
    where DepartmentID='1';
```

【思考与练习】

视图 Employees_view 中无法插入和删除数据，其中的 RealIncome 字段也无法修改，为什么？

4. 删除视图

删除视图 DS_VIEW。

```
drop view DS_VIEW;
```

5. 在界面工具中操作视图

【思考与练习】

总结视图与基本表的差别。

实验 5
索引和数据完整性

目的与要求

（1）掌握索引的使用方法。
（2）掌握数据完整性的实现方法。

实验准备

（1）了解索引的作用与分类。
（2）掌握索引的创建方法。
（3）理解数据完整性的概念及分类。
（4）掌握各种数据完整性的实现方法。

实验内容

1. 创建索引

1）使用 CREATE INDEX 语句创建索引

（1）对 YGGL 数据库的 Employees 表中的 DepartmentID 列建立索引。在 MySQL 客户端输入如下命令并执行：

```
create index depart_ind
    on Employees(DepartmentID);
```

（2）在 Employees 表的 Name 列和 Address 列上建立复合索引。

```
create index Ad_ind
    on Employees(Name, Address);
```

（3）对 Departments 表上的 DepartmentName 列建立唯一性索引。

```
create unique index Dep_ind
    on Departments(DepartmentName);
```

【思考与练习】
① 索引创建完后可以使用 SHOW INDEX FROM tbl_name 语句查看表中的索引。
② 对 Employees 表的 Address 列进行前缀索引。
使用 CREATE INDEX 语句能创建主键吗？

2）使用 ALTER TABLE 语句向表中添加索引

（1）向 Employees 表中的出生日期列添加一个唯一性索引，姓名列和性别列上添加一个复合索引。使用如下 SQL 语句：

```
alter table Employees
    add unique index date_ind(Birthday),
    add index na_ind(Name,Sex);
```

（2）假设 Departments 表中没有主键，使用 ALTER TABLE 语句将 DepartmentID 列设为主键。使用如下 SQL 语句：

```
alter table Employees
    add primary key(DepartmentID);
```

【思考与练习】

添加主键和添加普通索引有什么区别？

3）在创建表时创建索引

创建与 Departments 表相同结构的表 Departments1，将 DepartmentName 设为主键，DepartmentID 上建立一个索引。

```
create table Departments1
(
    DepartmentID    CHAR(3),
    DepartmentName  CHAR(20),
    Note            TEXT,
    primary key(DepartmentName),
    index DID_ind(DepartmentID)
);
```

【思考与练习】

创建一个数据量很大的新表，看看使用索引和不使用索引的区别。

4）界面方式创建索引

请参阅教材中界面方式创建索引的有关内容。

【思考与练习】

① 使用界面方式创建一个复合索引。

② 掌握索引的分类，体会索引对查询的影响。

2. 删除索引

（1）使用 DROP INDEX 语句删除表 Employees 上的索引 depart_ind，使用如下 SQL 语句：

```
drop index depart_ind on Employees;
```

（2）使用 ALTER TABLE 语句删除 Departments 上的主键和索引 Dep_ind。

```
alter table Departments
    drop primary key,
    drop index Dep_ind;
```

【思考与练习】

如果删除了表中的一个或多个列,该列上的索引也会受到影响。如果组成索引的所有列都被删除,则该索引也被删除。

3. 数据完整性

(1) 创建一个表 Employees3,只含 EmployeeID、Name、Sex 和 Education 列。将 Name 设为主键,作为列 Name 的完整性约束。EmployeeID 为替代键,作为表的完整性约束。

```
create table Employees3
(
    EmployeeID    char(6)        not null,
    Name          char(10)       not null primary key,
    Sex           tinyint(1),
    Education     char(4),
    unique(EmployeeID)
);
```

【思考与练习】

创建一个新表,使用一个复合列作为主键,作为表的完整性约束。

(2) 创建一个表 Salary1,要求所有 Salary 表上出现的 EmployeeID 都要出现在 Salary1 表中,利用完整性约束实现,要求当删除或修改 Salary 表上的 EmployeeID 列时,Salary1 表中的 EmployeeID 值也会随之变化。使用如下 SQL 语句:

```
create table Salary1
(
    EmployeeID    char(6)        not null primary key,
    InCome        float(8)       not null,
    OutCome       float(8)       not null,
    foreign key(EmployeeID)
        references Salary(EmployeeID)
            on  update  cascade
            on  delete  cascade
);
```

【思考与练习】

① 创建完 Salary1 表后,初始化该表的数据与 Salary 表相同。删除 Salary 表中一行数据,再查看 Salary1 表的内容,看看会发生什么情况。

② 使用 ALTER TABLE 语句向 Salary 表中的 EmployeeID 列添加一个外键,要求当 Empolyees 表中要删除或修改与 EmployeeID 值有关的行时,检查 Salary 表有没有该 EmployeeID 值,如果存在则拒绝更新 Employees 表。

（3）创建表 student，只考虑学号和性别两列，性别只能包含男或女。

```
create table student
(
    学号 char(6) not null,
    性别 char(1) not null
        check(性别 in ('男', '女'))
);
```

【思考与练习】

创建表 student2，只考虑学号和出生日期两列，出生日期必须大于 1990 年 1 月 1 日。

注意：CHECK 完整性约束在目前的 MySQL 版本中只能被解析，而不能实现该功能。

MySQL 语言结构

目的与要求

（1）掌握变量的分类及其使用。

（2）掌握各种运算符的使用。

（3）掌握系统内置函数的使用。

实验准备

（1）了解 MySQL 支持的各种基本数据类型。

（2）了解 MySQL 各种运算符的功能及使用方法。

（3）了解 MySQL 系统内置函数的作用。

实验内容

1. 常量的使用

（1）计算 194 和 142 的乘积，使用如下 SQL 语句：

```
select 194 * 142;
```

执行结果如图实验 6.1 所示。

（2）获取这串字母'I\nlove\nMySQL'的值。

```
select 'I\nlove\nMySQL';
```

执行结果如图实验 6.2 所示。

图实验 6.1　执行结果（一）

图实验 6.2　执行结果（二）

【思考与练习】

熟悉其他类型的常量，掌握不同类型的常量的用法。

2. 系统变量的使用

（1）获得现在使用的 MySQL 版本。

```
select @@VERSION;
```

执行结果如图实验 6.3 所示。

（2）获得系统当前的时间。

```
select CURRENT_TIME;
```

执行结果如图实验 6.4 所示。

图实验 6.3　执行结果（三）　　　　　　　图实验 6.4　执行结果（四）

【思考与练习】

了解各种常用系统变量的功能及用法。

3. 用户变量的使用

（1）对于实验 2 给出的数据库表结构，创建一个名为 female 的用户变量，并在 SELECT 语句中，使用该局部变量查找表中所有女员工的编号、姓名。

```
use YGGL
set @female=0;
```

变量赋值完毕，使用以下的语句查询：

```
select EmployeeID, Name
    from Employees
    where sex=@female;
```

执行结果如图实验 6.5 所示。

（2）定义一个变量，用于获取号码为 102201 的员工的电话号码。

```
set @phone=(select PhoneNumber
    from Employees
    where EmployeeID='102201');
```

执行完该语句后，使用 SELECT 语句查询变量 phone 的值，执行结果如图实验 6.6 所示。

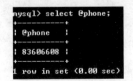

图实验 6.5　执行结果（五）　　　图实验 6.6　执行结果（六）

【思考与练习】

定义一个变量，用于描述 YGGL 数据库中的 Salary 表员工

000001 的实际收入，然后查询该变量。

4. 运算符的使用

（1）使用算术运算符减号"－"查询员工的实际收入。

```
select InCome-OutCome
    from Salary;
```

执行结果如图实验 6.7 所示。

图实验 6.7   执行结果（七）

（2）使用比较运算符大于号"＞"查询 Employees 表中工作时间大于 5 年的员工信息。

```
select *
    from Employees
    where WorkYear>5;
```

执行结果如图实验 6.8 所示。

（3）使用逻辑运算符逻辑与"AND"查看以下语句的结果。

```
select (7>6) AND ('A'='B');
```

执行结果如图实验 6.9 所示。

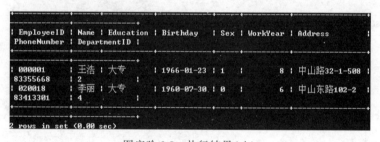

图实验 6.8   执行结果（八）

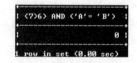

图实验 6.9   执行结果（九）

【思考与练习】

熟悉各种常用运算符的功能和用法，如 LIKE、BETWEEN 等。

5. 系统内置函数的使用

（1）获得一组数值的最大值和最小值。

```
select GREATEST(5, 76, 25.9), LEAST(5, 76, 25.9);
```

执行结果如图实验 6.10 所示。

【思考与练习】

① 使用 ROUND()函数获得一个数的四舍五入的整数值。

② 使用 ABS 函数获得一个数的绝对值。

③ 使用 SQRT 函数返回一个数的平方根。

（2）求广告部雇员的总人数。

```
select COUNT(EmployeeID) as 广告部人数
    from Employees
    where DepartmentID=
        (select DepartmentID
            from Departments
            where DepartmentName='广告部');
```

执行结果如图实验 6.11 所示。

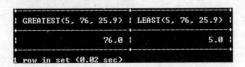

图实验 6.10 执行结果（十）　　　　　　图实验 6.11 执行结果（十一）

【思考与练习】

① 求广告部收入最高的员工姓名。

② 查询员工收入的平均数。

③ 聚合函数如何与 GROUP BY 函数一起使用?

(3) 使用 CONCAT 函数连接两个字符串。

```
select CONCAT('Ilove', 'MySQL');
```

执行结果如图实验 6.12 所示。

(4) 使用 ASCII 函数返回字符表达式最左端字符的 ASCII 值。

```
select ASCII('abc');
```

执行结果如图实验 6.13 所示。

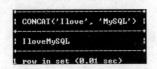

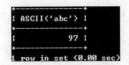

图实验 6.12 执行结果（十二）　　　　　图实验 6.13 执行结果（十三）

【思考与练习】

① 使用 CHAR 函数将 ASCII 码代表的字符组成字符串。

② 使用 LEFT 函数返回从字符串'abcdef'左边开始的三个字符。

(5) 获得当前的日期和时间。

```
select NOW();
```

执行结果如图实验 6.14 所示。

(6) 查询 YGGL 数据库中员工号为 000001 的员工出生的年份。

```
select YEAR(Birthday)
    from Employees
    where EmployeeID='000001';
```

执行结果如图实验 6.15 所示。

图实验 6.14　执行结果（十四）

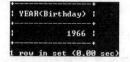

图实验 6.15　执行结果（十五）

【思考与练习】

① 使用 DAYNAME 函数返回当前时间的星期名。

② 列举出其他的时间日期函数。

（7）使用其他类型的系统内置函数，如格式化函数、控制流函数、系统信息函数等。

过程式数据库对象的使用

目的与要求

(1) 掌握存储过程创建和调用的方法。

(2) 掌握 MySQL 中程序片段的组成。

(3) 掌握游标的使用方法。

(4) 掌握存储函数创建和调用的方法。

(5) 掌握触发器的使用方法。

(6) 掌握事件的创建和使用方法。

实验准备

(1) 了解存储过程体中允许的 SQL 语句类型和参数的定义方法。

(2) 了解存储过程的调用方法。

(3) 了解存储函数的定义和调用方法。

(4) 了解触发器的作用和使用方法。

(5) 了解事件的作用和定义方法。

实验内容

1. 存储过程

(1) 创建存储过程,使用 Employees 表中的员工人数来初始化一个局部变量,并调用这个存储过程。

```
USE YGGL
DELIMITER $$
CREATE PROCEDURE TEST(OUT NUMBER1 INTEGER)
BEGIN
    DECLARE NUMBER2 INTEGER;
    SET NUMBER2=(SELECT COUNT(*) FROM Employees);
    SET NUMBER1=NUMBER2;
END$$
DELIMITER;
```

调用该存储过程:

```
CALL TEST(@NUMBER);
```

查看结果:

```
select @NUMBER;
```

执行结果如图实验 7.1 所示。

（2）创建存储过程，比较两个员工的实际收入，若前者比后者高就输出 0，否则输出 1。

```
DELIMITER $$
CREATE PROCEDURE
    COMPA(IN ID1 CHAR(6), IN ID2 CHAR(6), OUT BJ INTEGER)
BEGIN
    DECLARE SR1,SR2 FLOAT(8);
    SELECT InCome-OutCome INTO SR1 FROM Salary WHERE EmployeeID=ID1;
    SELECT InCome-OutCome INTO SR2 FROM Salary WHERE EmployeeID=ID2;
    IF ID1>ID2 THEN
        SET BJ=0;
    ELSE
        SET BJ=1;
    END IF;
END$$
DELIMITER;
```

调用该存储过程：

```
CALL COMPA('000001', '108991',@BJ);
```

查看结果：

```
select @BJ;
```

执行结果如图实验 7.2 所示。

图实验 7.1　执行结果（一）

图实验 7.2　执行结果（二）

（3）创建存储过程，使用游标确定一个员工的实际收入是否排在前三名。结果为 TRUE 表示是，结果为 FALSE 则表示否。

```
DELIMITER $$
CREATE PROCEDURE
TOP_THREE (IN EM_ID CHAR(6), OUT OK BOOLEAN)
BEGIN
    DECLARE X_EM_ID CHAR(6);
    DECLARE ACT_IN,SEQ INTEGER;
```

```
    DECLARE FOUND BOOLEAN;
    DECLARE SALARY_DIS CURSOR FOR                        /*声明游标*/
        SELECT EmployeeID, InCome-OutCome
        FROM Salary
        ORDER BY 2 DESC;
    DECLARE CONTINUE HANDLER FOR NOT FOUND               /*处理程序*/
    SET FOUND=FALSE;
    SET SEQ=0;
    SET FOUND=TRUE;
    SET OK=FALSE;
    OPEN SALARY_DIS;
    FETCH SALARY_DIS INTO X_EM_ID, ACT_IN;               /*读取第一行数据*/
    WHILE FOUND AND SEQ<3 AND OK=FALSE DO                 /*比较前三行数据*/
        SET SEQ=SEQ+1;
        IF X_EM_ID=EM_ID THEN
            SET OK=TRUE;
        END IF;
        FETCH SALARY_DIS INTO X_EM_ID, ACT_IN;
    END WHILE;
    CLOSE SALARY_DIS;
END $$
DELIMITER;
```

【思考与练习】

① 创建存储过程,要求当一个员工的工作年份大于 6 年时将其转到经理办公室工作。

② 创建存储过程,使用游标计算本科及以上学历的员工在总员工数中所占的比例。

2. 存储函数

(1) 创建一个存储函数,返回员工的总人数。

```
CREATE FUNCTION EM_NUM()
    RETURNS INTEGER
    RETURN(SELECT COUNT(*) FROM Employees);
```

调用该存储函数:

```
select EM_NUM();
```

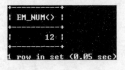

图实验 7.3   执行结果(三)

执行结果如图实验 7.3 所示。

(2) 创建一个存储函数,删除在 Salary 表中有但在 Employees 表中不存在的员工号。若在 Employees 表中存在则返回 FALSE,若不存在则删除该员工号并返回 TRUE。

```
DELIMITER $$
CREATE FUNCTION DELETE_EM(EM_ID CHAR(6))
    RETURNS BOOLEAN
```

```
BEGIN
    DECLARE EM_NAME CHAR(10);
    SELECT Name INTO EM_NAME FROM Employees WHERE EmployeeID=EM_ID;
    IF EM_NAME IS NULL THEN
        DELETE FROM Salary WHERE EmployeeID=EM_ID;
        RETURN TRUE;
    ELSE
        RETURN FALSE;
    END IF;
END$$
DELIMITER;
```

调用该存储函数：

```
select DELETE_EM('000001');
```

执行结果如图实验 7.4 所示。

图实验 7.4　执行结果（四）

【思考与练习】

① 创建存储函数，判断员工是否在研发部工作，若是则返回其学历，若不是则返回字符串"NO"。

② 创建一个存储函数，将工作时间满 4 年的员工收入增加 500。

3. 触发器

（1）创建触发器，在 Employees 表中删除员工信息的同时将 Salary 表中该员工的信息删除，以确保数据完整性。

```
CREATE TRIGGER DELETE_EM AFTER DELETE
    ON Employees FOR EACH ROW
    DELETE FROM Salary
    WHERE EmployeeID=OLD. EmployeeID;
```

创建完后删除 Employees 表中的一行数据，然后查看 Salary 表中的变化情况。

（2）假设 Departments2 表和 Departments 表的结构和内容都相同，在 Departments 上创建一个触发器，如果添加一个新的部门，该部门也会添加到 Departments2 表中。

```
DELIMITER $$
CREATE TRIGGER Departments_Ins
    AFTER INSERT ON Departments FOR EACH ROW
BEGIN
    INSERT INTO Departments2 VALUES(NEW. DepartmentID, NEW. Department Name, NEW.
    Note);
END$$
DELIMITER;
```

（3）当修改表 Employees 时，若将 Employees 表中员工的工作时间增加一年，则将收入增加 500，增加两年则增加 1000，依次增加。若工作时间减少则无变化。

```
DELIMITER $$
CREATE TRIGGER ADD_SALARY
    AFTER UPDATE ON Employees FOR EACH ROW
BEGIN
    DECLARE YEARS INTEGER;
    SET YEARS=NEW.WorkYear-OLD.WorkYear;
    IF YEARS>0 THEN
        UPDATE Salary SET InCome=InCome+500*YEARS
            WHERE EmployeeID=NEW.EmployeeID;
    END IF;
END$$
DELIMITER;
```

【思考与练习】

① 创建 UPDATE 触发器，当 Departments 表中部门号发生变化时，Employees 表中员工所属的部门号也将改变。

② 创建 UPDATE 触发器，当 Salary 表中的 InCome 值增加 500 时，OutCome 值则增加 50。

4. 事件

（1）创建一个立即执行的事件，查询 Employees 表的信息。

```
CREATE EVENT direct_happen
    ON SCHEDULE AT NOW()
    DO
        SELECT * FROM Employees;
```

（2）创建一个时间，每天执行一次，它从明天开始直到 2021 年 12 月 31 日结束。

```
DELIMITER $$
CREATE EVENT every_day
    ON SCHEDULE EVERY 1 DAY
        STARTS CURDATE()+INTERVAL 1 DAY
        ENDS '2021-12-31'
    DO
    BEGIN
        SELECT * FROM Employees;
    END$$
DELIMITER;
```

【思考与练习】

① 创建一个 2021 年 11 月 25 日上午 11 点执行的事件。

② 创建一个从下个月 20 日开始到 2021 年 11 月 20 日结束，每个月执行一次的事件。

实验 **8**
备份与恢复

目的与要求

（1）掌握在 MySQL Administrator 中进行备份和恢复操作的步骤。

（2）掌握使用 SQL 语句进行数据库完全备份的方法。

（3）掌握使用客户端程序进行完全备份的方法。

实验准备

了解在 MySQL Administrator 中进行数据库备份操作的方法。

实验内容

1. 用 SQL 语句进行数据库备份和恢复

使用 SQL 语句只能备份和恢复表的内容，如果表的结构损坏，则要先恢复表的结构才能恢复数据。

（1）备份。

备份 YGGL 数据库中的 Employees 表到 D 盘 file 文件夹下。使用如下语句：

```
use YGGL
select * from Employees
    into outfile 'D:/file/Employees.txt';
```

执行完后，查看 D 盘 file 文件夹下是否有 Employees.txt 文件。

（2）恢复。

为了方便说明问题，先删去 Employees 表中的几行数据，再使用 SQL 语句恢复 Employees 表。语句如下：

```
load data infile 'D:/file/Employees.txt'
    replace into table Employees;
```

执行完后，使用 SELECT 查看 Employees 表的变化。

【思考与练习】

使用 SQL 语句备份并恢复 YGGL 数据库中的其他表，并使用不同的符号来表示字段之间和行之间的间隔。

2. 使用客户端工具备份和恢复表

使用客户端工具首先要打开客户端工具的运行环境：打开命令行窗口，进入 MySQL 的 bin 目录，使用如下命令：

```
cd C:\Program Files\MySQL\MySQL Server 5.6\bin
```

执行结果如图实验 8.1 所示。

图实验 8.1　客户端程序运行环境

客户端命令就在此运行。

（1）使用 mysqldump 备份表和数据库。

mysqldump 工具备份的文件中包含了创建表结构的 SQL 语句，要备份数据库 YGGL 中的 Salary 表，在客户端输入以下命令：

```
mysqldump-hlocalhost-uroot-p19830925 YGGL Salary>D:/file/Salary.sql
```

查看 D 盘 file 目录下是否有名为 Salary.sql 的文件。

要备份整个 YGGL 数据库，可以使用以下命令：

```
mysqldump-uroot-p19830925--databases YGGL>D:/file/YGGL.sql
```

（2）使用 mysql 恢复数据库。

为了方便查看效果，先删除 YGGL 数据库中的 Employees 表，然后使用以下命令：

```
mysql-uroot-p19830925 YGGL<D:/file/YGGL.sql
```

打开 MySQL Administrator 查看 Employees 表是否恢复，恢复表结构也使用相同的方法。

（3）使用 mysqlimport 恢复表数据。

mysqlimport 的功能和 LOAD DATA　INFILE 语句是一样的，假设原来的 Salary 表内容已经备份成 Salary.txt 文件，如果 Salary 表中的数据发生了变动，可以使用以下命令恢复：

```
mysqlimport-uroot-p19830925--low-priority--replace YGGL D:/file/ Salary.txt
```

【思考与练习】

使用客户端程序 mysqldump 的"--tab＝"选项，将数据库 YGGL 中的所有表的表结构和表内容分开备份。使用 mysql 程序恢复表 Salary 的结构，使用 mysqlimport 恢复表的内容。

3. 使用界面管理工具对数据库 YGGL 进行数据库完全备份和恢复

使用界面管理工具对数据库进行数据库完全备份和恢复的方法请参见本书第一部分的相关内容。

数据库的安全性

目的与要求

（1）掌握数据库用户账号的建立与删除方法。

（2）掌握数据库用户权限的授予方法。

实验准备

（1）了解数据库安全的重要性。

（2）了解数据库用户账号的建立与删除的方法。

（3）了解数据库用户权限的授予与回收方法。

实验内容

1. 数据库用户

（1）创建数据库用户 user_1 和 user_2，密码都为 1234（假设服务器名为 localhost）。
在 MySQL 客户端中使用以下的 SQL 语句：

```
CREATE USER
    'user_1'@'localhost' IDENTIFIED BY '1234',
    'user_2'@'localhost' IDENTIFIED BY '1234';
```

（2）将用户 user_2 的名称修改为 user_3。

```
RENAME USER
    'user_2'@'localhost' TO 'user_3'@'localhost';
```

（3）将用户 user_3 的密码修改为 123456。

```
SET PASSWORD FOR 'user_3'@'localhost'=PASSWORD('123456');
```

（4）删除用户 user_3。

```
DROP USER user_3;
```

（5）以 user_1 用户身份登录 MySQL。
打开另一个新的命令行窗口，然后进入 MySQL 安装目录的 bin 目录下，输入命令：

```
mysql-hlocalhost-uuser_1-p1234
```

【思考与练习】

① 刚刚创建的用户有什么样的权限？

② 创建一个用户，并以该用户的身份登录。

2. 用户权限的授予与回收

（1）授予用户 user_1 对 YGGL 数据库中 Employees 表的所有操作权限及查询操作权限。以系统管理员（root）身份输入以下 SQL 语句：

```
USE YGGL
GRANT ALL ON Employees TO user_1@localhost;
GRANT SELECT ON Employees TO user_1@localhost;
```

（2）授予用户 user_1 对 Employees 表进行插入、修改、删除操作权限。

```
USE YGGL
GRANT INSERT,UPDATE,DELETE
    ON Employees
    TO user_1@localhost;
```

（3）授予用户 user_1 对数据库 YGGL 的所有权限。

```
USE YGGL
GRANT ALL
    ON *
    TO user_1@localhost;
```

（4）授予 user_1 在 Salary 表上的 SELECT 权限，并允许其将该权限授予其他用户。以系统管理员（root）身份执行以下语句：

```
GRANT SELECT
    ON YGGL.Salary
    TO user_1@localhost IDENTIFIED BY '1234'
    WITH GRANT OPTION;
```

执行完后，可以 user_1 用户身份登录 MySQL，user_1 用户可使用 GRANT 语句将自己在该表上所拥有的全部权限授予其他用户。

（5）回收 user_1 的 Employees 表上的 SELECT 权限。

```
REVOKE  SELECT
    ON  Employees
    FROM  user_1@localhost;
```

【思考与练习】

① 思考表权限、列权限、数据库权限和用户权限的不同之处。

② 授予用户 user_1 所有的用户权限。

③ 取消用户 user_1 所有的权限。

3. 使用界面工具创建用户并授予权限

使用界面工具创建用户并授予权限的方法请参见本书第一部分的相关内容。

第三部分　MySQL 综合应用

实习 0
实习数据库及其应用系统

P0.1　创建实习应用数据库

P0.1.1　创建数据库及表

数据库名称：xscj。

本实习部分用到三个表：学生表、课程表和成绩表，结构分别设计如下。

（1）**学生表**：xs，结构如表 P0.1 所示。

表 P0.1　学生表（xs）结构

项　目　名	列　　名	数据类型	可　空	说　明
姓名	XM	char(8)	×	主键
性别	XB	tinyint		
出生时间	CSSJ	date		
已修课程数	KCS	int(2)		
备注	BZ	varchar(255)		
照片	ZP	blob		

（2）**课程表**：kc，结构如表 P0.2 所示。

表 P0.2　课程表（kc）结构

项　目　名	列　　名	数据类型	可　　空	说　明
课程名	KCM	char(20)	×	主键
学时	XS	int(2)		
学分	XF	int(1)		

（3）**成绩表**：cj，结构如表 P0.3 所示。

表 P0.3   成绩表（cj）结构

项 目 名	列 名	数据类型	可 空	说 明
姓名	XM	char(8)	×	主键
课程名	KCM	char(20)	×	主键
成绩	CJ	int(2)		$0<=CJ<=100$

创建表的操作步骤参考前面有关章节。

创建后在 Navicat 中展开"表"目录，右击新建的表，在弹出菜单中选择"设计表"项，可查看表中各列的数据类型等属性。这里给出建好后各表的列属性视图，如图 P0.1 所示。

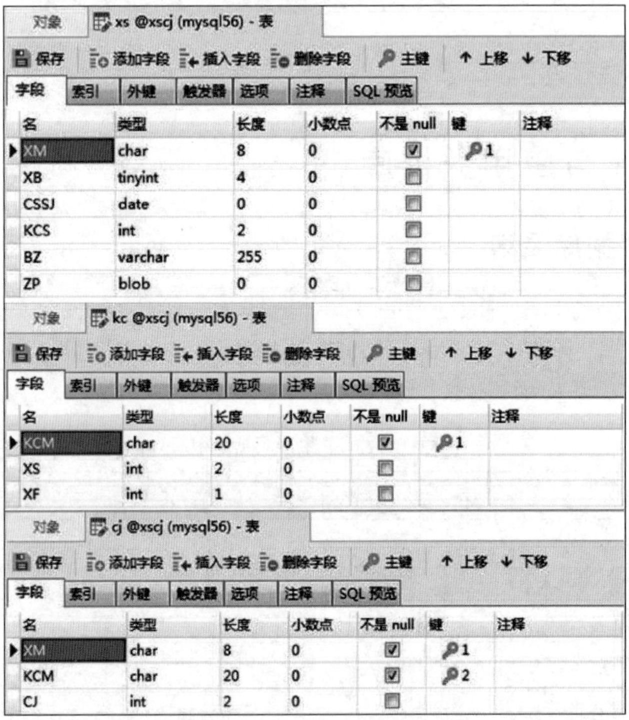

图 P0.1   各表的列属性视图

读者可对照图 P0.1 检查自己创建的表的列属性设置是否正确。

P0.1.2   创建触发器

本实习要创建两个触发器，创建触发器的操作步骤见本书对应章节，不再赘述。这里仅给出创建触发器所用的 PL/SQL 语句代码。

（1）**触发器 CJ_INSERT_KCS**

作用：在成绩表（cj）中插入一条记录的同时，在学生表（xs）中对应该学生记录的已修课程数（KCS）字段加 1。

创建的语句如下：

```
create or replace trigger CJ_INSERT_KCS
    after insert on CJ for each row
begin
    update xs set KCS=KCS+1 where NEW.XM=XM
end;
```

（2）触发器 CJ_DELETE_KCS

作用：在成绩表（cj）中删除一条记录，则在学生表（xs）中对应该学生记录的已修课程数（KCS）字段减 1。

创建的语句如下：

```
create or replace trigger CJ_DELETE_KCS
    after delete on CJ for each row
begin
    update xs set KCS=KCS-1 where XM=OLD.XM
end;
```

P0.1.3   创建完整性

本实习用数据库的完整性包括以下两点：

（1）在成绩表（cj）中插入一条记录，如果学生表（xs）中没有该记录对应姓名的学生，则不插入。

（2）在学生表（xs）中删除某学生的记录，如果该生在成绩表（CJ）中有成绩记录，则无法删。

创建完整性的操作步骤如下：

（1）在"连接"栏，展开连接 mysql56 目录，右击 xscj 数据库目录下"表"项中的 cj 表，在弹出菜单中选择"设计表"项，在打开的 CJ 表设计窗口中切换到"外键"选项页，单击工具栏上的 添加外键 按钮，创建一个名为 FK_CJ_XS 的外键，如图 P0.2 所示。

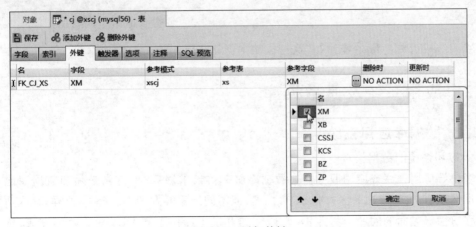

图 P0.2   添加外键

（2）设置该外键的"字段"为 XM，"参考模式"为 xscj，"参考表"为 xs，如图 P0.2 所示。

（3）单击图 P0.2 中外键"参考字段"右边的 按钮，从弹出对话框中选择参考字段名为 XM。

（4）选择设置该外键的"删除时"和"更新时"属性都为 NO ACTION，单击工具栏的 按钮保存设置。

至此，完整性参照关系创建完成，读者可通过在主表(xs)和从表(cj)中插入、删除数据，来验证它们之间的参照关系是否起作用。

P0.1.4　创建存储过程

单击 Navicat 工具栏上的 按钮，再单击其左下方的 新建查询 按钮，打开查询编辑器窗口，在其中输入要创建的存储过程代码。

本书实习要创建的存储过程如下。

过程名：CJ_PROC。

参数：姓名 1(xm1)。

实现功能：更新 XMCJ_VIEW 表。

XMCJ_VIEW 表用于暂存查询成绩表(CJ)得到的某个学生的成绩单，查询条件：姓名＝xm1；返回字段：课程名，成绩。

创建存储过程的代码如下：

```
create procedure CJ_PROC(in XM1 char(8))
begin
    begin
        delete from XMCJ_VIEW;
    end;
    begin
        insert into XMCJ_VIEW(select KCM, CJ from CJ where XM=XM1);
    end;
end
```

输入完成后单击 运行 按钮，若执行成功则创建完成。

P0.2　应用系统及其数据库

P0.2.1　数据库应用系统

1. 应用系统的数据接口

客户端应用程序或应用服务器向数据库服务器请求服务时，首先必须和数据库建立连接。虽然现有 DBMS 几乎都遵循 SQL 标准，但不同厂家开发的 DBMS 有差异，存在适应性和可移植性等方面的问题。为此，人们研究和开发了连接不同 DBMS 的通用方法、技术和软件接口。

需要注意的是，同一 DBMS，不同平台开发操作 DBMS 需要对应的驱动程序。例如，在用 PHP 7、JavaEE 7、Python 3.7、Android Studio 3.5 和 Visual C♯开发操作 MySQL 数据库时,需要分别安装对应版本的驱动程序。驱动程序可以通过 DBMS 对应的官方网站进行下载。另外,有些开发平台(如 ASP.NET 4)已经包含了该平台操作有关 DBMS 版本的驱动程序,这时针对该平台的 DBMS 版本的驱动程序可以不需要另外安装。本书实习部分将详细介绍在 PHP 7、JavaEE 7、Python 3.7、Android Studio 3.5 和 Visual C♯平台操作 MySQL 的驱动程序的安装和使用。

2. C/S 架构的应用系统

DBMS 通过命令和适合专业人员的界面操作数据库。对于一般的数据库应用系统,除了 DBMS 外,还需要设计适合普通人员操作数据库的界面。目前,开发数据库界面的工具有 Visual C++ 、Visual C♯、Visual Basic、QT 等,Python 操作数据库也很方便。应用程序与数据库、数据库管理系统之间的关系如图 P0.3 所示。

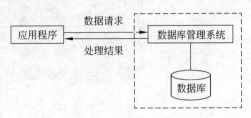

图 P0.3　应用程序与数据库、数据库管理系统之间的关系

从图 P0.3 中可看出,当应用程序需要处理数据库中的数据时,首先向数据库管理系统发送一个数据请求,数据库管理系统接收到这一请求后,对其进行分析;然后执行数据库操作,并把处理结果返回给应用程序。由于应用程序直接与用户交互,而数据库管理系统不直接与用户打交道,所以应用程序被称为"前台",而数据库管理系统被称为"后台"。由于应用程序是向数据库管理系统提出服务请求的,通常称为客户程序(Client);而数据库管理系统是为应用程序提供服务的,通常称为服务器程序(Server),所以又将这一操作数据库的模式称为客户/服务器(C/S)架构。

应用程序和数据库管理系统可以运行在同一台计算机上(单机方式),也可以运行在网络环境下。在网络环境下,数据库管理系统在网络中的一台主机(一般是服务器)上运行,应用程序可以在网络上的多台主机上运行,即一对多的方式。

例如,用 Visual C♯开发的 C/S 架构的学生成绩管理系统界面如图 P0.4 所示。

3. B/S 架构的应用系统

基于 Web 的数据库应用采用三层(浏览器/Web 服务器/数据库服务器)模式,又称 B/S 架构,如图 P0.5 所示。其中,浏览器(Browser)是用户输入数据和显示结果的交互界面,用户在浏览器表单中输入数据,然后将表单中的数据提交并发送到 Web 服务器,Web 服务器接收并处理用户的数据,通过数据库服务器,从数据库中查询需要的数据(或把数据录入数据库)后将这些数据回送到 Web 服务器,Web 服务器把返回的结果插入 HTML 页面,传送给客户端,在浏览器中显示出来。

目前,流行的开发数据库 Web 界面的工具主要有 ASP.NET(C♯)、PHP、JavaEE 等。例如,用 JavaEE 开发的 B/S 架构的学生成绩管理系统,其学生信息录入界面如图 P0.6 所示。

P0.2.2　数据库访问方式

1. ODBC

ODBC(Open DataBase Connectivity)是微软倡导的数据库访问的应用程序编程接口

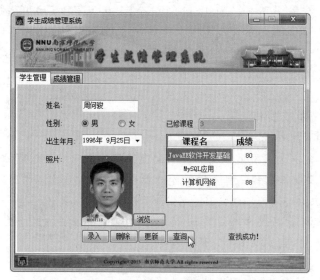

图 P0.4　C/S 架构的学生成绩管理系统界面

图 P0.5　三层 B/S 架构

图 P0.6　B/S 架构的学生成绩管理系统界面

（API），使用结构化查询语言（SQL）作为其数据库访问语言。使用 ODBC 应用程序能够通过单一的命令操纵不同的数据库，而开发人员需要做的只是针对不同的应用加入相应的 ODBC 驱动。

ODBC 总体结构包括下列 4 个组件。

（1）应用程序：执行处理并调用 ODBC API 函数，以提交 SQL 语句并检索结果。

（2）驱动程序管理器（Driver Manager）：根据应用程序需要加载/卸载驱动程序，处理 ODBC 函数调用，或把它们传送到驱动程序。

（3）驱动程序：处理 ODBC 函数调用，提交 SQL 请求到一个指定的数据源，并把结果返回到应用程序。如果有必要，驱动程序修改一应程序请求，以使请求与相关的 DBMS 支持的语法一致。

（4）数据源：包括用户要访问的数据及其相关的操作系统、DBMS 以及用于访问 DBMS 的网络平台。

2. JDBC

JDBC（Java DataBase Connectivity）是 Java 与数据库的接口规范，JDBC 定义了一个支持标准 SQL 功能的通用底层的 API，它由 Java 语言编写的类和接口组成，旨在让各数据库开发商为 Java 程序员提供标准的数据库 API。JDBC API 定义了若干 Java 中的类，表示数据库连接、SQL 指令、结果集、数据库元数据等。它允许 Java 程序员发送 SQL 指令并处理结果。通过驱动程序管理器，JDBC API 可利用不同的驱动程序连接不同的数据库系统。

JDBC 与 ODBC 都是基于 X/Open 的 SQL 调用级接口，JDBC 的设计在思想上沿袭了 ODBC，同时在其主要抽象和 SQL CLI 实现上也沿袭了 ODBC，这使得 JDBC 容易被接受。JDBC 的总体结构类似于 ODBC，它保持了 ODBC 的基本特性，也独立于特定数据库。使用相同源代码的应用程序通过动态加载不同的 JDBC 驱动程序，可以访问不同的 DBMS。连接不同的 DBMS 时，各个 DBMS 之间仅通过不同的 URL 进行标识。JDBC 的 DatabaseMetaData 接口提供了一系列方法，可以检查 DBMS 对特定特性的支持，并相应确定有什么特性，从而能对特定数据库的特性予以支持。与 ODBC 一样，JDBC 也支持在应用程序中同时建立多个数据库连接，采用 JDBC 可以很容易地用 SQL 语句同时访问多个异构的数据库，为异构的数据库之间的互操作奠定基础。

同时，JDBC 更具有对硬件平台、操作系统异构性的支持。这主要是因为 ODBC 使用的是 C 语言，而使用 Java 语言的 JDBC 确保了"100％纯 Java"的解决方案，利用 Java 的平台无关性，JDBC 应用程序可以自然地实现跨平台特性，因而更适合于 Internet 上异构环境的数据库应用。

此外，JDBC 驱动程序管理器是内置的，驱动程序本身也可通过 Web 浏览器自动下载，无须安装、配置；而 ODBC 驱动程序管理器和 ODBC 驱动程序必须在每台客户机上分别安装、配置。

3. 微软数据访问方式

微软公司开发和定义一套数据库访问标准除了 ODBC 访问数据库方式外，还包括下列几个标准。

（1）DAO（Data Access Objects）：不像 ODBC 那样是面向 C/C++ 程序员的，它是 Microsoft 公司提供给 Visual Basic 开发人员的一种简单的数据访问方法，但不提供远程访问功能。

（2）RDO（Remote Data Object）：在使用 DAO 访问不同的关系型数据库的时候，Jet 引擎不得不在 DAO 和 ODBC 之间进行命令的转化，导致了性能的下降，而 RDO（Remote Data Objects）的出现就顺理成章了。

（3）OLE DB（Object Linking and Embedding DataBase）：OLE DB（对象链接和嵌入数据库）随着越来越多的数据以非关系型格式存储，需要一种新的架构来提供这种应用和数据源之间的无缝连接，基于 COM（Component Object Model）的 OLE DB 应运而生了。

（4）ADO(ActiveX Data Object)：基于 OLE DB 之上的 ADO 更简单、更高级、更适合 Visual Basic 程序员，同时消除了 OLE DB 的多种弊端，取而代之是微软技术发展的趋势。

（5）ADO.NET

ADO.NET 是一种基于标准的程序设计模型，可以用来创建分布式应用以实现数据共享。在 ADO.NET 中，DataSet 占据重要地位，它是数据库里部分数据在内存中的副本。与 ADO 中的 RecordSet 不同，DataSet 可以包括任意个数据表，每个数据表都可以用于表示自某个数据库表或视图的数据。DataSet 驻留在内存中，且不与原数据库相连，即无须与原数据库保持连接。完成工作的底层技术是 XML，它是 DataSet 所采用的存储和传输格式。在运行期间，组件（如某个业务逻辑对象或 ASP.NET Web 表单）之间需要交换 DataSet 中的数据。数据以 XML 文件的形式从一个组件传输给另一个组件，由接收组件将文件还原为 DataSet 形式。

因为各个数据源的协议各不相同，我们需要通过正确的协议来访问数据源。有些比较老的数据源用 ODBC 协议，其后的一些数据源用 OLE DB 协议，现在，仍然还有许多新的数据源在不断出现，ADO.NET 提供了访问数据源的公共方法，对于不同的数据源，它采用不同的类库。这些类库称为 ADO.NET Data Providers，通常是以数据源的类型以及协议来命名的。

数据库连接方式 ODBC、DAO、RDO、OLE DB、ADO、ADO.NET 都是基于 Oracle 客户端(OCI)，中间通过 SQL * Net 与数据库通信。如果为了追求性能，也可以自己开发最适合自己数据库连接方式。

4. Java 程序连接数据库的方式

Java 程序连接数据库的方式有三种方式：OCI 方式、Thin 方式和 JdbcOdbc 桥方式。

（1）OCI 方式：是直接使用数据库厂商提供的用专用的网络协议创建的驱动程序，通过它可以直接将 JDBC API 调用转换为直接网络调用。这种调用方式一般性能比较好，而且也是实用中最简单的方法。因为它不需要安装其他的库或中间件。几乎所有的数据库厂商都为他们的数据库提供了这种数据库提供了这种 JDBC 驱动程序，也可以从第三方厂商获得这些驱动程序。

（2）Thin 方式：是纯 Java 实现 TCP/IP 的通信，而 OCI 方式客户端通过 native java method 调用 C Library 访问服务端，而这个 C Library 就是 OCI(Oracle Called Interface)，因此这个 OCI 总是需要随着 Oracle 客户端安装。

oracle jdbc oci 方式是用 Java 与 C 两种语言编写的，把 jdbc call 调用转换成 C 调用，通过 SQL * Net 与数据库通信。而 oracle jdbc thin 驱动方式全采用 Java 编写，使用 JVM 统一管理内存，也是通过 SQL * Net 与数据库通信。

（3）JdbcOdbc 桥方式（用于 Windows 平台）：是用 JdbcOdbc.Class 和一个用于访问 ODBC 驱动程序的本地库实现的。由于 JDBC 在设计上与 ODBC 很接近。在内部，这个驱动程序把 JDBC 的方法映射到 ODBC 调用上，这样，JDBC 就可以和任何可用的 ODBC 驱动程序进行交互了。这种桥接器的优点是使 JDBC 目前有能力访问几乎所有的数据库。

P0.2.3 Web Service

传统上，把计算机后台程序(Daemon)提供的功能，称为"服务"(Service)。根据来源的不同,"服务"又可以分成两种:一种是"本地服务",提供的服务程序运行在同一台机器上;另一种是"网络服务",使用网络上的另一台计算机提供的服务。

Web Service 是"网络服务",就是通过网络调用其他网站的资源。例如,我们设计的网站的功能需要包含天气预报、地图、图像识别等服务,如果都自己完成,有的工作量很大,有的不能完成,而这些功能网络上有现成的资源,并且提供了访问的方式。我们只需要应用标准接口调用它即可。例如,在我们程序的界面上选择需要查询的城市名称、时间段等调用天气预报的服务程序,天气预报服务运行后返回结果,在我们设定的界面上显示出来。所谓"云计算"(Cloud Computing),实际上就是 Web Service,就是把事情交给"云"去做。

1. Web Service 特点

Web Service 的主要特点如下:

(1) 平台无关。不管你使用什么平台,都可以使用 Web Service。

(2) 编程语言无关。只要遵守相关协议,就可以使用任意编程语言,向其他网站要求 Web Service。这大大增加了 Web Service 的适用性,降低了对程序员的要求。

(3) 对于 Web Service 提供者来说,部署、升级和维护 Web Service 都非常单纯,不需要考虑客户端兼容问题,而且一次性就能完成。

(4) 对于 Web Service 使用者来说,可以轻易实现多种数据、多种服务的聚合,能够做出各种丰富多彩的功能。

2. Web Service 技术

Web Service 平台需要一套协议来实现分布式应用程序的创建。Web Service 平台必须提供一套标准的类型系统,用于沟通不同平台、编程语言和组件模型中的不同类型系统。Web Service 平台必须提供一种标准来描述 Web Service,让客户可以包含足够的信息来调用这个 Web Service,必须有一种方法来对这个 Web Service 进行远程调用(一种远程过程调用协议 RPC)。为了达到互操作性,这种 RPC 协议还必须与平台和编程语言无关。下面简要介绍组成 Web Service 平台的几个技术。

1) XML 和 XSD

可扩展的标记语言(XML,标准通用标记语言下的一个子集)是 Web Service 平台中表示数据的基本格式。除了易于建立和易于分析外,XML 主要的优点在于它既是平台无关的,又是厂商无关的。

XML 解决了数据表示的问题,但它没有定义一套标准的数据类型,更没有说怎么去扩展这套数据类型。W3C 制定的 XML Schema(XSD)定义了一套标准的数据类型,并给出了一种语言来扩展这套数据类型。当用某种语言(如 VB.NET 或 C♯)来构造一个 Web Service 时,为了符合 Web Service 标准,所有使用的数据类型都必须被转换为 XSD 类型。

2) SOAP

简单对象访问协议(SOAP)提供了标准的 RPC 方法来调用 Web Service。SOAP 规范定义了 SOAP 消息的格式,以及怎样通过 HTTP 协议来使用 SOAP。SOAP 也是基于 XML 和 XSD 的,XML 是 SOAP 的数据编码方式。

3) WSDL

WebService 描述语言(WSDL)是基于 XML 的语言,用于描述 Web Service 及其函数、参数和返回值。WSDL 既是机器可阅读的,又是人可阅读的,这样一些最新的开发工具既能根据 Web Service 生成 WSDL 文档,又能导入 WSDL 文档,生成调用相应 Web Service 的代码。

4) UDDI

UDDI 是为加速 Web Service 的推广、加强 Web Service 的互操作能力而推出的一个计划,基于标准的服务描述和发现的规范。以资源共享的方式由多个运作者一起以 Web Service 的形式运作 UDDI 商业注册中心。

UDDI 计划的核心组件是 UDDI 商业注册,它使用 XML 文档来描述企业及其提供的 Web Service。UDDI 商业注册提供三种信息:

- White Page 包含地址、联系方法、已知的企业标识。
- Yellow Page 包含基于标准分类法的行业类别。
- Green Page 包含关于该企业所提供的 Web Service 的技术信息,其形式可能是指向文件或 URL 的指针,而这些文件或 URL 是为服务发现机制服务的。

3. Web Service 发展趋势

Web Service 有下列一些发展趋势:

(1) 在使用方式上,RPC 和 SOAP 的使用在减少,Restful 架构占到了主导地位。

(2) 在数据格式上,XML 格式的使用在减少,JSON 等轻量级格式的使用在增多。

(3) 在设计架构上,越来越多的第三方软件让用户在客户端(即浏览器)直接与云端对话,不再使用第三方的服务器进行中转或处理数据。

实习 **1**

PHP 7/MySQL 学生成绩管理系统

本系统是在 Windows 环境下，基于 PHP 7 脚本语言实现的学生成绩管理系统，Web 服务器使用 Apache 2.4，后台数据库使用 MySQL 5.6。

P1.1 PHP 开发平台搭建

P1.1 PHP
开发平台搭建.DOC

P1.1.1 创建 PHP 环境

这里仅仅列出主要步骤，详细内容请扫描二维码参考对应的网络文档——P1.1PHP 开发平台搭建。

1. 操作系统准备

由于 PHP 环境需要使用操作系统 80 端口，为防止该端口为系统中的其他进程占用，必须预先对操作系统进行如下设置。

2. 安装 Apache 服务器

（1）获取 Apache 软件包。

Apache 是开源软件，可以免费获得。首先，访问 Apache 官网下载页 http://httpd.apache.org/download.cgi，得到的安装包文件名为 httpd-2.4.41-o111c-x64-vc15-r2.zip。

（2）定义服务器根目录。

将安装包解压至 C:\Program Files\Php\Apache24 目录下，进入其下的\conf 子目录，找到 Apache 的配置文件 httpd.conf，用 Windows 记事本打开，在其中定义服务器根目录（见图 P1.1）。

```
Define SRVROOT "C:/Program Files/Php/Apache24"
```

（3）安装 Apache 服务。

进入 Windows 命令行，输入以下命令安装 Apache 服务（见图 P1.2）。

```
httpd.exe -k install -n apache
```

（4）启动 Apache。

进入 C:\Program Files\Php\Apache24\bin，双击其中的 ApacheMonitor.exe，在桌面任务栏右下角出现一个■图标，图标内的三角形为绿色时表示服务正在运行，为红色时表示服务停止。双击该图标会弹出 Apache 服务管理界面，如图 P1.3 所示，单击其上的 Start、Stop 和 Restart 按钮可分别启动、停止和重启 Apache 服务。

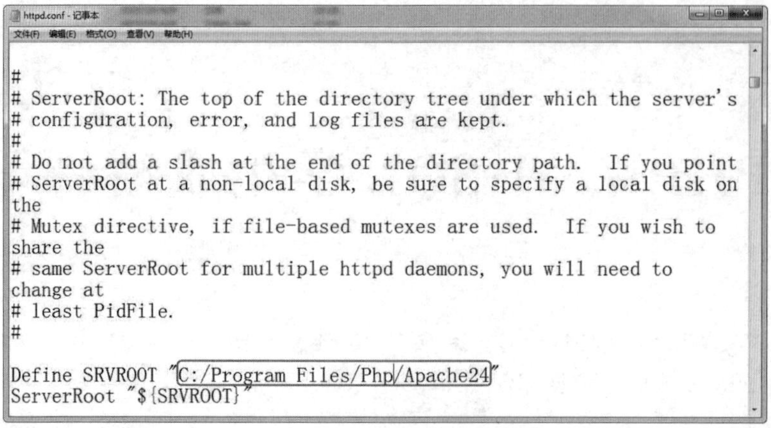

图 P1.1　定义 Apache 服务器根目录

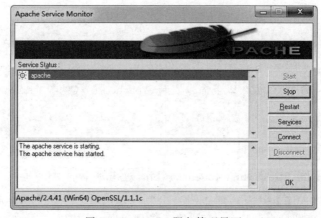

图 P1.2　安装 Apache 服务

图 P1.3　Apache 服务管理界面

至此，Apache 安装完成。读者可以测试看看是否成功，在浏览器地址栏中输入 http://localhost 或 http://127.0.0.1 后回车，若安装成功会出现如图 P1.4 所示的页面。

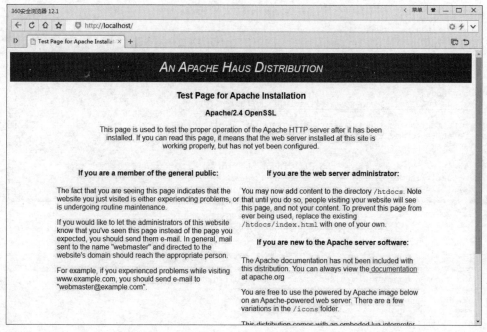

图 P1.4　Apache 安装成功

3. 安装 PHP 7

Windows 专用的 PHP 官方下载地址为 https://windows.php.net/download/。本书选择的版本为 PHP 7.0.30，下载得到的文件名为 php-7.0.30-Win32-VC14-x64.zip，将其解压至 C:\Program Files\Php\php7 目录下。

(1) 指定扩展库目录。

进入 C:\Program Files\Php\php7 目录，找到一个名为 php.ini-production 的文件，将其复制一份在原目录下并重命名为 php.ini(作为 PHP 的配置文件使用)，用 Windows 记事本打开，在其中指定扩展库目录(如图 P1.5 所示)。

```
extension_dir ="C:/Program Files/Php/php7"
On windows:
extension_dir ="C:/Program Files/Php/php7/ext"
```

(2) 开放扩展库(.dll)。

接着，在 php.ini 文件中，设置开放(去掉行前分号)以下基本的扩展库(如图 P1.6 所示)。

```
extension=php_curl.dll
extension=php_gd2.dll
extension=php_mbstring.dll
extension=php_mysqli.dll
extension=php_pdo_mysql.dll
```

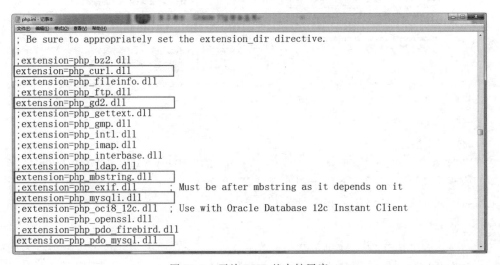

```
doc_root =

; The directory under which PHP opens the script using /~username used only
; if nonempty.
; http://php.net/user-dir
user_dir =

; Directory in which the loadable extensions (modules) reside.
; http://php.net/extension-dir
extension_dir = "C:/Program Files/Php/php7"
On windows:
extension_dir = "C:/Program Files/Php/php7/ext"

; Directory where the temporary files should be placed.
; Defaults to the system default (see sys_get_temp_dir)
; sys_temp_dir = "/tmp"

; Whether or not to enable the dl() function.  The dl() function does NOT work
; properly in multithreaded servers, such as IIS or Zeus, and is automatically
; disabled on them.
```

图 P1.5 指定 PHP 扩展库目录

```
; Be sure to appropriately set the extension_dir directive.
;
;extension=php_bz2.dll
extension=php_curl.dll
;extension=php_fileinfo.dll
;extension=php_ftp.dll
extension=php_gd2.dll
;extension=php_gettext.dll
;extension=php_gmp.dll
;extension=php_intl.dll
;extension=php_imap.dll
;extension=php_interbase.dll
;extension=php_ldap.dll
extension=php_mbstring.dll
;extension=php_exif.dll      ; Must be after mbstring as it depends on it
extension=php_mysqli.dll
;extension=php_oci8_12c.dll  ; Use with Oracle Database 12c Instant Client
;extension=php_openssl.dll
;extension=php_pdo_firebird.dll
extension=php_pdo_mysql.dll
```

图 P1.6 开放 PHP 基本扩展库

(3) 设定 PHP 默认字符集编码。

PHP 默认的字符集编码为 UTF-8,但这种编码对于中文网页的浏览器会显示乱码,为使 PHP 页更好地支持中文,建议改为 GB2312。在 php.ini 文件中修改,如图 P1.7 所示。

4. Apache 整合 PHP

进入 C:\Program Files\Php\Apache24\conf 目录,打开 Apache 配置文件 httpd.conf,在其中添加如图 P1.8 所示的配置。

```
LoadModule php7_module "C:/Program Files/Php/php7/php7apache2_4.dll"
AddType application/x-httpd-php .php .html .htm
PHPIniDir "C:/Program Files/Php/php7/"
```

将 php 解压文件中的 libssh2.dll 放入 Apache 2.4 解压目录下的 bin 文件夹。

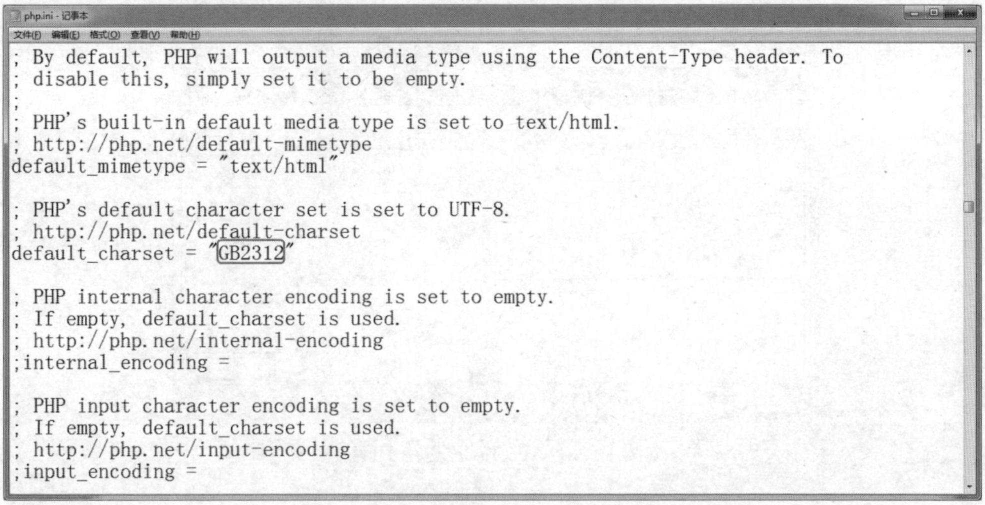

```
; By default, PHP will output a media type using the Content-Type header. To
; disable this, simply set it to be empty.
;
; PHP's built-in default media type is set to text/html.
; http://php.net/default-mimetype
default_mimetype = "text/html"

; PHP's default character set is set to UTF-8.
; http://php.net/default-charset
default_charset = "GB2312"

; PHP internal character encoding is set to empty.
; If empty, default_charset is used.
; http://php.net/internal-encoding
;internal_encoding =

; PHP input character encoding is set to empty.
; If empty, default_charset is used.
; http://php.net/input-encoding
;input_encoding =
```

图 P1.7 设定 PHP 默认字符集编码

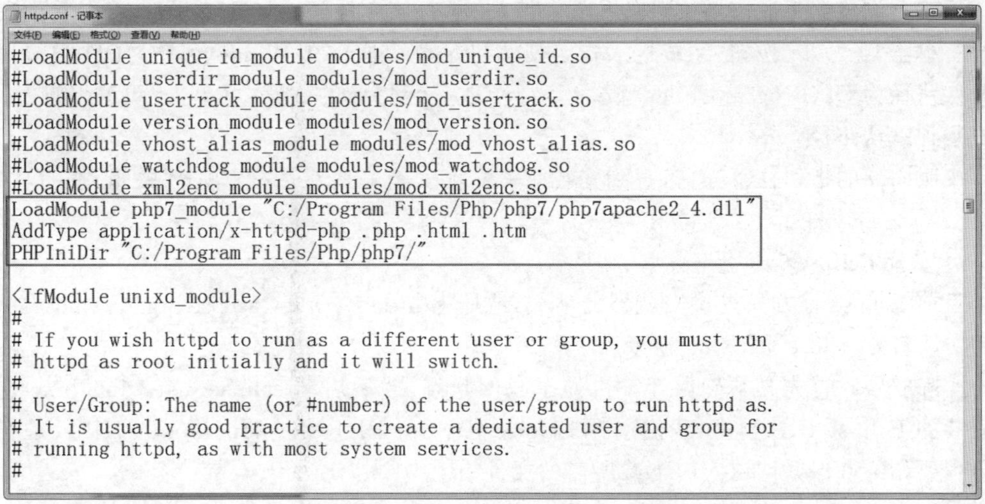

```
#LoadModule unique_id_module modules/mod_unique_id.so
#LoadModule userdir_module modules/mod_userdir.so
#LoadModule usertrack_module modules/mod_usertrack.so
#LoadModule version_module modules/mod_version.so
#LoadModule vhost_alias_module modules/mod_vhost_alias.so
#LoadModule watchdog_module modules/mod_watchdog.so
#LoadModule xml2enc_module modules/mod_xml2enc.so
LoadModule php7_module "C:/Program Files/Php/php7/php7apache2_4.dll"
AddType application/x-httpd-php .php .html .htm
PHPIniDir "C:/Program Files/Php/php7/"

<IfModule unixd_module>
#
# If you wish httpd to run as a different user or group, you must run
# httpd as root initially and it will switch.
#
# User/Group: The name (or #number) of the user/group to run httpd as.
# It is usually good practice to create a dedicated user and group for
# running httpd, as with most system services.
#
```

图 P1.8 Apache 2.4 整合 PHP 7 配置

配置完后重启 Apache 服务管理器，其下方的状态栏会显示：Apache/2.4.41 (Win64) OpenSSL/1.1.1c PHP/7.0.30，如图 P1.9 所示，这说明 PHP 已经安装成功。

P1.1.2 Eclipse 安装与配置

1. 安装 JDK

Eclipse 需要 JRE 的支持，而 JRE 包含在 JDK 中，故先要安装 JDK。

(1) 下载 JDK。

可以从 Oracle 官网下载到最新版本的 JDK，网址为 https://www.oracle.com/technetwork/java/javase/downloads/index.html，选择适合自己操作系统的 JDK。这里下载最新版 JDK12，得到的文件名为 jdk-12.0.2_windows-x64_bin.exe，这个文件的大小为 158MB(Oracle 经常会发布 JDK 的更新版本，到本书出版的时候，JDK 应该已经有了更新

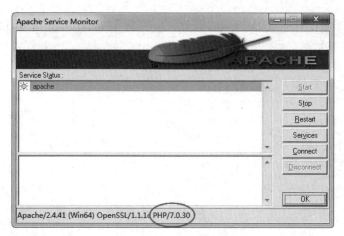

图 P1.9　Apache 已支持 PHP

的版本,因此务必下载最新版)。

(2) 安装 JDK。

导航到浏览器下载安装文件的位置,并双击执行该文件。一旦安装开始,将会看到安装向导。单击"下一步"按钮,系统进入指定安装目录对话框。在 Windows 中,JDK 安装程序的默认路径为 C:\Program Files\Java\。要更改安装目录的位置,可单击"更改"按钮。本书安装到默认路径。

按照向导的指引往下操作,直到安装完毕显示安装完成对话框,单击"关闭"按钮,结束安装。

2. 安装 Eclipse

目前 Eclipse 官方只提供安装器的下载,地址为 https://www.eclipse.org/downloads/,获取的文件名为 eclipse-inst-win64.exe。

实际安装时首先必须确保计算机处于联网状态,然后启动 eclipse-inst-win64.exe 选择要安装的 Eclipse IDE 类型,我们选择 Eclipse IDE for PHP Developers(即 PHP 版),安装全过程要始终确保联网以实时下载所需的文件。

单击 INSTALL 按钮开始安装。安装过程中会出现几次对话框确认许可协议条款,分别单击 Accept、Select All 和 Accept selected 按钮一律接受。安装完成后单击 LAUNCH 按钮启动并设置工作区。

3. 更改工作区

Apache 服务器默认的网页路径为 C:\Program Files\Php\Apache24\htdocs,为开发运行程序方便起见,将 Eclipse 的工作区也更改为与此路径一致。

选择主菜单 File→Switch Workspace→Other 项,弹出对话框,单击 Workspace 栏后的 Browse 按钮选取新的工作区,这里设为 C:\Program Files\Php\Apache24\htdocs,单击 Launch 按钮重启 Eclipse。

重启后首先出现 Eclipse 主界面欢迎页,关闭欢迎页即可进入 Eclipse 开发环境,如图 P1.10 所示。

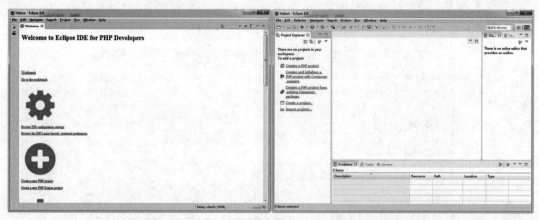

欢迎页   开发环境

图 P1.10   Eclipse 主界面欢迎页及开发环境

P1.2   PHP 开发入门

P1.2.1   PHP 项目的建立

Eclipse 以项目(Project)的形式集中管理 PHP 源程序,创建一个 PHP 项目的操作步骤如下:

(1) 在 Eclipse 开发环境下,选择菜单 File→New→PHP Project 项,如图 P1.11 所示。

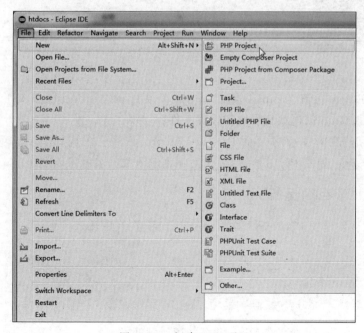

图 P1.11   新建 PHP 项目

（2）在弹出的项目信息对话框的 Project name 栏输入项目名 xscj，如图 P1.12 所示，所用 PHP 版本选 php7.0（与本书安装的版本一致）。

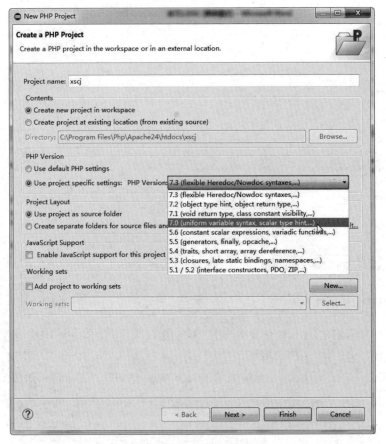

图 P1.12　项目信息对话框

（3）单击 Finish 按钮，Eclipse 会在 Apache 安装目录的 htdocs 文件夹下自动创建一个名为 xscj 的文件夹，并创建项目设置和缓存文件。

（4）项目创建完成后，工作界面 Project Explorer 区域会出现一个 xscj 项目树，右击选择 New→PHP File，如图 P1.13 所示，弹出对话框输入文件名就可以创建.php 源文件。

P1.2.2　PHP 项目的运行

Eclipse 默认创建的 PHP 文件名为 newfile.php，在其中输入代码：

```php
<?php
    phpinfo();
?>
```

然后修改 PHP 的配置文件 php.ini，在其中找到如下一句：

```
short_open_tag =Off
```

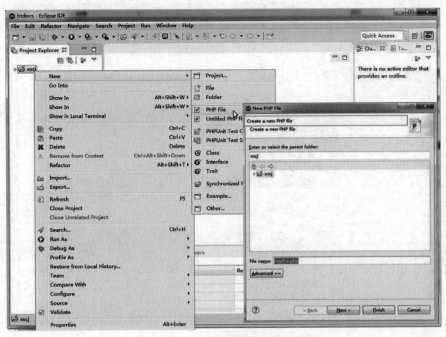

图 P1.13　新建 PHP 源文件

　　将这里的 Off 改为 On，如图 P1.14 所示，以使 PHP 能支持＜？？＞和＜％％＞标记方式。确认修改后，保存配置文件，重启 Apache 服务。

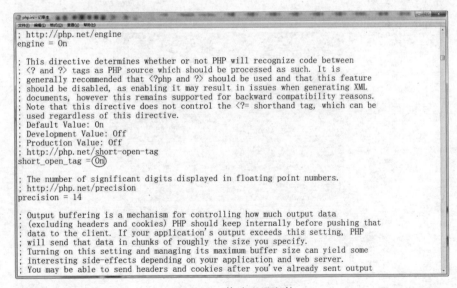

图 P1.14　修改配置文件

　　单击工具栏 按钮右边的下箭头，从菜单中选择 Run As→PHP Web Application，弹出对话框显示出程序即将启动的 URL 地址，如图 P1.15 所示。

　　单击 OK 按钮确认后，在开发环境界面中央的主工作区就显示出 PHP 版本信息页，如图 P1.16 所示。

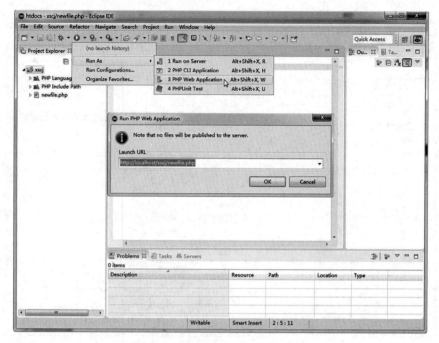

图 P1.15　Eclipse 运行 PHP 程序

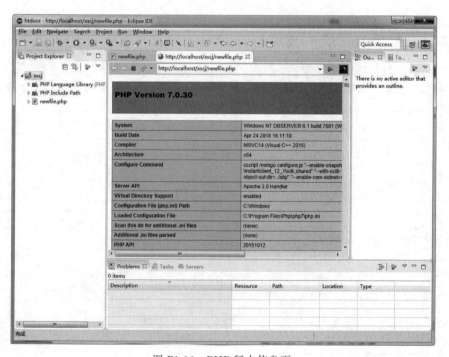

图 P1.16　PHP 版本信息页

　　除了使用 Eclipse 在 IDE 中运行 PHP 程序外,还可以直接从浏览器运行。打开浏览器,输入 http://localhost/xscj/newfile.php 后回车,浏览器中也显示出一模一样的 PHP 版本信息页。

P1.2.3　PHP 连接 MySQL

本实习采用 PHP 的 PDO 方式来访问 MySQL 数据库，PHP 本身就自带 MySQL 的 PDO 驱动，不需要额外安装。在 PHP 版本信息页中可以查看到该版 PHP 所支持的 PDO，如图 P1.17 所示。

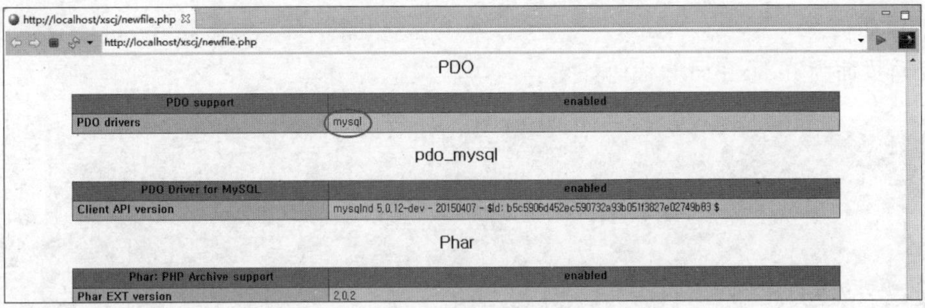

图 P1.17　PHP 7 内置了 MySQL 的 PDO

可以发现，PHP 7 默认只支持一项 mysql（在图 P1.17 中圈出），即 MySQL 的 PDO 驱动。若想要 PHP 能够支持更多其他不同类型数据库的 PDO 驱动，只需在其配置文件 php.ini 中将对应数据库 extension 配置项前的分号去掉即可，如图 P1.18 所示。

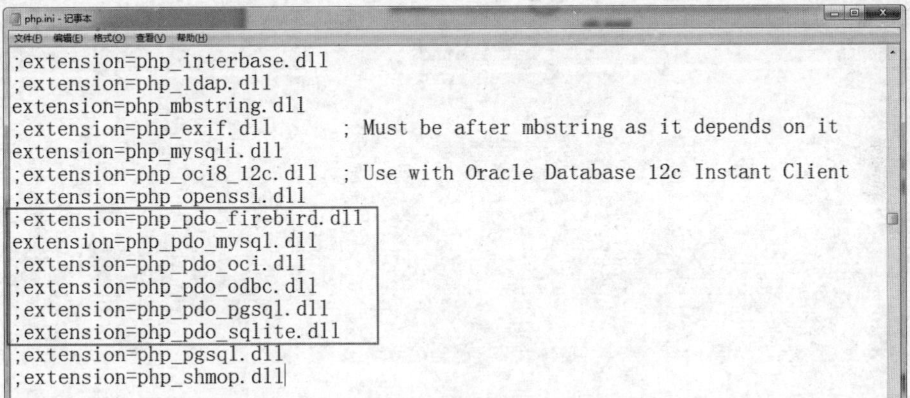

图 P1.18　PHP 7 的 PDO 配置项

新建 fun.php 源文件，其中用于连接 MySQL 数据库的代码如下：

```php
<?php
    try {
        //创建 MySQL 的 PDO 对象
        $db =new PDO("mysql:host=localhost;dbname=xscj", "root", "123456");
    } catch(PDOException $e) {
        echo "数据库连接失败: ".$e->getMessage();                //若失败则输出异常信息
    }
?>
```

P1.3 系统主页设计

P1.3.1 主界面

本系统主界面采用框架网页实现，下面先给出各前端页面的 HTML 源码。

1. 启动页

启动页面为 index.html，代码如下：

```html
<html>
<head>
    <title>学生成绩管理系统</title>
</head>
<body topMargin="0" leftMargin="0" bottomMargin="0" rightMargin="0">
  <table width="675" border="0" align="center" cellpadding="0" cellspacing=
  "0" style="width: 778px; ">
    <tr>
        <td><img src="images/学生成绩管理系统.gif" width="790" height="97"></
        td>
    </tr>
    <tr>
        <td><iframe src="main_frame.html" width="790" height="313"></iframe>
</td>
    </tr>
    <tr>
        <td><img src="images/底端图片.gif" width="790" height="32"></td>
    </tr>
  </table>
</body>
</html>
```

页面分上、中、下三部分，其中上、下两部分都只是一张图片，中间部分为一框架页（加黑代码为源文件名），运行时往框架页中加载具体的导航页和相应功能界面。

2. 框架页

框架页为 main_frame.html，代码如下：

```html
<html>
<head>
    <meta http-equiv="Content-type" content="text/html; charset=GB2312"/>
    <title>学生成绩管理系统</title>
</head>
<frameset cols="217, * ">
    <frame frameborder=0 src="http://localhost/xscj/main.php" name="frmleft"
    scrolling="no" noresize>
```

```
    < frame frameborder = 0 src = "body.html" name = "frmmain" scrolling = "no"
noresize>
</frameset>
</html>
```

加黑代码 http://localhost/xscj/main.php 就是系统导航页的启动 URL，页面装载后位于框架左区。

框架右区则用于显示各个功能界面，初始默认为 body.html，代码如下：

```
<html>
<head>
    <title>内容网页</title>
</head>
<body topMargin="0" leftMargin="0" bottomMargin="0" rightMargin="0">
    <img src="images/主页.gif" width="678" height="500">
</body>
</html>
```

这只是一个填充了背景图片的空白页，在运行时，系统会根据用户操作，往框架右区中动态加载不同功能的 PHP 页面来替换该页。

在项目根目录下创建 images 文件夹，其中放入用到的三幅图片资源："学生成绩管理系统.gif""底端图片.gif"和"主页.gif"。

P1.3.2　功能导航

本系统的导航页上有两个按钮，单击后可以分别进入"学生管理"和"成绩管理"两个不同功能的界面，如图 P1.19 所示。

源文件 main.php 实现功能导航页面，代码如下：

```
<html>
<head>
    <title>功能选择</title>
</head>
<body bgcolor="D9DFAA">
  <table bgcolor="D9DFAA" width="200" height="85">
  <tr>
    <td align="center">
      <input type="button" value="学生管理" onclick=parent.frmmain.location="
      studentManage.php">
    </td>
  </tr>
  <tr>
    <td align="center">
      <input type="button" value="成绩管理" onclick=parent.frmmain.location
      ="scoreManage.php">
```

```
      </td>
    </tr>
    </table>
  </body>
  </html>
```

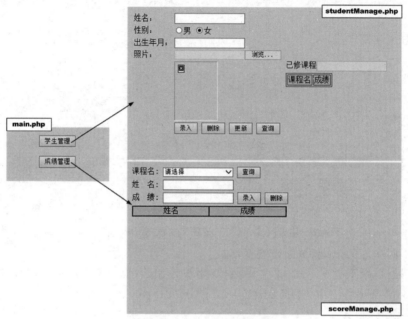

图 P1.19　功能导航

　　代码加黑处是两个导航按钮分别要定位到的 PHP 源文件：studentManage.php 实现 "学生管理"功能界面，scoreManage.php 实现"成绩管理"功能界面，其具体实现稍后给出。

　　打开 IE，在地址栏中输入 http://localhost/xscj/index.html，显示如图 P1.20 所示的页面。

图 P1.20　"学生成绩管理系统"主页

P1.4　学生管理

P1.4.1　界面设计

"学生管理"功能界面如图 P1.21 所示。

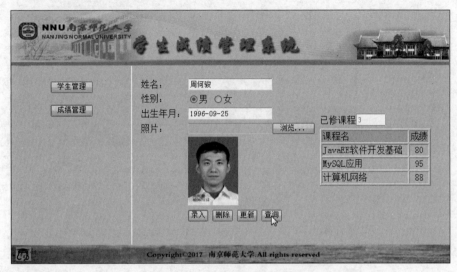

图 P1.21　"学生管理"功能界面

实现思路：

（1）页面表单提交给 studentAction.php 执行对数据库中学生信息的操作。

（2）后台程序对数据库操作的结果通过 SESSION 会话返回前端，在界面表单中显示学生的各项信息。

（3）页面初始加载的时候，就用 PHP 脚本执行存储过程 CJ_PROC，将其所生成的视图 XMCJ_VIEW 中的学生成绩信息，以表格<table></table>的形式输出到页面显示。

（4）在 img 控件的 src 属性中访问 showpicture.php 显示学生照片。

"学生管理"功能界面对应源文件 studentManage.php，代码如下：

```php
<?php
    session_start();                            //启动 SESSION 会话
?>
<html>
<head>
    <title>学生管理</title>
</head>
<body bgcolor="D9DFAA">
<?php
    //接收会话传回的变量值以便在页面显示
    $XM = $_SESSION['XM'];                       //姓名
```

```php
    $XB =$_SESSION['XB'];                                //性别
    $CSSJ =$_SESSION['CSSJ'];                            //出生时间
    $KCS =$_SESSION['KCS'];                              //已修课程数
    $StuName =$_SESSION['StuName'];                      //姓名变量用于查找显示照片
?>
<form method="post" action="studentAction.php" enctype="multipart/form-data">
                                                         //(1)

    <table>
        <tr>
            <td>
                <table>
                    <tr>
                        <td>姓名: </td><td><input type="text" name="xm" value=
                        "<?php echo @$XM;?>"/></td>
                    </tr>
                    <tr>
                        <td>性别: </td>
                        <?php
                            if(@$XB ==1) {                //变量值 1 表示"男"
                        ?>
                        <td>
                            <input type="radio" name="xb" value="1" checked=
                            "checked">男
                            <input type="radio" name="xb" value="0">女
                        </td>
                        <?php
                            }else {                       //变量值 0 表示"女"
                        ?>
                        <td>
                            <input type="radio" name="xb" value="1">男
                            <input type="radio" name="xb" value="0" checked=
                            "checked">女
                        </td>
                        <?php
                            }
                        ?>
                    </tr>
                    <tr>
                        <td>出生年月: </td><td><input type="text" name="cssj"
                        value="<?php echo @$CSSJ;?>"/></td>
                    </tr>
                    <tr>
                        <td>照片: </td><td><input name="photo" type="file"></
                        td>
                    </tr>
                    <tr>
```

```php
            <td></td>
            <td>
            <?php
                echo " < img  src = ' showpicture. php? studentname =
                $StuName&time=".time()."' width=90 height=120 />";//
                (2)
            ?>
            </td>
        </tr>
        <tr>
            <td></td>
            <td>
                <input name="btn" type="submit" value="录入">
                <input name="btn" type="submit" value="删除">
                <input name="btn" type="submit" value="更新">
                <input name="btn" type="submit" value="查询">
            </td>
        </tr>
    </table>
</td>
<td>
    <table>
        <tr>
            <td>已修课程<input type="text" name="kcs" size="6" value
            ="<?php echo @$KCS;?>" disabled/></td>
        </tr>
        <tr>
            <td align="left">
            <?php
                include "fun.php";//(3)
                $cj_sql ="CALL CJ_PROC('$StuName')";//执行存储过程
                $result = $db->query(iconv('GB2312', 'UTF-8', $cj_
                sql));
                $xmcj_sql ="SELECT * FROM XMCJ_VIEW";//(4)
                $cj_rs =$db->query($xmcj_sql);
                //输出表格
                echo "<table border=1>";
                echo "<tr bgcolor=#CCCCC0>";
                echo "<td>课程名</td><td align=center>成绩</td></tr
                >";
                //获取成绩结果集
                while(list($KCM, $CJ) =$cj_rs->fetch(PDO::FETCH_
                NUM)) {
                $KC =iconv('UTF-8', 'GB2312', $KCM);  //课程名中文转换编码
```

```
                                    echo "<tr><td>$KC </td><td align=center>$CJ
                                    </td></tr>";//(5)
                                }
                            echo "</table>";
                        ?>
                    </td>
                </tr>
            </table>
        </td>
    </tr>
</table>
</form>
</body>
</html>
```

说明：

（1）＜form method＝"post" action＝"studentAction.php" enctype＝"multipart/form-data"＞：当用户在"姓名"栏输入学生姓名后单击"查询"按钮，就可以将数据提交到 studentAction.php 页，studentAction.php 查询 MySQL 数据库获取该生的信息，通过 SESSION 回传给 studentManage.php 后就显示在页面表单中。

（2）echo "＜img src＝′showpicture.php? studentname＝$StuName&time＝".time()."′ width＝90 height＝120 /＞";：使用 img 控件调用 showpicture.php 显示照片，studentname 用于保存当前学生姓名值，time 函数用于产生一个时间戳，防止服务器重复读取缓存中的内容。

showpicture.php 文件通过接收学生姓名变量值查找该学生的照片并显示，代码如下：

```php
<?php
    header('Content-type: image/jpg');                    //输出 HTTP 头信息
    require "fun.php";                                     //包含连接数据库的 PHP 文件
    //以 GET 方法从 studentManage.php 页面 img 控件的 src 属性中获取学生姓名值
    $StuXm =$_GET['studentname'];
    $sql = "SELECT ZP FROM XS WHERE XM = '$StuXm'";       //根据姓名查找照片
    $result =$db->query(iconv('GB2312', 'UTF-8', $sql));  //执行查询
    list($ZP) =$result->fetch(PDO::FETCH_NUM);            //获取照片数据
    $image =base64_decode($ZP);                           //使用 base64_decode 函数解码
    echo $image;                                          //返回输出照片
?>
```

因本程序插入照片的操作先通过 PHP 的 base64_encode 函数将图片文件编码后存入 MySQL 数据库，故在显示照片时也要在 showpicture.php 文件中使用 base64_decode 函数将数据解码后才能显示。如果不是图片类型数据且不是通过 base64_encode 函数编码而保存的，在显示时就不需要使用 base64_decode 函数解码。

（3）include "fun.php";：也可写成 require "fun.php";，这里的 fun.php 就是 P1.2.3 节

所创建的用于连接 MySQL 的 PHP 源文件。在本项目程序中凡是需要连接 MySQL 的地方全都共用这同一个文件,使用其中的 PDO 对象 $db,这样既简化了编程,也便于对数据库连接进行统一设定和管理。

(4) $xmcj_sql = "SELECT * FROM XMCJ_VIEW";:从 XMCJ_VIEW 中查询出学生成绩信息。XMCJ_VIEW 视图的内容是在程序运行时由存储过程 CJ_PROC 动态生成的,在数据库应用中广泛使用存储过程封装一系列需要频繁执行变更的通用 SQL 语句序列,可极大地减少程序语句与后台数据库交互的频率,提高速度性能,同时增强程序的可靠性。

(5) echo "<tr><td>$KC </td><td align=center>$CJ</td></tr>";:在表格中显示输出"课程名-成绩"信息。

P1.4.2　功能实现

实现思路:

本实习的学生管理功能专门由 studentAction.php 实现,该页以 POST 方式接收从 studentManage.php 页面提交的表单数据,对学生信息进行增加、删除、修改、查找等各种操作,同时将操作后的更新数据保存在 SESSION 会话中传回前端加以显示。

源文件 studentAction.php 的代码如下:

```php
<?php
    include "fun.php";                          //包含连接数据库的 PHP 文件
    include "studentManage.php";                //包含前端界面的 PHP 页
    $StudentName =@$_POST['xm'];                //姓名
    $Sex =@$_POST['xb'];                        //性别
    $Birthday =@$_POST['cssj'];                 //出生时间
    $tmp_file =@$_FILES["photo"]["tmp_name"];   //文件上传后在服务端存储的临时文件
    $handle =@fopen($tmp_file,'rb');            //打开文件
    $Picture =@base64_encode(fread($handle, filesize($tmp_file)));
                                                //读取上传的照片变量并编码
    $s_sql ="SELECT XM, KCS FROM XS WHERE XM ='$StudentName'";
                                                //查找姓名、已修课程数信息
    $s_result =$db->query(iconv('GB2312', 'UTF-8', $s_sql));   //执行查询
    /**以下为各学生管理操作按钮的功能代码*/
    /**录入功能*/
    if(@$_POST["btn"] =='录入') {               //单击"录入"按钮
        if($s_result->rowCount() !=0)           //要录入的学生姓名已经存在时提示
            echo "<script>alert('该学生已经存在!'); location.href = '
            studentManage.php';</script>";
        else {                                  //不存在才可录入
            if(!$tmp_file) {                    //没有上传照片的情况
```

```
                    $insert_sql = " INSERT INTO XS VALUES ('$StudentName', $Sex, '
                    $Birthday', 0, NULL, NULL)";
                }else {                                  //上传了照片
                    $insert_sql = " INSERT INTO XS VALUES ('$StudentName', $Sex, '
                    $Birthday', 0, NULL, '$Picture')";
                }
                $insert_result =$db->query(iconv('GB2312', 'UTF-8', $insert_sql));
                                                         //执行插入操作
                if($insert_result->rowCount() !=0) {    //返回值不为 0 表示插入成功
                    $_SESSION['StuName'] =$StudentName;  //姓名变量存入会话
                    echo "<script>alert('添加成功!');location.href='studentManage.
                    php';</script>";
                }else                                    //返回值 0 表示操作失败
                    echo "<script>alert('添加失败,请检查输入信息!');location.href='
                    studentManage.php';</script>";
            }
        }
        /**删除功能*/
        if(@$_POST["btn"] =='删除') {                     //单击"删除"按钮
            if($s_result->rowCount() ==0)                //要删除的学生姓名不存在时提示
            echo "<script>alert('该学生不存在!');location.href='studentManage.php
            ';</script>";
            else {                                       //处理姓名存在的情况
                list($XM, $KCS) =$s_result->fetch(PDO::FETCH_NUM);
                if($KCS !=0)                             //学生有修课记录时提示
                    echo "<script>alert('该生有修课记录,不能删!');location.href='
                    studentManage.php';</script>";
            else {                                       //可以删除
                $del_sql ="DELETE FROM XS WHERE XM ='$StudentName'";
                $del_affected =$db->exec(iconv('GB2312', 'UTF-8', $del_sql));
                                                         //执行删除操作
                if($del_affected) {                      //返回值不为 0 表示操作成功
                    $_SESSION['StuName'] =0;             //会话中姓名变量置空
                    echo "<script>alert('删除成功!');location.href='studentManage.
                    php';</script>";
                }
            }
          }
        }
        /**更新功能*/
        if(@$_POST["btn"] =='更新'){                      //单击"更新"
            $_SESSION['StuName'] =$StudentName;          //将用户输入的姓名用 SESSION 保存
            if(!$tmp_file)                               //若没有上传文件则不更新照片列
```

```
            $update_sql = "UPDATE XS SET XB =$Sex, CSSJ ='$Birthday' WHERE XM ='
            $StudentName'";
        else                               //上传了新照片要更新
            $update_sql = "UPDATE XS SET XB =$Sex, CSSJ ='$Birthday', ZP ='
            $Picture' WHERE XM ='$StudentName'";
        $update_affected =$db->exec(iconv('GB2312', 'UTF-8', $update_sql));
                                           //执行更新操作
        if($update_affected)               //返回值不为 0 表示操作成功
            echo "<script>alert('更新成功!');location.href= 'studentManage.php
            ';</script>";
        else                               //返回值为 0 操作失败
            echo "<script>alert('更新失败,请检查输入信息!');location.href='
            studentManage.php';</script>";
    }
    /**查询功能*/
    if(@$_POST["btn"] =='查询') {          //单击"查询"按钮
        $_SESSION['StuName'] =$StudentName;  //将姓名传给其他页面
        $sql ="SELECT XM, XB, CSSJ, KCS FROM XS WHERE XM ='$StudentName'";
                                           //查找姓名对应的学生信息
        $result =$db->query(iconv('GB2312', 'UTF-8', $sql));   //执行查询
        if($result->rowCount() ==0)        //返回值 0 表示没有该学生的记录
            echo "<script>alert('该学生不存在!');location.href='studentManage.
            php';</script>";
        else {                             //查询成功,将该生信息通过会话返回
            list($XM, $XB, $CSSJ, $KCS) =$result->fetch(PDO::FETCH_NUM);
                                           //获取该生信息
            $_SESSION['XM'] =iconv('UTF-8', 'GB2312', $XM);
                                           //姓名(需要中文转换编码)
            $_SESSION['XB'] =$XB;          //性别
            $_SESSION['CSSJ'] =$CSSJ;      //出生时间
            $_SESSION['KCS'] =$KCS;        //已修课程数
            echo "<script>location.href='studentManage.php';</script>";
                                           //返回前端页面,显示学生信息
        }
    }
?>
```

P1.5　成绩管理

P1.5.1　界面设计

"成绩管理"功能界面如图 P1.22 所示。

实现思路:

(1) 该页面上使用 PHP 脚本在初始时就从数据库课程表中查询出所有课程的名称,并将其加载到下拉列表中,方便用户选择操作,运行时的效果如图 P1.23 所示。

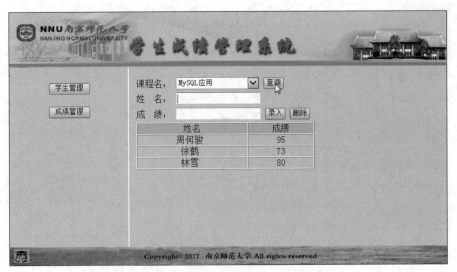

图 P1.22 "成绩管理"功能界面

图 P1.23 查询出所有课程的名称加载到下拉列表

(2) 用 JavaScript 脚本将用户当前选中项保存在 Cookie 中,以保证在页面刷新后"课程名"下拉列表中仍然保持着之前用户选中的课程名称。

"成绩管理"功能界面由源文件 scoreManage.php 实现,代码如下:

```
<html>
<head>
    <title>成绩管理</title>
</head>
<body bgcolor="D9DFAA">
<form method="post">
<table>
    <tr>
        <td>
        课程名:
        <!-- 以下 JS 代码是为了保证在页面刷新后,下拉列表中仍然保持着之前的选中项
        -->
        <script type="text/javascript">
        function setCookie(name, value) {
            var exp =new Date();
            exp.setTime(exp.getTime() +24 * 60 * 60 * 1000);
```

```
            document.cookie = name + "=" + escape(value) + "; expires=" + exp.
            toGMTString();
        }
        function getCookie(name) {
            var regExp = new RegExp("(^| )" + name + "=([^;]*)(;|$)");
            var arr = document.cookie.match(regExp);
            if(arr == null) {
                return null;
            }
            return unescape(arr[2]);
        }
        </script>
        <select name="kcm" id="select_1" onclick="setCookie('select_1',
        this.selectedIndex)">
        <?php
            echo "<option>请选择</option>";
            require "fun.php";                       //包含连接数据库的 PHP 文件
            $kcm_sql = "SELECT DISTINCT KCM FROM KC";     //查找所有的课程名
            $kcm_result = $db->query($kcm_sql);           //执行查询
            //输出课程名到下拉框中
            while(list($KCM) = $kcm_result->fetch(PDO::FETCH_NUM)) {
                $KC = iconv('UTF-8', 'GB2312', $KCM);     //课程名(中文转换编码)
                echo "<option value=$KC>$KC</option>";  //添加到下拉列表中
            }
        ?>
        </select>
        <script type="text/javascript">
            var selectedIndex = getCookie("select_1");
            if(selectedIndex != null) {
                document.getElementById("select_1").selectedIndex =
                selectedIndex;
            }
        </script>
    </td>
    <td><input name="btn" type="submit" value="查询"></td>
</tr>
<tr>
    <td>
        姓名:
        <input type="text" name="xm" size="5"> 
        成绩:
        <input type="text" name="cj" size="2">
    </td>
    <td>
        <input name="btn" type="submit" value="录入">
```

```
                        <input name="btn" type="submit" value="删除">
                </td>
            </tr>
            <tr>
                <td align="left">
                    <table border=1>
                        <tr bgcolor=#CCCCC0>
                            <td align="center">姓名</td>
                            <td>成绩</td>
                        </tr>
                        <?php
                            include "fun.php";                    //包含连接数据库的 PHP 文件
                            if(@$_POST["btn"] =='查询') {          //单击"查询"按钮
                                $CourseName =$_POST['kcm'];        //获取用户选择的课程名
                                $cj_sql = "SELECT XM, CJ FROM CJ WHERE KCM='$CourseName'";
                                                                  //查找该课程对应的成绩单
                                $cj_result = $db->query(iconv('GB2312', 'UTF-8', $cj_
                                sql));                            //执行查询
                                while(list($XM, $CJ) =$cj_result->fetch(PDO::FETCH_
                                NUM)) {                           //获取查询结果集
                                    $Name =iconv('UTF-8', 'GB2312', $XM);
                                                                  //姓名(中文转换编码)
                                    //在表格中显示输出"姓名-成绩"信息
                                    echo "<tr><td>$Name </td><td align=center>
                                    $CJ</td></tr>";
                                }
                            }
                        ?>
                    </table>
                </td>
                <td></td>
            </tr>
        </table>
    </form>
    </body>
</html>
```

P1.5.2　功能实现

本实习"成绩管理"模块主要实现对 MySQL 数据库成绩表（CJ）中学生成绩记录的录入和删除操作，其功能实现的代码也写在源文件 scoreManage.php 中（紧接着 P1.5.1 节页面 html 代码之后写），具体代码如下：

```php
<?php
    $CourseName =$_POST['kcm'];                              //获取提交的课程名
    $StudentName =$_POST['xm'];                              //获取提交的姓名
    $Score =$_POST['cj'];                                    //获取提交的成绩
    $cj_sql ="SELECT * FROM CJ WHERE KCM ='$CourseName' AND XM ='$StudentName'";
                                                             //先查询出该生该门课的成绩
    $result =$db->query(iconv('GB2312', 'UTF-8', $cj_sql));   //执行查询
/**以下为各成绩管理操作按钮的功能代码*/
/**录入功能*/
if(@$_POST["btn"] =='录入') {                                  //单击"录入"按钮
    if($result->rowCount() !=0)                               //(1)
        echo "<script>alert('该记录已经存在!');location.href='scoreManage.php
        ';</script>";
    else {                                                   //不存在才可以添加
        $insert_sql = " INSERT INTO CJ(XM, KCM, CJ) VALUES('$StudentName', '
        $CourseName', '$Score')";
                                                             //添加新记录
        $insert_result =$db->query(iconv('GB2312', 'UTF-8', $insert_sql));
                                                             //执行操作
        if($insert_result->rowCount() !=0)                   //返回值不为 0 表示操作成功
            echo "<script>alert('添加成功!');location.href='scoreManage.php';
            </script>";
        else
            echo "<script>alert('添加失败,请确保有此学生!');location.href='
            scoreManage.php';</script>";
    }
}
/**删除功能*/
if(@$_POST["btn"] =='删除') {                                  //单击"删除"按钮
    if($result->rowCount() !=0) {                             //(2)
        $delete_sql = " DELETE FROM CJ WHERE XM = '$StudentName ' AND KCM = '
        $CourseName'";                                       //删除该记录
        $del_affected =$db->exec(iconv('GB2312', 'UTF-8', $delete_sql));
                                                             //执行操作
        if($del_affected)                                    //返回值不为 0 表示操作成功
            echo "<script>alert('删除成功!');location.href='scoreManage.php';
            </script>";
        else
            echo "<script>alert('删除失败,请检查操作权限!');location.href='
            scoreManage.php';</script>";
    } else                                                   //不存在该记录,无法删
        echo "<script>alert('该记录不存在!');location.href='scoreManage.php';
        </script>";
```

```
    }
?>
```

说明:

(1) if($ result->rowCount() != 0):查询结果不为空,表示该成绩记录已经存在,不可重复录入。

(2) if($ result->rowCount() != 0) { ...}:查询结果不为空,表示该成绩记录存在,可删除。

至此,这个基于 Windows 平台 PHP 7/MySQL 的"学生成绩管理系统"开发完成,读者还可以根据需要自行扩展其他功能。

实习 **2**

JavaEE 7/MySQL 学生成绩管理系统

本实习基于 JavaEE 7(Struts 2.3)实现学生成绩管理系统,Web 服务器使用 Tomcat 9.0,访问 MySQL 5.6 数据库。

P2.1　JavaEE 开发平台搭建

这里仅仅列出主要步骤,详细内容请扫描二维码参考对应的网络文档——JavaEE 开发平台搭建。

P2.1　JavaEE 开发平台搭建.doc

P2.1.1　安装软件

1. 安装 JDK 8

本实习使用的版本是 JDK 8 Update 121,安装的可执行文件为 jdk-8u121-windows-i586,双击启动安装向导。

按照向导的步骤操作,完成后,JDK 安装在目录 C:\Program Files\Java\jdk1.8.0_121 下。接下来设置环境变量以便系统找到和使用此 JDK。

(1) 打开"环境变量"对话框。

右击桌面上的"计算机"图标,选择"属性",在弹出的控制面板主页中单击"高级系统设置"链接项,在弹出的"系统属性"对话框中单击"环境变量"按钮,弹出"环境变量"对话框。

(2) 新建系统变量 JAVA_HOME。

在"系统变量"列表下单击"新建"按钮,弹出"新建系统变量"对话框。在"变量名"栏中输入 JAVA_HOME,在"变量值"栏中输入 JDK 安装路径 C:\Program Files\Java\jdk1.8.0_121,如图 P2.1(a)所示,单击"确定"按钮。

(3) 设置系统变量 Path。

在"系统变量"列表中找到名为 Path 的变量,单击"编辑"按钮,在"变量值"字符串中加入路径%JAVA_HOME%\bin;,如图 P2.1(b)所示,单击"确定"按钮。

 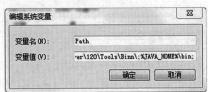

(a) 新建JAVA_HOME变量　　　　　　　　(b) 编辑Path变量

图 P2.1　设置环境变量

选择任务栏中的"开始"→"运行",输入 cmd 后回车,在命令行中输入 java -version,如果环境变量设置成功就会出现 Java 的版本信息,如图 P2.2 所示。

图 P2.2　JDK 安装成功

2. 安装 Tomcat 9

本实习采用 Tomcat 9 作为承载 JavaEE 应用的服务器,可在其官网 http://tomcat.apache.org/下载。其中,Core 下的 Windows Service Installer(图上标注的)是一个安装版软件。

下载获得执行文件 apache-tomcat-9.0.0.M17.exe,双击启动安装向导,安装过程均取默认选项,这里不再详细说明。

安装完 Tomcat 后会自行启动,打开浏览器输入 http://localhost:8080 后回车测试。若呈现如图 P2.3 所示的页面,就表明 Tomcat 9 安装成功。

3. 安装 MyEclipse 2017

MyEclipse 企业级工作平台(MyEclipse Enterprise Workbench,简称 MyEclipse)是一个功能强大的 JavaEE 集成开发环境(IDE),MyEclipse 的中文官网为 http://www.myeclipsecn.com/。本实习使用 MyEclipse 2017,从官网下载安装包执行文件 myeclipse-2017-ci-1-offline-installer-windows.exe,双击启动安装向导。按照向导的指引往下操作,安装过程从略。

P2.1.2　环境整合

1. 配置 MyEclipse 2017 所用的 JRE

在 MyEclipse 2017 中内嵌了 Java 编译器,但为了使用已安装的最新 JDK,需要手动配置。启动 MyEclipse 2017,选择菜单 Window→Preferences,出现如图 P2.4 所示的窗口。

在展开的左侧项目树中选中 Java→Installed JREs 项,单击右边 Add 按钮,添加自己安装的 JDK 并命名为 jdk8。

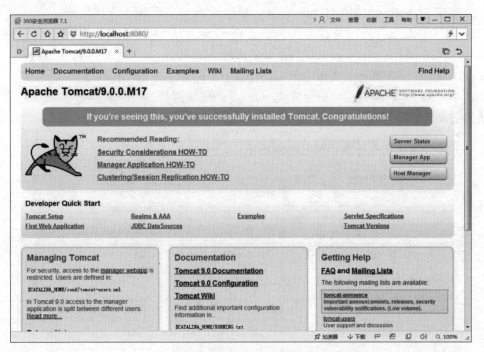

图 P2.3　Tomcat 9 安装成功

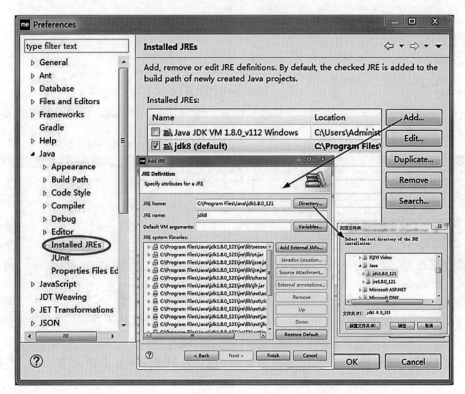

图 P2.4　配置 MyEclipse 2017 的 JRE

2. 集成 MyEclipse 2017 与 Tomcat 9

启动 MyEclipse 2017，选择菜单 Window→Preferences，在展开的左侧项目树中选中 Servers→Runtime Environments 项，单击右边的 Add 按钮，从弹出的 New Server Runtime Environment 对话框列表中选择 Tomcat→Apache Tomcat v9.0 项，单击 Next 按钮。

在 Tomcat Server 对话框中设置 Tomcat 9 的安装路径及所用的 JRE（从下拉列表中选择前面刚设置的名为 jdk8 的 Installed JRE），如图 P2.5 所示。

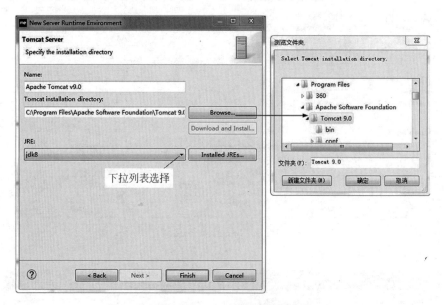

图 P2.5　配置 Tomcat 9 路径及所使用的 JRE

在 MyEclipse 2017 工具栏上单击复合按钮 右边的下拉箭头，选择 Tomcat v9.0 Server at localhost→Start，主界面下方控制台区就会输出 Tomcat 的启动信息，如图 P2.6 所示，说明服务器已开启。

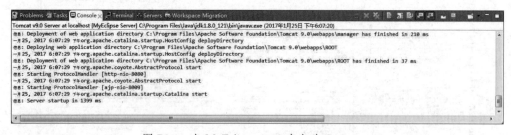

图 P2.6　由 MyEclipse 2017 来启动 Tomcat 9

打开浏览器，输入 http://localhost:8080 后回车。如果配置成功，将出现与前图 P2.7 一模一样的 Tomcat 9 首页，表示 MyEclipse 2017 已经与 Tomcat 9 紧密集成了。

至此，一个以 MyEclipse 2017 为核心的 JavaEE 应用开发平台搭建成功。

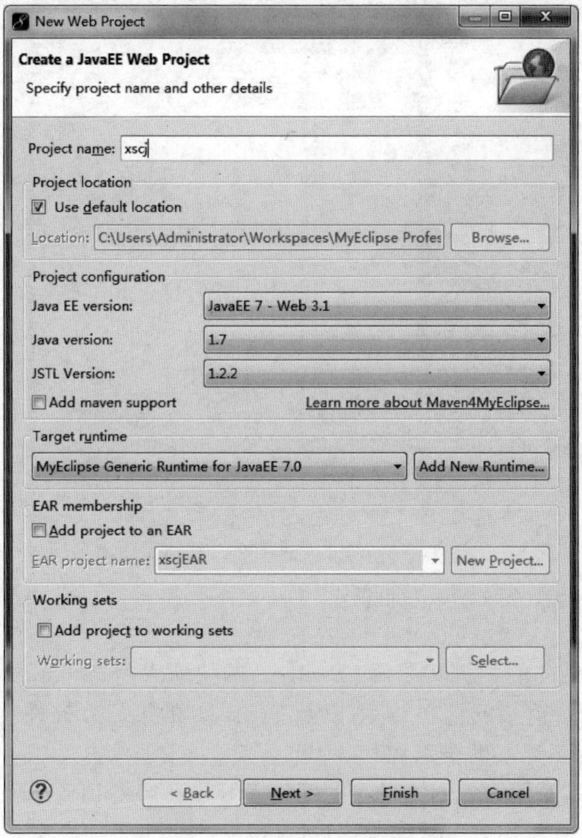

图 P2.7　创建 JavaEE 项目

P2.2　创建 Struts 2 项目

P2.2.1　创建 JavaEE 项目

启动 MyEclipse 2017，选择菜单 File→New→Web Project，出现如图 P2.7 所示的对话框，填写 Project Name 栏（项目名）为 xscj，在 JavaEE version 下拉列表中选 JavaEE 7 - Web 3.1，其余保持默认。

单击 Next 按钮，在 Web Module 页中勾选 Generate web.xml deployment descriptor（自动生成项目的 web.xml 配置文件）；在 Configure Project Libraries 页中勾选 JavaEE 7.0 Generic Library，同时取消选择"JSTL 1.2.2 Library"，如图 P2.8 所示。

设置完成，单击 Finish 按钮，MyEclipse 会自动生成一个 JavaEE 项目。

P2.2.2　加载 Struts 2 包

登录 http://struts.apache.org/下载 Struts 2 完整版，本实习使用的是 Struts 2.3.20。将下载的文件 struts-2.3.20-all.zip 解压，得到文件夹包含的目录如图 P2.9 所示。

apps：包含基于 Struts 2 的示例应用，对学习者来说是非常有用的资料。

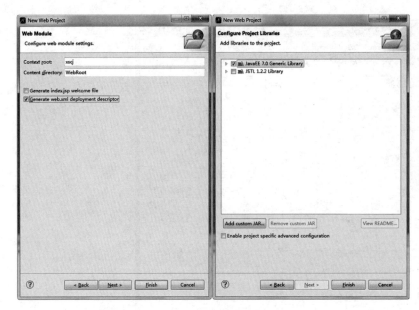

图 P2.8　项目设置

图 P2.9　Struts 2.3.20 目录

docs：包含 Struts 2 的相关文档，如 Struts 2 的快速入门、Struts 2 的 API 文档等内容。

lib：包含 Struts 2 框架的核心类库，以及 Struts 2 的第三方插件类库。

src：包含 Struts 2 框架的全部源代码。

在大多数情况下，使用 Struts 2 的 JavaEE 应用并不需要用到 Struts 2 的全部特性，开发 Struts 2 程序一般只需用到 lib 下的 9 个 jar 包。

（1）传统 Struts 2 的 5 个基本类库。

- struts2-core-2.3.20.jar。
- xwork-core-2.3.20.jar。
- ognl-3.0.6.jar。
- commons-logging-1.1.3.jar。
- freemarker-2.3.19.jar。

（2）附加的 4 个库。

- commons-io-2.2.jar。
- commons-lang3-3.2.jar。
- javassist-3.11.0.GA.jar。
- commons-fileupload-1.3.1.jar。

将它们一起复制到项目的\WebRoot\WEB-INF\lib 路径下，右击项目名，从弹出的菜单中选 Refresh 刷新即可。

然后在 WebRoot/WEB-INF 目录下配置 web.xml 文件，代码如下：

```
<?xml version="1.0" encoding="UTF-8"?>
<web-app xmlns:xsi="http://www.w3.org/2001/XMLSchema-instance" xmlns="
http://xmlns.jcp.org/xml/ns/javaee" xsi:schemaLocation="http://xmlns.jcp.
org/xml/ns/javaee http://xmlns.jcp.org/xml/ns/javaee/web-app_3_1.xsd" id="
WebApp_ID" version="3.1">
```

```
<display-name>xscj</display-name>
<filter>
    <filter-name>struts2</filter-name>
        <filter-class>org.apache.struts2.dispatcher.ng.filter.
        StrutsPrepareAndExecuteFilter</filter-class>
    <init-param>
        <param-name>actionPackages</param-name>
        <param-value>com.mycompany.myapp.actions</param-value>
    </init-param>
</filter>
<filter-mapping>
    <filter-name>struts2</filter-name>
    <url-pattern>/*</url-pattern>
</filter-mapping>
<welcome-file-list>
    <welcome-file>main.jsp</welcome-file>
</welcome-file-list>
</web-app>
```

P2.2.3　连接 MySQL

1. 加载数据库驱动

操作与前面加载 Struts 2 包的方式一样。从网上下载得到 MySQL 的 JDBC 驱动包 mysql-connector-java-5.1.40-bin.jar,将其复制到项目的\WebRoot\WEB-INF\lib 路径下, 右击项目名刷新。当然,也可以将 MySQL 驱动包与 Struts 2 的 9 个 jar 包一次性地加载到 项目中。

2. 编写 JDBC 驱动类

编写用于连接 MySQL 的 Java 类(JDBC 驱动类),在项目 src 下建立 org.easybooks. xscj.jdbc 包,其下创建 MySqlConn.java,代码如下:

```
package org.easybooks.xscj.jdbc;
import java.sql.*;
public class MySqlConn {
    public static Connection conns;
                    //连接对象(定义为"public static"便于程序随时获取和使用该连接)
    static {
        try {
            /**加载并注册 MySQL 的 JDBC 驱动*/
            Class.forName("com.mysql.jdbc.Driver");
            /**创建到 MySQL 的连接*/
            conns = DriverManager.getConnection("jdbc:mysql://localhost:3306/
            xscj?user=root&password=njnu123456&useUnicode=true&useSSL=
            false&characterEncoding=GBK");
```

```
        }catch(Exception e) {
            e.printStackTrace();
        }
    }
}
```

3. 构造值对象

为了能用 Java 面向对象的方式访问 MySQL,要预先创建"学生""课程"和"成绩"的值对象,它们都位于 src 下的 org.easybooks.xscj.vo 包中。

1)"学生"值对象

Student.java 构建"学生"的值对象,代码如下:

```
package org.easybooks.xscj.vo;
import java.util.*;
public class Student implements java.io.Serializable {
    private String xm;              //姓名
    private String xb;              //性别
    private Date cssj;              //出生时间
    private int kcs;                //课程数
    private String bz;              //备注
    private byte[] zp;              //照片(字节数组)
    public Student() { }            //构造方法
    /**各属性的 getter/setter 方法*/
    /**xm(姓名)属性*/
    public String getXm() {         //getter 方法
        return this.xm;
    }
    public void setXm(String xm) {//setter 方法
        this.xm = xm;
    }
    //省略其余属性的 getter/setter 方法
    ...
}
```

Java 值对象是为实现对数据库面向对象的持久化访问而构造的,它有着固定的格式,包括属性声明、构造方法以及各个属性的 getter/setter 方法,其实质就是一个 JavaBean。值对象的属性成员变量一般要与数据库表的字段一一对应,从而便于将 Java 对象操作映射为对数据库中表的操作。各属性的 getter/setter 方法书写形式类似,为节省篇幅,这里省略,详见本书提供的完整源代码。

2)"课程"值对象

Course.java 构建"课程"的值对象,代码如下:

```
package org.easybooks.xscj.vo;
public class Course implements java.io.Serializable {
    private String kcm;           //课程名
    private int xs;               //学时
    private int xf;               //学分
    public Course() { }           //构造方法
    /**各属性的 getter/setter 方法*/
    ...
}
```

3)"成绩"值对象

Score.java 构建"成绩"的值对象,代码如下:

```
package org.easybooks.xscj.vo;
public class Score implements java.io.Serializable {
    private String xm;            //姓名
    private String kcm;           //课程名
    private int cj;               //成绩
    public Score() { }            //构造方法
    /**各属性的 getter/setter 方法*/
    ...
}
```

P2.3　系统主页设计

P2.3.1　主界面

本系统主界面采用框架网页实现,下面先给出各前端网页的 HTML 源码。

1. 启动页

启动页面为 index.html,代码如下:

```
<html>
<head>
    <title>学生成绩管理系统</title>
</head>
<body topMargin="0" leftMargin="0" bottomMargin="0" rightMargin="0">
    <table width="675" border="0" align="center" cellpadding="0" cellspacing="
    0" style="width: 778px; ">
        <tr>
            <td><img src="images/学生成绩管理系统.gif" width="790" height="97"
            ></td>
        </tr>
        <tr>
```

```
        <td>< iframe src="main_frame.html" width="790" height="313"></
        iframe></td>
    </tr>
    <tr>
        <td><img src="images/底端图片.gif" width="790" height="32"></td>
    </tr>
    </table>
</body>
</html>
```

页面分上、中、下三部分，其中上、下两部分都只是一张图片，中间部分为一框架页（加黑代码为源文件名），运行时往框架页中加载具体的导航页和相应功能界面。

2. 框架页

框架页为 main_frame.html，代码如下：

```
<html>
<head>
    <meta http-equiv="Content-type" content="text/html; charset=GB2312"/>
    <title>学生成绩管理系统</title>
</head>
< frameset cols="217, * ">
    < frame frameborder = 0 src ="http://localhost: 8080/xscj" name =" frmleft"
scrolling="no" noresize>
    < frame frameborder = 0 src =" body. html" name =" frmmain" scrolling ="no"
noresize>
</frameset>
</html>
```

代码加黑处 http://localhost:8080/xscj 默认装载的是系统导航页 main.jsp（因之前在 web.xml 文件中已配置了＜welcome-file-list＞元素的＜welcome-file＞），页面装载后位于框架左区。框架右区则用于显示各个功能界面，初始默认为 body.html，代码如下：

```
<html>
<head>
    <title>内容网页</title>
</head>
<body topMargin="0" leftMargin="0" bottomMargin="0" rightMargin="0">
    <img src="images/主页.gif" width="678" height="500">
</body>
</html>
```

这只是一个填充了背景图片的空白页，在运行时，系统会根据用户操作，往框架右区中动态加载不同功能的 JSP 页面来替换该页。在项目\WebRoot 目录下创建 images 文件夹，其中放入用到的三幅图片资源："学生成绩管理系统.gif""底端图片.gif"和"主页.gif"。右击项目名,从弹出的菜单中选择 Refresh 刷新。

P2.3.2　功能导航

本系统的导航页上有两个按钮,单击后可分别进入"学生管理"和"成绩管理"两个不同功能的界面,如图 P2.10 所示。

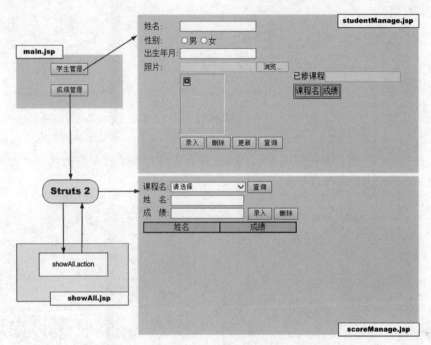

图 P2.10　功能导航

"成绩管理"界面需要预先加载"课程名"下拉列表,这通过 showAll.jsp 页面上的一个 Action(showAll)来实现,当单击"成绩管理"按钮时会触发这个 Action,在 Struts 2 控制下,调用相应的程序模块来实现加载功能,完成后再由 Struts 2 控制页面跳转到"成绩管理"功能界面(scoreManage.jsp)。

源文件 main.jsp 实现功能导航页面,代码如下:

```
<%@page language="java" pageEncoding="gb2312"%>
<html>
<head>
    <title>功能选择</title>
</head>
<body bgcolor="D9DFAA">
<table bgcolor="D9DFAA" width="200" height="85">
    <tr>
        <td align="center">
        <input type="button" value="学生管理" onclick="parent.frmmain.
    location='studentManage.jsp'">
```

```
        </td>
    </tr>
    <tr>
        <td align="center">
          <input type="button" value="成绩管理" onclick="parent.frmmain.
          location='showAll.jsp'">
        </td>
    </tr>
</table>
</body>
</html>
```

代码加黑处是两个导航按钮分别要定位到的 JSP 源文件：studentManage.jsp 实现"学生管理"功能界面(具体实现将在稍后给出)，showAll.jsp 上安置了一个 Action(showAll)，它的功能是往"成绩管理"界面上的"课程名"下拉列表中加载所有课程的名称供用户选择。

编写 showAll.jsp 代码如下：

```
<%@page language="java" pageEncoding="utf-8"%>
<%@taglib prefix="s" uri="/struts-tags" %>
<html>
<head>
    <title>加载课程</title>
</head>
<body bgcolor="D9DFAA">
    <s:action name="showAll" executeResult="true"/>
</body>
</html>
```

打开 IE，在地址栏中输入 http://localhost:8080/xscj/index.html，显示如图 P2.11 所示的页面。

图 P2.11　"学生成绩管理系统"主页

在 src 下创建 struts.xml 文件,它是 Struts 2 的核心配置文件,负责管理各 Action 控制器到 JSP 页间的跳转,配置如下:

```xml
<?xml version="1.0" encoding="utf-8"?>
<!DOCTYPE struts PUBLIC
    "-//Apache Software Foundation//DTD Struts Configuration 2.0//EN"
    "http://struts.apache.org/dtds/struts-2.0.dtd">
<struts>
    <package name="default" extends="struts-default">
        <!--加载课程名 -->
        <action name="showAll" class="org.easybooks.xscj.action.ScoreAction"
        method="showAll">
            <result name="result">/scoreManage.jsp</result>
        </action>
    </package>
    <constant name="struts.multipart.saveDir" value="/tmp"></constant>
    <constant name="struts.enable.DynamicMethodInvocation" value="true" />
</struts>
```

配置文件中定义了 name 为 showAll 的 Action。当客户端发出 showAll.actionURL 请求时,Struts 2 会根据 class 属性调用相应 Action 类(这里是 org.easybooks.xscj.action 包中的 ScoreAction 类)。method 属性指定该类中有一个 showAll 方法,将常量 struts.enable.DynamicMethodInvocation 的值设为 true,Struts 2 就会自动调用此方法来处理用户的请求,处理完后,该方法返回"result"字符串,请求被转发到/scoreManage.jsp 页(即"成绩管理"界面)。

P2.4 学生管理

P2.4.1 界面设计

"学生管理"功能界面如图 P2.12 所示。

图 P2.12 "学生管理"功能界面

"学生管理"功能界面由源文件 studentManage.jsp 实现，代码如下：

```
<%@page language="java" pageEncoding="utf-8"%>
<%@taglib prefix="s" uri="/struts-tags" %>
<html>
<head>
    <title>学生管理</title>
</head>
<body bgcolor="D9DFAA">
<s:set name="student" value="#request.student"/>
<s:form name="frm" method="post" enctype="multipart/form-data">
    <table>
        <tr>
            <td>
                <table>
                    <tr>
                        <td>姓名:</td><td><input type="text" name="xm" value="
                        <s:property value="#student.xm"/>"/></td>
                    </tr>
                    <tr>
                        <td><s:radio list="{'男','女'}" label="性别" name="
                        student.xb" value="#student.xb"/></td>
                    </tr>
                    <tr>
                        <td>出生年月:</td><td><input type="text" name=
                        "student.cssj" value="<s:date name="#student.cssj"
                        format="yyyy-MM-dd"/>"/></td>
                    </tr>
                    <tr>
                        <s:file name="photo" accept="image/*" label="照片"
                        onchange="document.all['image'].src=this.value;"/>
                    </tr>
                    <tr>
                        <td></td>
                        <td><img src="getImage.action?xm=<s:property value=
                        "#student.xm"/>" width="90" height="120"/></td>
                    </tr>
                    <tr>
                        <td></td>
                        <td>
                            <input name="btn1" type="button" value="录入"
                            onclick="add()">
                            <input name="btn2" type="button" value="删除"
                            onclick="del()">
```

```
                        <input name=" btn3 " type =" button " value =" 更 新 "
                        onclick="upd()">
                        <input name =" btn4 " type =" button " value =" 查 询 "
                        onclick="que()">
                </td>
            </tr>
        </table>
    </td>
    <td>
        <table>
            <tr>
                <td>已修课程<input type="text" name="student.kcs" value
                ="<s:property value="#student.kcs"/>" disabled/></td>
            </tr>
            <tr>
                <td align="left">
                    <table border=1>
                        <tr bgcolor=#CCCCC0>
                            <td>课程名</td>
                            <td align=center>成绩</td>
                        </tr>
                        <s:iterator value="#request.scoreList" id="sco">
                        <tr>
                            <td><s:property value="#sco.kcm"/> </
                            td>
                            <td align="center"><s:property value="#sco.
                            cj"/></td>
                        </tr>
                        </s:iterator>
                    </table>
                </td>
            </tr>
        </table>
    </td>
</tr>
</table>
<s:property value="msg"/>
</s:form>
</body>
</html>
<script type="text/javascript">
function add() {                         //add()方法录入学生信息
    document.frm.action="addStu.action";    //触发名为 addStu 的 Action
```

```
        document.frm.submit();
    }
    function del() {                                    //del()方法删除学生信息
        document.frm.action="delStu.action";           //触发名为 delStu 的 Action
        document.frm.submit();
    }
    function upd() {                                    //upd()方法更新学生信息
        document.frm.action="updStu.action";           //触发名为 updStu 的 Action
        document.frm.submit();
    }
    function que() {                                    //que()方法查询学生信息
        document.frm.action="queStu.action";           //触发名为 queStu 的 Action
        document.frm.submit();
    }
</script>
```

这里,紧接着网页 HTML 源码之后定义有一段 JavaScript 脚本,当用户单击页面上不同按钮时会调用不同的 JavaScript 函数,这些函数分别触发其对应的 Action 的功能。页面上控制器 getImage.action 则用于实时加载显示当前学生的照片,实现代码在 StudentAction 类的 getImage()方法中(稍后给出)。

P2.4.2   功能实现

1. 实现控制器

本实习的"学生管理"模块将对学生信息的增加、删除、修改、查询诸操作功能都统一集中在控制器 StudentAction 类中实现,其源文件 StudentAction.java 位于 src 下的 org.easybooks.xscj.action 包中,代码如下:

```
package org.easybooks.xscj.action;                          //Action 所在的包
/**导入所需的类和包*/
import java.sql.*;
import java.util.*;
import org.apache.struts2.ServletActionContext;
import org.easybooks.xscj.jdbc.*;
import org.easybooks.xscj.vo.*;
import com.opensymphony.xwork2.*;
import java.io.*;
import javax.servlet.ServletOutputStream;
import javax.servlet.http.HttpServletResponse;
public class StudentAction extends ActionSupport {
    /** StudentAction 的属性声明*/
    private String xm;                                      //姓名
    private String msg;                                     //页面操作的消息提示文字
    private Student student;                                //学生对象
```

```java
    private Score score;                                        //成绩对象
    private File photo;                                         //照片
/** addStu()方法实现录入学生信息*/
public String addStu() throws Exception {
    //先检查 XS 表中是否已经有该学生的记录
    String sql ="select * from XS where XM ='" +getXm() +"'";
                                        //getXm()获取 xm 属性值(页面提交)
    Statement stmt =MySqlConn.conns.createStatement();
                                        //获取静态连接,创建 SQL 语句对象
    ResultSet rs =stmt.executeQuery(sql);      //执行查询,返回结果集
    if(rs.next()) {                     //如果结果集不为空表示该学生记录已经存在
        setMsg("该学生已经存在!");
        return "result";
    }
    StudentJdbc studentJ =new StudentJdbc();   //创建 JDBC 业务逻辑对象
    Student stu =new Student();                //创建"学生"值对象
    /*通过"学生"值对象收集表单数据*/
    stu.setXm(getXm());
    stu.setXb(student.getXb());
    stu.setCssj(student.getCssj());
    stu.setKcs(student.getKcs());
    stu.setBz(student.getBz());
    if(this.getPhoto() !=null) {               //有照片上传的情况
        FileInputStream fis =new FileInputStream(this.getPhoto());
                                        //创建文件输入流,用于读取图片内容
        byte[] buffer =new byte[fis.available()];
                                        //创建字节类型的数组,用于存放图片的二进制数据
        fis.read(buffer);                      //将图片内容读入字节数组中
        stu.setZp(buffer);                     //给值对象设 zp(照片)属性值
    }
    if(studentJ.addStudent(stu) !=null) {      //传给业务逻辑类以执行添加操作
        setMsg("添加成功!");
        Map request =(Map)ActionContext.getContext().get("request");
                                        //获取上下文请求对象
        request.put("student", stu);
                                        //将新加入的学生信息放到请求中以便在页面上回显
    }else
        setMsg("添加失败,请检查输入信息!");
    return "result";
}
/** getImage()方法实现获取和显示当前学生的照片*/
public String getImage() throws Exception {
```

```
        HttpServletResponse response =ServletActionContext.getResponse();
                                                    //创建 Servlet 响应对象
        StudentJdbc studentJ =new StudentJdbc();    //创建 JDBC 业务逻辑对象
        student =new Student();                      //创建"学生"值对象
        student.setXm(getXm());                     //用值对象获取学生姓名
        byte[] img =studentJ.getStudentZp(student);
                                                    //通过业务逻辑对象获取该学生的照片
        response.setContentType("image/jpeg");      //设置响应的内容类型
        ServletOutputStream os =response.getOutputStream();    //Servlet 获取输出流
        if(img !=null && img.length !=0) {   //如果存在照片数据
            for(int i =0; i <img.length; i++) {
                os.write(img[i]);                     //将照片数据写入输出流中
            }
            os.flush();
        }
        return NONE;
    }
    /** delStu()方法实现删除学生信息*/
    public String delStu() throws Exception {
        //先检查 XS 表中是否存在该学生的记录
        boolean exist =false;                        //验证存在标识
        String sql ="select *  from XS where XM ='" +getXm() +"'";  //查询 SQL 语句
        Statement stmt =MySqlConn.conns.createStatement();
                                                    //获取静态连接,创建 SQL 语句对象
        ResultSet rs =stmt.executeQuery(sql);        //执行查询,返回结果集
        if(rs.next()) {                              //结果集不为空表示存在该学生
            exist =true;
        }
        if(exist) {                                  //如果存在即可进行删除操作
            StudentJdbc studentJ =new StudentJdbc();    //创建 JDBC 业务逻辑对象
            Student stu =new Student();               //创建"学生"值对象
            stu.setXm(getXm());                       //通过值对象获取要删除的学生姓名
            if(studentJ.delStudent(stu) !=null) {   //传给业务逻辑类以执行删除操作
                setMsg("删除成功!");
            }else
                setMsg("删除失败,请检查操作权限!");
        }else {
            setMsg("该学生不存在!");
        }
        return "result";
    }
    /** queStu()方法实现查询学生信息*/
    public String queStu() throws Exception {
```

```
    //先检查 XS 表中是否存在该学生的记录
    boolean exist = false;                        //验证存在标识
    String sql = "select * from XS where XM = '" + getXm() + "'";  //查询 SQL 语句
    Statement stmt = MySqlConn.conns.createStatement();
                                    //获取静态连接,创建 SQL 语句对象
    ResultSet rs = stmt.executeQuery(sql);        //执行查询,返回结果集
    if(rs.next()) {                               //结果集不为空表示存在该学生
        exist = true;
    }
    if(exist) {                                   //存在即在表单中显示该学生信息
        StudentJdbc studentJ = new StudentJdbc();  //创建 JDBC 业务逻辑对象
        Student stu = new Student();              //创建"学生"值对象
        stu.setXm(getXm());                       //通过值对象获取要查找的学生姓名
        if(studentJ.showStudent(stu) != null) {   //传给业务逻辑类以执行查询操作
            setMsg("查找成功!");
            Map request = (Map)ActionContext.getContext().get("request");
            request.put("student", stu);
                                //将查到的学生信息放到请求中,以便在页面上显示
            /*以下为进一步查询该学生的成绩,页面生成成绩单*/
            ScoreJdbc scoreJ = new ScoreJdbc();
                                //该业务逻辑对象专门处理与成绩有关的 JDBC 操作
            Score sco = new Score();              //创建"成绩"值对象
            sco.setXm(getXm());
                                //通过值对象获取要查询其成绩的学生姓名
            List<Score> scoList = scoreJ.showScore(sco);
                                //查询该学生所有课程的成绩,存入列表
            request.put("scoreList", scoList);
                                //将查到的成绩记录放到请求中,以便在页面上显示
        }else
            setMsg("查找失败,请检查操作权限!");
    }else
        setMsg("该学生不存在!");
    return "result";
}
/** updStu()方法实现更新学生信息*/
public String updStu() throws Exception {
    StudentJdbc studentJ = new StudentJdbc();    //创建 JDBC 业务逻辑对象
    Student stu = new Student();                 //创建"学生"值对象
    /*通过"学生"值对象收集表单数据 */
    stu.setXm(getXm());
    stu.setXb(student.getXb());
    stu.setCssj(student.getCssj());
    stu.setKcs(student.getKcs());
```

```
            stu.setBz(student.getBz());
            if(this.getPhoto() !=null) {                       //有照片上传的情况
                FileInputStream fis =new FileInputStream(this.getPhoto());
                                               //创建文件输入流,用于读取图片内容
                byte[] buffer =new byte[fis.available()];
                //创建字节类型的数组,用于存放照片的二进制数据
                fis.read(buffer);                              //将照片数据读入字节数组中
                stu.setZp(buffer);                             //用值对象收集照片数据
            }
            if(studentJ.updateStudent(stu) !=null) {  //传给业务逻辑类以执行更新操作
                setMsg("更新成功!");
                Map request =(Map)ActionContext.getContext().get("request");
                request.put("student", stu);
                                   //将更新后的新信息放到请求中,以便在页面上回显
            }else
                setMsg("更新失败,请检查输入信息!");
            return "result";
        }
        /**以下为 StudentAction 各属性的 getter/setter 方法*/
        ...
    }
```

2. 实现业务逻辑

业务逻辑中的方法直接与 JDBC 接口打交道,以实现对 MySQL 的操作,它位于 org.easybooks.xscj.jdbc 包下。本实习操作学生信息的业务逻辑都写在 StudentJdbc.java 中,代码如下:

```
package org.easybooks.xscj.jdbc;                       //业务逻辑类所在的包
/**导入所需的类和包*/
import java.sql.*;
import org.easybooks.xscj.vo.*;
public class StudentJdbc {
    private PreparedStatement psmt =null;              //预处理 SQL 语句对象
    private ResultSet rs =null;                        //结果集对象
    /**录入学生*/
    public Student addStudent(Student student) {
        String sql ="insert into XS(XM, XB, CSSJ, KCS, BZ, ZP) values(?,?,?,?,?,?)";
                                                       //录入操作的 SQL 语句
        try {
            psmt =MySqlConn.conns.prepareStatement(sql);   //预编译语句
            /*下面开始收集数据参数*/
            psmt.setString(1, student.getXm());        //姓名
            psmt.setString(2, student.getXb());        //性别
            psmt.setTimestamp(3, new Timestamp(student.getCssj().getTime()));
```

```
                                                        //出生时间
        psmt.setInt(4, student.getKcs());               //已修课程数
        psmt.setString(5, student.getBz());             //备注
        psmt.setBytes(6, student.getZp());              //照片
        psmt.execute();                                 //执行语句
    }catch(Exception e) {
        e.printStackTrace();
    }
    return student;        //返回"学生"值对象给 Action(即 StudentAction)
}
/**获取某个学生的照片*/
public byte[] getStudentZp(Student student) {
    String sql ="select ZP from XS where XM ='" +student.getXm() +"'";
                                //该 SQL 语句从值对象中获取学生姓名
    try {
        psmt = MySqlConn.conns.prepareStatement(sql); //获取静态连接,预编译语句
        rs =psmt.executeQuery();                      //执行语句,返回所获得的学生照片
        if(rs.next()) {                               //不为空则表示有照片
            student.setZp(rs.getBytes("ZP"));         //通过值对象获取照片数据
        }
    }catch(Exception e) {
        e.printStackTrace();
    }
    return student.getZp();                           //通过值对象返回照片数据
}
/**删除学生*/
public Student delStudent(Student student) {
    String sql ="delete from XS where XM ='" +student.getXm() +"'";
                                //SQL 语句从值对象中获取要删除的学生姓名
    try {
        psmt =MySqlConn.conns.prepareStatement(sql); //预编译语句
        psmt.execute();                               //执行删除操作
    }catch(Exception e) {
        e.printStackTrace();
    }
    return student;                                   //返回值对象
}
/**查询学生*/
public Student showStudent(Student student) {
    String sql ="select * from XS where XM ='" +student.getXm() +"'";
                                //SQL 语句从值对象中获取要查找的学生姓名
```

```
        try {
            psmt =MySqlConn.conns.prepareStatement(sql);    //预编译语句
            rs =psmt.executeQuery();                    //执行语句,返回所查询的学生信息
            if(rs.next()) {                             //返回结果集不为空
                //用"学生"值对象保存查到的学生各项信息
                student.setXb(rs.getString("XB"));        //性别
                student.setCssj(rs.getDate("CSSJ"));      //出生时间
                student.setKcs(rs.getInt("KCS"));         //已修课程数
                student.setZp(rs.getBytes("ZP"));         //照片
            }
        }catch(Exception e) {
            e.printStackTrace();
        }
        return student;              //返回"学生"值对象给 Action(即 StudentAction)
    }
    /**更新学生信息*/
    public Student updateStudent(Student student) {
        String sql ="update XS set XM=?, XB=?, CSSJ=?, KCS=?, BZ=?, ZP=? where XM
        ='" +student.getXm() +"'";                     //更新操作的 SQL 语句
        try {
            psmt =MySqlConn.conns.prepareStatement(sql);    //预编译语句
            /*下面开始收集数据参数*/
            psmt.setString(1, student.getXm());           //姓名
            psmt.setString(2, student.getXb());           //性别
            psmt.setTimestamp(3, new Timestamp(student.getCssj().getTime()));
                                                          //出生时间
            psmt.setInt(4, student.getKcs());             //已修课程数
            psmt.setString(5, student.getBz());           //备注
            psmt.setBytes(6, student.getZp());            //照片
            psmt.execute();                               //执行语句
        }catch(Exception e) {
            e.printStackTrace();
        }
        return student;                                   //返回值对象给 Action
    }
}
```

3. 配置 struts.xml

在 struts.xml 中加入如下代码：

```
<!--录入学生 -->
<action name="addStu" class="org.easybooks.xscj.action.StudentAction" method=
"addStu">
    <result name="result">/studentManage.jsp</result>
</action>
```

```
<!--获取照片 -->
< action  name =" getImage "  class =" org. easybooks. xscj. action. StudentAction
" method="getImage"/>
<!--删除学生 -->
<action name="delStu" class="org.easybooks.xscj.action.StudentAction" method=
"delStu">
    <result name="result">/studentManage.jsp</result>
</action>
<!--查找学生 -->
<action name="queStu" class="org.easybooks.xscj.action.StudentAction" method=
"queStu">
    <result name="result">/studentManage.jsp</result>
</action>
<!--更新学生 -->
<action name="updStu" class="org.easybooks.xscj.action.StudentAction" method=
"updStu">
    <result name="result">/studentManage.jsp</result>
</action>
```

P2.5　成绩管理

P2.5.1　界面设计

"成绩管理"功能界面如图 P2.13 所示。

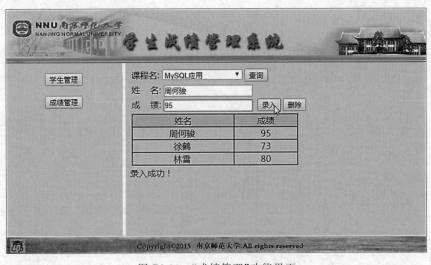

图 P2.13　"成绩管理"功能界面

"成绩管理"功能界面由源文件 scoreManage.jsp 实现,代码如下:

```
<%@page language="java" pageEncoding="utf-8"%>
<%@taglib prefix="s" uri="/struts-tags" %>
```

```html
<html>
<head>
    <title>成绩管理</title>
</head>
<body bgcolor="D9DFAA">
<s:set name="student" value="#request.student"/>
<s:form name="frm" method="post" enctype="multipart/form-data">
    <table>
        <tr>
            <td>
                课程名:
                <!-- 以下 JS 代码是为了保证在页面刷新后,下拉列表中仍然保持着之前的选中
                项 -->
                <script type="text/javascript">
                function setCookie(name, value) {
                    var exp = new Date();
                    exp.setTime(exp.getTime() + 24 * 60 * 60 * 1000);
                    document.cookie = name + "=" + escape(value) + "; expires=" +
                    exp.toGMTString();
                }
                function getCookie(name) {
                    var regExp = new RegExp("(^| )" + name + "=([^;]*)(;|$)");
                    var arr = document.cookie.match(regExp);
                    if(arr == null) {
                        return null;
                    }
                    return unescape(arr[2]);
                }
                </script>
                <select name="score.kcm" id="select_1" onclick="setCookie('
                select_1',this.selectedIndex)">
                    <option selected="selected">请选择</option>
                    <s:iterator id="cou" value="#request.courseList">
                        <option value="<s:property value="#cou.kcm"/>">
                            <s:property value="#cou.kcm"/>
                        </option>
                    </s:iterator>
                </select>
                <script type="text/javascript">
                    var selectedIndex = getCookie("select_1");
                    if(selectedIndex != null) {
                        document.getElementById("select_1").selectedIndex =
                        selectedIndex;
                    }
```

```
        </script>
        <input name="btn1" type="button" value="查询" onclick="que()">
     </td>
  </tr>
  <tr>
     <td>
        姓     名:
        <input type="text" name="xm" size="19">
     </td>
  </tr>
  <tr>
     <td>
        成     绩:
        <input type="text" name="cj" size="19">
         <input name="btn2" type="button" value="录入" onclick="
        add()">
        <input name="btn3" type="button" value="删除" onclick="del()">
     </td>
  </tr>
  <tr>
     <td align="left" width="400">
        <table border=1 cellpadding="0" cellspacing="0" width="310">
           <tr bgcolor=#CCCCC0>
              <td align="center">姓名</td>
              <td align="center">成绩</td>
           </tr>
           <s:iterator value="#request.kcscoreList" id="kcsco">
           <tr>
              <td align="center"><s:property value="#kcsco.xm"/>
               </td>
              <td align="center"><s:property value="#kcsco.cj"/></td>
           </tr>
           </s:iterator>
        </table>
     </td>
  </tr>
</table>
<s:property value="msg"/>
</s:form>
</body>
</html>
<script type="text/javascript">
```

```
function que() {                              //que()方法查询某门课的成绩
    document.frm.action="queSco.action";      //触发名为 queSco 的 Action
    document.frm.submit();
}
function add() {                              //add()方法录入学生成绩
    document.frm.action="addSco.action";      //触发名为 addSco 的 Action
    document.frm.submit();
}
function del() {                              //del()方法删除学生成绩
    document.frm.action="delSco.action";      //触发名为 delSco 的 Action
    document.frm.submit();
}
</script>
```

这里同样用 JavaScript 脚本函数实现在同一个页面上多个按钮各自触发不同 Action 的功能。

P2.5.2　功能实现

1. 实现控制器

本实习的"成绩管理"模块,将对成绩记录的查询、录入和删除操作功能都统一集中在控制器 ScoreAction 类中实现,其源文件 ScoreAction.java 也位于 src 下的 org.easybooks.xscj. action 包中,代码如下:

```
package org.easybooks.xscj.action;                    //Action 所在的包
/**导入所需的类和包*/
import java.util.*;
import java.sql.*;
import org.easybooks.xscj.jdbc.*;
import org.easybooks.xscj.vo.*;
import com.opensymphony.xwork2.*;
public class ScoreAction extends ActionSupport {
    /** ScoreAction 的属性声明*/
    private String xm;                                //姓名
    private int cj;                                   //成绩
    private String msg;                               //页面操作的消息提示文字
    private Score score;                              //成绩对象
    /**showAll()方法实现预加载信息(课程名)*/
    public String showAll() {
        Map request =(Map)ActionContext.getContext().get("request");
        request.put("courseList", allCou());
                                        //将查到的课程名放到请求中,以便在页面上加载
        return "result";
```

```java
}
/** queSco()方法实现查询某门课的成绩*/
public String queSco() {
    Map request =(Map)ActionContext.getContext().get("request");
    request.put("kcscoreList", curSco());      //将查到的成绩记录放到 Map 容器中
    return "result";
}
/** addSco()方法实现录入成绩*/
public String addSco() throws Exception {
    //先检查 CJ 表中是否已有该学生该门课成绩的记录
    String sql ="select * from CJ where XM ='" +getXm() +"' and KCM ='" +score.
    getKcm() +"'";                             //查询的 SQL 语句
    Statement stmt =MySqlConn.conns.createStatement();
                                               //获取静态连接,创建 SQL 语句对象
    ResultSet rs =stmt.executeQuery(sql);      //执行查询
    if(rs.next()) {                            //返回结果不为空表示记录存在
        setMsg("该记录已经存在!");
        return "reject";                       //拒绝录入,回到初始页
    }
    ScoreJdbc scoreJ =new ScoreJdbc();         //创建 JDBC 业务逻辑对象
    Score sco =new Score();                    //创建"成绩"值对象
    /*用"成绩"值对象存储和传递录入的内容*/
    sco.setXm(getXm());
    sco.setKcm(score.getKcm());
    sco.setCj(getCj());
    if(scoreJ.addScore(sco) !=null) {          //传给业务逻辑类,以执行录入操作
        setMsg("录入成功!");
    }else
        setMsg("录入失败,请确保有此学生!");
    /*实时加载显示操作结果*/
    Map request =(Map)ActionContext.getContext().get("request");
    request.put("courseList", allCou());
    request.put("kcscoreList", curSco());
    return "result";
}
/** delSco()方法实现删除成绩*/
public String delSco() throws Exception {
    //先检查 CJ 表中是否存在该学生该门课的成绩记录
    String sql ="select * from CJ where XM ='" +getXm() +"' and KCM ='" +score.
    getKcm() +"'";                             //查询的 SQL 语句
    Statement stmt =MySqlConn.conns.createStatement();
                                               //获取静态连接,创建 SQL 语句对象
    ResultSet rs =stmt.executeQuery(sql);      //执行查询
    if(!rs.next()) {                           //返回结果集为空表示记录不存在,无法删除
        setMsg("该记录不存在!");
```

```
            return "reject";                         //拒绝删除操作,回初始页
        }
        //存在即可进行删除操作
        ScoreJdbc scoreJ =new ScoreJdbc();    //创建 JDBC 业务逻辑对象
        Score sco =new Score();               //创建"成绩"值对象
        sco.setXm(getXm());
        sco.setKcm(score.getKcm());
        if(scoreJ.delScore(sco) !=null) {    //传给业务逻辑类,以执行删除操作
            setMsg("删除成功!");
        }else
            setMsg("删除失败,请检查操作权限!");
        /*实时加载显示操作结果*/
        Map request =(Map)ActionContext.getContext().get("request");
        request.put("courseList", allCou());
        request.put("kcscoreList", curSco());
        return "result";
    }
    /**加载课程名列表(用于刷新页面)*/
    public List allCou() {
        ScoreJdbc scoreJ =new ScoreJdbc();
        List<Course>couList =scoreJ.showCourse();    //查询所有的课程信息
        return couList;                               //返回课程名列表
    }
    /**加载当前课的成绩表(用于刷新页面)*/
    public List curSco() {
        ScoreJdbc scoreJ =new ScoreJdbc();            //创建 JDBC 业务逻辑对象
        Score kcsco =new Score();                     //创建"成绩"值对象
        kcsco.setKcm(score.getKcm());                 //用值对象传递课程名
        List<Score>kcscoList =scoreJ.queScore(kcsco);
                                                      //查询符合条件的成绩记录,存入列表
        return kcscoList;                             //返回成绩表
    }
    /**以下为 ScoreAction 各属性的 getter/setter 方法(略)*/
    ...
}
```

2. 实现业务逻辑

本实习中操作成绩记录的业务逻辑都写在 ScoreJdbc.java 中,代码如下:

```
package org.easybooks.xscj.jdbc;                      //业务逻辑类所在的包
/**导入所需的类和包*/
import java.sql.*;
import java.util.*;
import org.easybooks.xscj.vo.*;
```

```
public class ScoreJdbc {
    private PreparedStatement psmt =null;          //预处理 SQL 语句对象
    private ResultSet rs =null;                    //结果集对象
    /**查询某学生的成绩*/
    public List showScore(Score score) {
        CallableStatement stmt =null;              //可调用 SQL 语句对象
        try {
            stmt =MySqlConn.conns.prepareCall("{call CJ_PROC(?)}");
                                                   //调用 CJ_PROC 存储过程
            stmt.setString(1, score.getXm());      //输入存储过程参数
            stmt.executeUpdate();                  //执行存储过程
        }catch(Exception e) {
            e.printStackTrace();
        }
        //视图已生成
        String sql ="select * from XMCJ_VIEW";
        //创建一个 ArrayList 容器,将从视图中查询的学生成绩记录存放在容器中
        List scoreList =new ArrayList();
        try {
            psmt =MySqlConn.conns.prepareStatement(sql);
            rs =psmt.executeQuery();               //执行语句,返回所查询的学生成绩
            //读取 ResultSet 中的数据,放入 ArrayList 中
            while(rs.next()) {
                Score kcscore =new Score();        //用"成绩"值对象存储查询结果
                kcscore.setKcm(rs.getString("KCM"));
                kcscore.setCj(rs.getInt("CJ"));
                scoreList.add(kcscore);            //将 kcscore 对象放入 ArrayList 中
            }
        }catch(Exception e) {
            e.printStackTrace();
        }
        return scoreList;                          //返回成绩列表
    }
    /**查询所有课程*/
    public List showCourse() {
        String sql ="select * from KC";            //从 KC 表中查询所有课程名称
        List courseList =new ArrayList();          //用于存放课程名列表的 List
        try {
            psmt =MySqlConn.conns.prepareStatement(sql);
            rs =psmt.executeQuery();               //执行查询
            /*读出所有课程名放入 courseList 中*/
```

```
        while(rs.next()) {
            Course course =new Course();                //创建"课程"值对象
            course.setKcm(rs.getString("KCM"));  //用值对象存储课程名
            courseList.add(course);                      //将课程信息加入到 ArrayList 中
        }
    }catch(Exception e) {
        e.printStackTrace();
    }
    return courseList;                                   //返回课程列表
}
/**查询某门课的成绩*/
public List queScore(Score score) {
    String sql ="select * from CJ where KCM ='" +score.getKcm() +"'";
    //创建一个 ArrayList 容器,将从 CJ 表中查询的成绩记录存放在容器中
    List kcscoreList =new ArrayList();
    try {
        psmt =MySqlConn.conns.prepareStatement(sql);
        rs =psmt.executeQuery();                         //执行语句,返回查到的成绩信息
        //读取 ResultSet 中的数据,放入 ArrayList 中
        while(rs.next()) {
            Score kcscore =new Score();                  //用"成绩"值对象存储查询结果
            kcscore.setXm(rs.getString("XM"));
            kcscore.setKcm(rs.getString("KCM"));
            kcscore.setCj(rs.getInt("CJ"));
            kcscoreList.add(kcscore);                //将 kcscore 对象放入 ArrayList 中
        }
    }catch(Exception e) {
        e.printStackTrace();
    }
    return kcscoreList;                                  //返回成绩列表
}
/**录入成绩*/
public Score addScore(Score score) {
    String sql ="insert into CJ(XM, KCM, CJ) values(?,?,?)";   //录入的 SQL 语句
    try {
        psmt =MySqlConn.conns.prepareStatement(sql);  //预编译语句
        psmt.setString(1, score.getXm());               //姓名
        psmt.setString(2, score.getKcm());              //课程名
        psmt.setInt(3, score.getCj());                  //成绩
        psmt.execute();                                 //执行录入操作
    }catch(Exception e) {
        e.printStackTrace();
```

```
        }
        return score;
    }
    /**删除成绩*/
    public Score delScore(Score score) {
        String sql = "delete from CJ where XM = '" + score.getXm() + "' and KCM = '" +
        score.getKcm() + "'";                          //删除的 SQL 语句
        try {
            psmt = MySqlConn.conns.prepareStatement(sql);  //预编译语句
            psmt.execute();                                //执行删除操作
        }catch(Exception e) {
            e.printStackTrace();
        }
        return score;
    }
}
```

3. 配置 struts.xml

在 struts.xml 中加入如下代码：

```
<!--查询某门课成绩 -->
<action name="queSco" class="org.easybooks.xscj.action.ScoreAction" method="
queSco">
    <result name="result">/showAll.jsp</result>
</action>
<!--录入成绩 -->
<action name="addSco" class="org.easybooks.xscj.action.ScoreAction" method="
addSco">
    <result name="result">/scoreManage.jsp</result>
    <result name="reject">/showAll.jsp</result>
</action>
<!--删除成绩 -->
<action name="delSco" class="org.easybooks.xscj.action.ScoreAction" method="
delSco">
    <result name="result">/scoreManage.jsp</result>
    <result name="reject">/showAll.jsp</result>
</action>
```

　　至此，这个基于 JavaEE 7(Struts 2)/MySQL 的"学生成绩管理系统"开发完成，读者还可以根据需要自行扩展其他功能。

实习 3

Python 3.7/MySQL 学生成绩管理系统

本系统是基于 Python 3.7 及其 GUI 库 Tkinter 实现的学生成绩管理系统,通过 Python 的 PyMySQL 驱动访问后台的 MySQL 5.6 数据库。

P3.1　Python 环境安装

P3.1.1　安装 Python 环境

1. 安装 Python 3.7

(1) 下载 Python 安装文件。

在 Python 官方网站 https://www.python.org/downloads/windows/ 获取对应的 Python 安装文件,Windows 要求选择 Windows 7 以上 64 位操作系统版本,在浏览器浏览 Python 官网网址,在下载列表中选择 Windows 平台 64 位安装包(Python -XYZ.msi 文件, XYZ 为版本号),下载后得到的文件名为 python-3.7.0-amd64.exe。

(2) 安装 Python。

双击下载包,进入 Python 安装向导,如图 P3.1 所示。

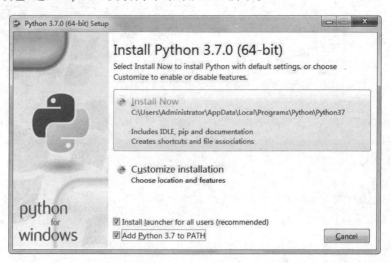

图 P3.1　选择安装

勾选下面两个选项(其中 Add Python 3.7 to PATH 表示把 Python 安装目录加入 Windows 环境 Path 变量路径中),选择 Install Now,在其下方,系统显示默认的安装目录。 单击,系统进入 Python 安装过程,安装成功后,在 Windows 开始菜单栏就会包含 Python 3.7 的 程序组,如图 P3.2 所示。

图 P3.2　Python 程序组

（3）设置环境变量。

如果在安装 Python 图 P3.1 时没有勾选将 Python 安装目录加入 Windows 环境变量 Path 中，则需要在下列命令提示框中（运行 cmd）添加 Python 目录到 Path 环境变量中：

```
path %path%; <python 安装目录>
```

或者通过"我的电脑"→"属性"，在 Python 安装目录"高级"选项卡上选择"环境变量"，单击 PATH 系统环境变量，单击"编辑"按钮。将 Python 安装目录加入到 Path 环境变量中，如图 P3.3 所示。

图 P3.3　将 Python 安装目录加到 Path 中

2. 安装 PyCharm

PyCharm 是由 JetBrains 打造的一款 Python IDE,是目前比较流行的 Python 程序开发环境,本实习就使用它来开发 Python 程序。

(1) 在 http://www.jetbrains.com/pycharm/pycharm-community-2018.1.4.exe 网站下载 PyCharm Community 社区版(免费开源的版本)。

(2) 双击 pycharm-community-2018.1.4.exe 运行安装 PyCharm Community Edition。系统显示如图 P3.4 所示。

图 P3.4 PyCharm 安装欢迎界面

(3) 单击 Next 按钮,系统进入安装路径选择界面,如图 P3.5 所示。

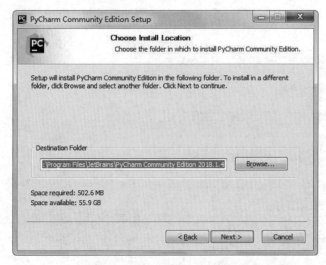

图 P3.5 选择 PyCharm 安装路径

单击 Browse 按钮,可以改变系统默认的 PyCharm 安装目录。

(4) 单击 Next 按钮进入安装选项界面,如图 P3.6 所示。

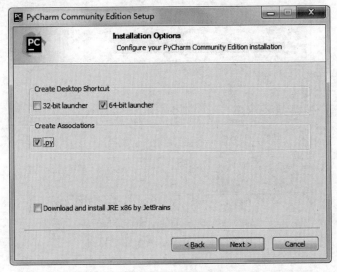

图 P3.6　安装选项

这里勾选 64-bit launcher 和 py 选项。指定 64 位程序快捷方式,指定与.py 文件关联。

（5）设置完成后单击 Next 按钮,进入 Windows 开始菜单设置界面,可以输入新的程序组文件夹名,如图 P3.7 所示,设置完成后单击 Next 按钮开始安装进程。

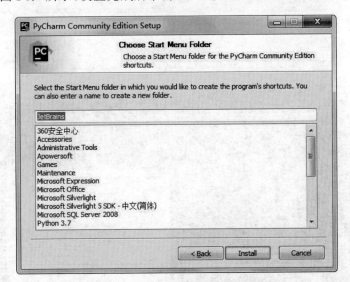

图 P3.7　Windows 开始菜单设置界面

（6）安装过程结束后显示 PyCharm 安装完成并可运行,如图 P3.8 所示。单击 Finish 按钮则完成安装过程,如果勾选 Run PyCharm Community Edition 复选框,则会首次运行 PyCharm。

（7）选择是否指定位置导入扩展库,如图 P3.9 所示,选择 Do not import settings,单击 OK 按钮。

（8）系统进入 PyCharm 自定义 UI 主题界面,如图 P3.10 所示。用户可以选择 Skip

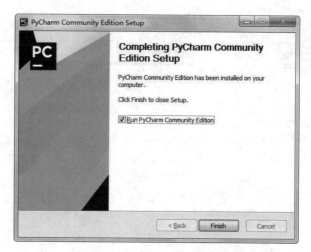

图 P3.8　PyCharm 安装完成界面

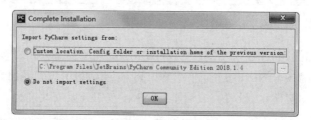

图 P3.9　是否指定位置导入扩展库

Remaining and Set Defaults 跳过,或者选择 IntelliJ 项提前设置开发环境的界面风格。

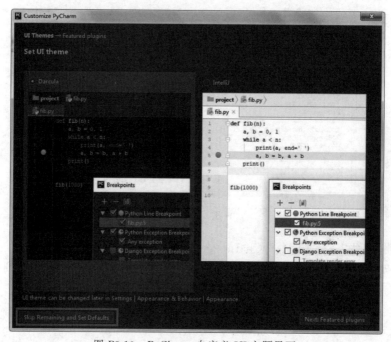

图 P3.10　PyCharm 自定义 UI 主题界面

3. 创建 PyCharm 工程

（1）启动 PyCharm，出现如图 P3.11 所示的界面。

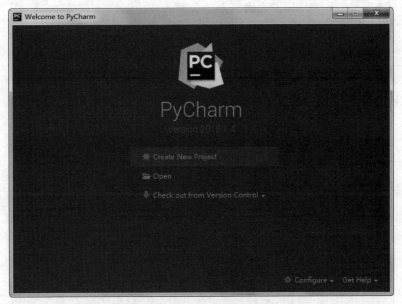

图 P3.11　选择工程创建和打开工程

Create New Project 表示创建新的工程。Open 是打开已有的工程。

工程是 Python 组织文件的工具，我们必须先创建工程，然后在工程下建立、运行 Python 源程序文件。一般来说，用 Python 解决一个应用问题，需要使用多个文件配合才能完成。例如，菜单、窗口、图片、多个 Python 文件等，这些文件通过工程把它们组织起来。

（2）选择 Create New Project 选项，系统显示如图 P3.12 所示。

图 P3.12　确定工程存放目录

　　这里指定当前创建的工程存放目录。不同的工程存放不同的目录，用户可以根据自己情况选择。例如，修改当前创建工程的目录为 C:\Users\Administrator\PycharmProjects\LovePython，单击 Create 按钮，出现如图 P3.13 所示对话框。

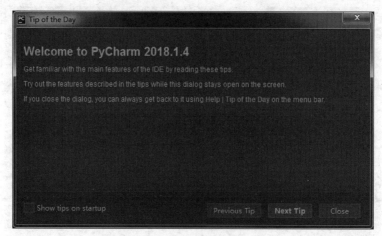

图 P3.13　PyCharm 欢迎对话框

　　（3）图 P3.13 是 PyCharm 的欢迎对话框，单击 Close，系统进入 PyCharm 当前创建的工程的开发环境，如图 P3.14 所示。

图 P3.14　当前创建的工程的开发环境

　　（4）图 P3.14 界面背景颜色太深，这是因为在前面图 P3.10 处跳过未设置亮色主题，需要进行调整。选择 File 主菜单中 Settings 菜单项 Appearance & Behavior 下面的 Appearance 项，系统显示如图 P3.15 所示。

　　在 Theme 列表中选择 IntelliJ 项后单击 OK 按钮，此后界面背景颜色就变成了浅灰色和白色。

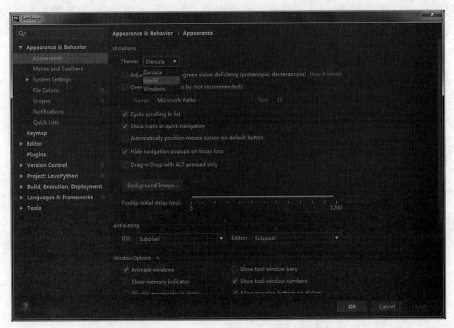

图 P3.15　更换开发环境界面背景色

P3.1.2　安装 MySQL 驱动

MySQL 的驱动库名为 PyMySQL，目前的最新版本是 PyMySQL-0.9.3 用 Python 的 pip3 工具联网安装，打开 Windows 命令行，输入如下命令：

```
pip3 install PyMySQL
```

运行过程如图 P3.16 所示。

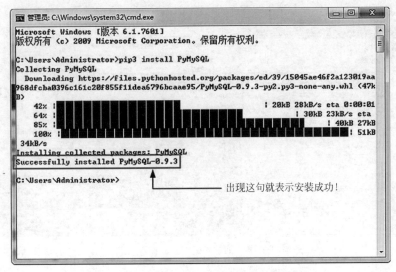

图 P3.16　使用 pip3 工具联网安装 PyMySQL

安装完可使用 python -m pip list 命令或者在 PyCharm 中通过主菜单 File→Settings 打开 Settings 对话框,在 Project Interpreter 选项页查看 PyMySQL 是否已经装上,如图 P3.17 所示。

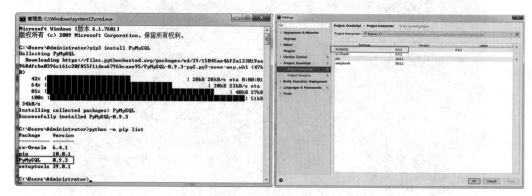

图 P3.17 PyMySQL 安装成功

P3.2 开发前的准备工作

P3.2.1 创建 Python 源文件

在当前创建的工程(工程目录为 C:\Users\Administrator\PycharmProjects\LovePython)下创建 Python 源程序文件,步骤如下。

(1) 选择 LovePython 工程名,右击,选择 New,在列出的菜单项下选择 Python File,如图 P3.18 所示。

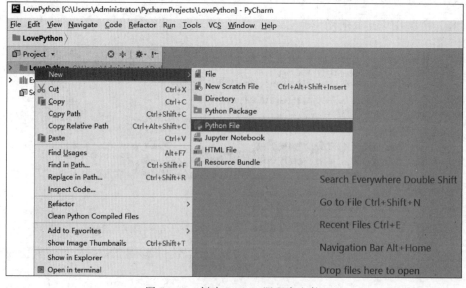

图 P3.18 创建 Python 源程序文件

(2) 系统显示新建 Python 文件对话框,如图 P3.19 所示。输入 xscj 作为 Python 源文件名称,单击 OK 按钮,系统显示该程序的编辑窗口选项卡,对应的文件为 xscj.py,其中句点后面的 py 就是 Python 的源程序扩展名。

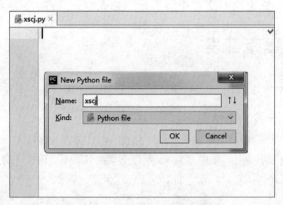

图 P3.19　新建 Python 文件对话框

(3)接下来就可以在 xscj.py 的编辑窗口中编写 Python 程序了。

P3.2.2　系统界面设计

本实习使用 Tkinter 来制作"学生成绩管理系统"的界面,界面总体效果的草图如图 P3.20 所示。

图 P3.20　"学生成绩管理系统"界面草图

Tkinter 是 Python 的图形用户界面(GUI)库,其所使用的 Tk 接口是 Python 的标准 GUI 工具包接口。Tkinter 可以在 Windows、Linux、Macintosh 以及绝大多数 UNIX 平台下使用,其新版本还可以实现本地窗口风格。由于 Tkinter 早已内置到 Python 语言的安装包中,只要安装好 Python 之后就能直接导入其模块来使用,Python 3 所使用的库名为 tkinter,在程序中的导入语句如下:

```
from tkinter import *                                        #导入 tkinter 模块的所有内容
```

这样导入后就可以快速地创建带图形界面的桌面应用程序,十分方便。

P3.3　Python 程序开发

P3.3.1　实现思路

实现 Python 程序开发的思路如下:

(1) 与 C♯、VB.NET、Qt 等专业的 GUI 桌面开发语言不同,Tkinter 并无集成的界面设计器,故无法使用拖曳控件的方式来设计程序界面,界面设计布局的代码只能与程序功能实现的代码写在一起,位于同一个源文件(xscj.py)中。

(2) 通过 PhotoImage()方法载入界面顶部"学生成绩管理系统"LOGO 图片。

(3) 用 pymysql.connect()方法连接 MySQL 数据库,返回连接对象。

(4) 界面表单上各控件对应的变量 v_name、v_sex、v_birth、v_course、v_note、v_list 集中放在前面一起定义。

(5) 界面上各控件均采用 grid()方法进行布局。

(6) 程序中一共定义以下 5 个功能方法(用 def 声明)。

- **init**():初始化,从 XS 表中查询出所有学生姓名,加载到"姓名"栏下拉列表中。
- **ins_student**():录入新生信息,完成后 tkinter.messagebox.showinfo()方法提示录入成功,调用 init()方法重新初始化。
- **upt_student**():修改学生信息,完成后 tkinter.messagebox.showinfo()方法提示修改成功,调用 init()方法重新初始化。
- **del_student**():删除学生信息,完成后 tkinter.messagebox.showinfo()方法提示删除成功,调用 init()方法重新初始化。
- **que_student**():查询学生信息,若"姓名"栏(对应 v_name 变量)选择为空,默认查询并显示所有学生信息;若"姓名"栏选中了某个姓名,则只显示该姓名的学生记录。用表单上各控件的 set()方法设定各栏学生信息项的内容。

(7) 用 Listbox 控件实现学生信息的列表显示,通过其 itemconfig()方法设定表头背景色,用 insert()方法写入记录,以空格格式化记录的显示样式。

(8) 界面上"录入""修改""删除""查询"按钮的 command 属性绑定各自对应的功能方法,程序启动时,首先执行一次 init()方法初始化界面。

P3.3.2　功能代码

本实习项目唯一的源文件就是 xscj.py,代码如下:

```
from tkinter import *
import tkinter.ttk                                           #(1)
import tkinter.messagebox                                    #用于消息框功能
import pymysql                                               #导入 MySQL 驱动库
master = Tk()                                                #(2)
```

```python
master.title('学生信息管理系统')
master.geometry("550x450")
mainlogo =PhotoImage(file ="D:\Python\student.gif")
                                              #载入界面主题背景图资源
mylabel =Label(master, image =mainlogo, compound =TOP)      # (3)
mylabel.grid(row =0, column =0, columnspan =7, padx =20)     # (4)
                                              #连接 MySQL 数据库
conn = pymysql. connect (host = " LAPTOP - 8SJBOG5R", user = " root", passwd =
"zhou123456", db ="xscj")                           # (5)
cur =conn.cursor()
#定义程序中要用到的各个变量
v_name =StringVar()                                 #姓名
v_sex =IntVar()                                     #性别
v_birth =StringVar()                                #生日
v_course =IntVar()                                  #已修课程
v_note =StringVar()                                 #备注
v_list =StringVar()                                 #与学生信息列表框关联
#表单"姓名"栏
Label(master, text ='姓名: ').grid(row =1, column =0, padx =20)
cb =tkinter.ttk.Combobox(master, width =10, textvariable =v_name)
cb.grid(row =1, column =1, columnspan =2, padx =5, pady =15)
#表单"生日"栏
Label(master, text ='生日: ').grid(row =1, column =3, sticky =W)
Entry(master, width =10, textvariable =v_birth).grid(row =1, column =4, padx =
10, pady =15)
#表单"已修课程"栏
Label(master, text ='已修课程: ').grid(row =1, column =5, sticky =W)
Entry(master, width =5, textvariable =v_course).grid(row =1, column =6, padx =
10, pady =15)
#表单"性别"栏
Label(master, text ='性别: ').grid(row =2, column =0, padx =20)
Radiobutton(master, text ='男', variable =v_sex, value =1).grid(row =2, column
=1)
Radiobutton(master, text ='女', variable =v_sex, value =0).grid(row =2, column
=2)
#表单"备注"栏
Label(master, text ='备注: ').grid(row =2, column =3, sticky =W)
Entry(master, textvariable =v_note).grid(row =2, column =4, columnspan =2, padx
=10, pady =15)
#学生信息列表控件
lb =Listbox(master, width =50, listvariable =v_list)
lb.grid(row =3, column =0, rowspan =4, columnspan =5, sticky =W, padx =20, pady
=15)
                                              # (6)
```

```
    v_list.set('..........姓名..........生日...........已修课程.........')
                                              #模拟数据网格的表头标题
lb.itemconfig(0, bg='YellowGreen')            #设定列表框标题的背景色
def init():                                   #初始化函数(用于加载数据库中所有学生的姓名)
    cur.execute('select distinct(XM) from XS')
    row =cur.fetchall()
    cb["values"] =row
    que_student()
def ins_student():                            #"录入学生信息"功能函数
    cur.execute("INSERT INTO XS VALUES('" +v_name.get() +"'," +str(v_sex.get())
    +",'" +v_birth.get() +"'," + str(v_course.get()) +",'" +v_note.get() +"',
    null)")
    conn.commit()
    tkinter.messagebox.showinfo('提示', v_name.get() +' 的信息录入成功!')
    v_name.set('')
    init()                                    # (7)
def upt_student():                            #"修改学生信息"功能函数
    cur.execute("UPDATE XS SET XB=" +str(v_sex.get()) +",CSSJ='" +v_birth.get()
    +"',KCS=" +str(v_course.get()) +",BZ='" +v_note.get() +"' WHERE XM='" +v_
    name.get() +"'")
    conn.commit()
    tkinter.messagebox.showinfo('提示', v_name.get() +' 的信息修改成功!')
    v_name.set('')
    init()                                    # (7)
def del_student():                            #"删除学生信息"功能函数
    cur.execute("DELETE FROM XS WHERE XM='" +v_name.get() +"'")
    conn.commit()
    tkinter.messagebox.showinfo('提示', v_name.get() +' 的信息已经删除!')
    v_name.set('')
    init()                                    # (7)
def que_student():                            #"查询学生信息"功能函数
    if v_name.get() =='':                     #若不选择指定姓名,则默认查询所有学生信息
        cur.execute('SELECT * FROM XS')
    else:
        cur.execute("SELECT * FROM XS WHERE XM='" +v_name.get() +"'")
    row =cur.fetchall()
    lb.delete(1, END)                         #先要将列表中原来旧的记录删除
    if cur.rowcount !=0:
        for i in range(cur.rowcount):
            lb.insert(END, '      ' +row[i][0] +'       ' +str(row[i][2]).split(' ')
            [0] +'           ' +str(row[i][3]) +'         ')
    if cur.rowcount ==1:                       #如果查询的是单独某个学生的信息,则更新表单
        v_name.set(row[0][0])                  #姓名
```

```
        if row[0][1] ==1:                                      #性别
            v_sex.set(1)
        else:
            v_sex.set(0)
        v_birth.set(row[0][2])                                 #生日
        v_course.set(row[0][3])                                #已修课程
        v_note.set(row[0][4])                                  #备注
    else:                                                      #表单中默认显示的内容
        v_name.set('')
        v_sex.set(1)
        v_birth.set('1970-01-01 00:00:00')
        v_course.set(0)
        v_note.set('')
Button(master, text ='录 入', width =10, command =ins_student).grid(row =3,
column =5, columnspan =2, sticky =W, padx =10, pady =5)
Button(master, text ='修 改', width =10, command =upt_student).grid(row =4,
column =5, columnspan =2, sticky =W, padx =10, pady =5)
Button(master, text ='删 除', width =10, command =del_student).grid(row =5,
column =5, columnspan =2, sticky =W, padx =10, pady =5)
Button(master, text ='查 询', width =10, command =que_student).grid(row =6,
column =5, columnspan =2, sticky =W, padx =10, pady =5)
init()
mainloop()
```

说明：

（1）import tkinter.ttk：引入 Tkinter 中的 ttk 组件。这里引入 ttk 是为了使用下拉列表控件来显示学生姓名。ttk 是 Python 对其自身 GUI 的一个扩充，使用 ttk 以后的组件，同 Windows 操作系统的外观一致性更高，看起来也会舒服很多。ttk 的很多组件与 Tkinter 标准控件都是相同的，在这种情况下，ttk 将覆盖 Tkinter 原来的组件，代之以 ttk 的新特性。

（2）master = Tk()：Tkinter 使用 Tk 接口创建 GUI 程序的主窗口界面，调用方法为：

```
窗口对象名 =Tk()
```

上述语句建好了一个默认的主窗口，如果还需要定制主窗口的其他一些属性，可以调用窗口对象的方法，例如：

```
窗口对象名.title(标题名)                                  #设置窗口标题
窗口对象名.geometry(宽 x 高+偏移量)                        #设置窗口尺寸
```

在定义好程序主窗口后，就可以往其中加入其他组件。

（3）mylabel = Label(master, image = mainlogo, compound = TOP)：这里设置标签的 compound 属性值为 TOP，表示将主题图片置于界面顶部。

（4）mylabel.grid(row = 0, column = 0, columnspan = 7, padx = 20)：columnspan 是 grid()方法的一个重要参数，作用是设定控件横向跨越的列数，即控件占据的宽度，这里设置图片标签框架的 columnspan 值为 7（横跨 7 列），即使主题图片占满整个界面的顶部空间。

（5）conn = pymysql. connect(host = "LAPTOP-8SJBOG5R", user = "root", passwd = "zhou123456", db = "xscj")：这里设 MySQL 安装在局域网中的另一台计算机上，计算机名称为 LAPTOP-8SJBOG5R，如果 MySQL 与 Python 环境在同一台计算机上，则这里的"host（主机）"参数值就是 localhost 或 127.0.0.1，表示访问的是本地数据库。MySQL 服务器支持用户直连，故 Python 连接 MySQL 的 connect()方法有两种形式：不带 db 参数与带 db 参数的。本例实习预先已经建好了数据库 xscj，所以这里要指定 db 参数；如果尚未创建数据库，可以先用不带 db 参数的 connect()方法连上 MySQL，然后执行 CREATE DATABASE 语句创建数据库，再以带 db 参数的 connect()方法连接到所创建的数据库，其代码如下：

```
#初次连接时先创建数据库
conn = pymysql. connect (host = " LAPTOP - 8SJBOG5R", user = " root", passwd = "
zhou123456")
mysql ="CREATE DATABASE xscj"
conn.query(mysql)
#必须再次连接以指定所要操作的数据库
conn = pymysql. connect (host = " LAPTOP - 8SJBOG5R", user = " root", passwd = "
zhou123456", db ="xscj")
```

（6）lb.grid(row = 3, column = 0, rowspan = 4, columnspan = 5, sticky = W, padx = 20, pady = 15)：rowspan 也是 grid()方法的参数，作用与 columnspan 相同，但设定的是控件纵向跨越的行数，即控件占据的高度。本例设置学生信息列表框占据界面上的 4 行 5 列（rowspan = 4, columnspan = 5），为其留出左下方比较大的一片区域，看起来很美观。实际应用中，通过灵活使用 rowspan 与 columnspan，就能制作出极其复杂丰富的图形界面来。

（7）init()：在每次对数据库记录进行了录入、修改或删除之类的更新操作后，都要执行 init()方法以重新加载显示数据库中的全体学生信息，这是为了保证界面显示与后台数据库实际状态同步。

P3.3.3　运行效果

右击 xscj.py，选择 Run 'xscj'运行 Python 程序，程序运行效果如图 P3.21 所示，用户可以通过该界面录入、修改学生信息，也可以查询和删除特定学生的信息。

至此，这个基于 Python 3.7/MySQL 的"学生成绩管理系统"开发完成，读者还可以根据需要自行扩展其他的功能。

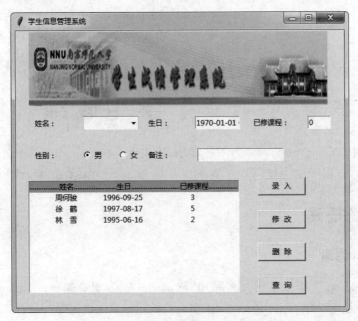

图 P3.21　程序运行效果

实习 **4**

Android Studio 3.5/MySQL 学生成绩管理系统

本系统是用 Android Studio 3.5 开发移动端、Java Servlet 和 Tomcat 9.0 作为 Web 端服务器,移动端 Android 程序通过 HTTP 与 Web 服务器交互来访问后台的 MySQL 5.6 数据库。

P4.1 环境搭建

P4.1.1 基本原理

当前实际的互联网应用系统大多采用"移动端—Web 服务器—后台数据库(DB)服务器"的三层架构方式,如图 P4.1 所示,保证安全性的同时又能提高系统的性能和可用性。

移动端/Android   Web服务器   后台DB服务器

图 P4.1 互联网应用的通用架构

在这种架构下,移动端是通过 HTTP 协议,由 Web 服务器间接操作数据库的。Android 为 HTTP 编程提供了 HttpURLConnection 类,它的功能非常强大,具有最广泛的通用性,可用它连接 Java/Java EE、.NET、PHP 等几乎所有主流平台的 Web 服务器,为简单起见,本实习所用的 Web 服务器是基于 Tomcat 9.0 的 Java Servlet 程序,由它来操作后台 DB 服务器上的 MySQL,向移动前端返回信息,整个系统共涉及三方,分别为:

(1) 这里采用移动端:华硕笔记本电脑(192.168.0.183,Windows 10)。装有 Android Studio 3.5 和 Eclipse,开发程序,运行 Android 移动端。

(2) 这里采用 Web 服务器:联想笔记本电脑(192.168.0.138,Windows 7,64 位),主机名 DBServer,其上有 Tomcat 9.0 和 JDK。部署开发好的 Java Servlet 服务器程序。

(3) 这里采用 DB 服务器:与 Web 服务器使用的是同一台计算机,其上有 MySQL 5.6 数据库。

运行时系统的工作流程如图 P4.2 所示。

这里使用 JSON 格式在 Web 服务器与移动端之间传输数据,这也是目前绝大多数互联网应用的真实情形。

①请求（HttpURL Connection）

③响应（JSON）

②操作（mysql-connector-java-5.1.48.jar）

Servlet

移动端　　　　　　　　　　Web服务器　　　　　　　　　DB服务器

图 P4.2　系统工作流程

P4.1.2　开发工具安装

本实习移动端程序开发需要 Android Studio,服务器端程序开发需要 Eclipse,而这些工具的运行本身又离不开 JDK,服务器端程序的运行还需要以 Tomcat 为载体,故整个系统所需的开发工具种类比较庞杂,在环境配置上就要花费不小的时间和精力,不过读者也不用担心,只要按照下面介绍的步骤按部就班地进行即可。

这里仅仅列出主要步骤,详细内容请扫描二维码参考对应的网络文档 Android 开发工具安装。

P4.1.2　Android 开发工具安装.doc

1. 安装 JDK

在移动端计算机上安装 JDK。

（1）下载 JDK。

（2）安装 JDK。

（3）配置环境变量。

2. 安装 Android Studio

在移动端计算机上安装 Android Studio。

（1）下载 Android Studio。

（2）安装 Android Studio。

（3）第一次启动。

3. 安装 Eclipse

安装步骤略。

4. 安装 Tomcat

安装步骤略。

5. 配置 Eclipse 环境中的 Tomcat

配置步骤略。

P4.2　Web 应用开发和部署

P4.2.1　创建动态 Web 项目

服务端的 Web 程序用 Java 的 Servlet 实现,在 Eclipse IDE 环境下开发,选择菜单 File→New→Dynamic Web Project,出现如图 P4.3 所示的对话框,给项目命名为 MyServlet。

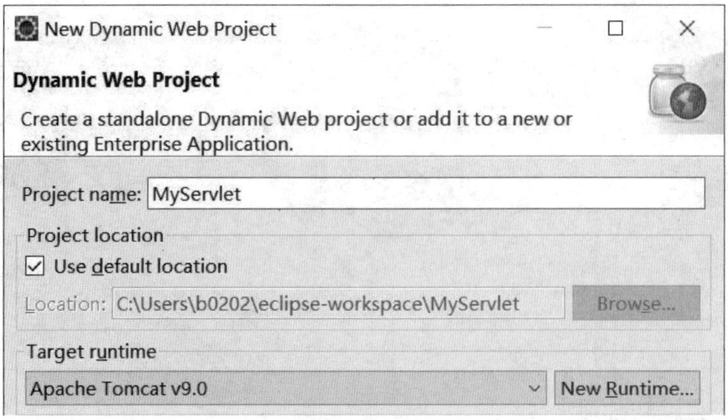

图 P4.3 创建动态 Web 项目

在 Web Module 页勾选 Generate web.xml deployment descriptor,如图 P4.4 所示。单击 Finish 按钮,自动生成 web.xml 文件。

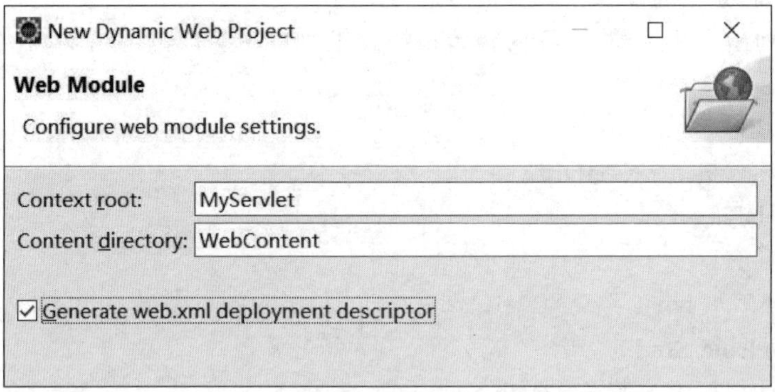

图 P4.4 自动生成 web.xml 文件

项目创建完成后,在 Eclipse 开发环境左侧的树状视图中可以看到该项目的组成目录结构,这个运行在 Web 端的程序负责接收 Android 程序发来的请求,根据 Android 程序的要求去操作后台 MySQL 数据库,故该程序离不开 JDBC 驱动包,这里使用的是 mysql-connector-java-5.1.48.jar;又由于 Web 服务程序是以 JSON 格式向移动端返回数据的,故还需要使用 JSON 相关的包,从网络下载获得,共有如下 6 个.jar 包:

```
commons-beanutils-1.8.0.jar
commons-collections-3.2.1.jar
commons-lang-2.5.jar
commons-logging-1.1.1.jar
ezmorph-1.0.6.jar
json-lib-2.3.jar
```

将它们连同数据库驱动 mysql-connector-java-5.1.48.jar 包一起复制到项目的 lib 目录下,直接刷新即可,最终形成的项目目录细节如图 P4.5 所示。

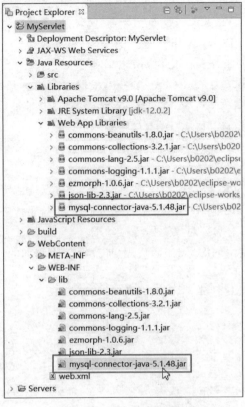

图 P4.5　项目目录的细节

P4.2.2　编写 Servlet 程序

现在 Eclipse IDE 已经支持在 src 下直接创建 Servlet 源文件模板,自动生成 Servlet 的代码框架即可运行,无须再配置 web.xml。在项目 src 下创建包 org.easybooks.myservlet,右击此包,在弹出菜单中选择 New→Servlet,在弹出的对话框中输入 Servlet 类名,在多个页面上根据需要配置 Servlet 的具体属性(这里都使用默认),如图 P4.6 所示。

图 P4.6　创建 Servlet

单击 Finish 按钮,Eclipse 就会自动生成 Servlet 源文件模板,其中的代码框架都已经给出了，我们只要修改和加入自己的代码即可开发出想要的 Web 服务器功能。

实现思路：

（1）导入 IO、SQL 和 JSON 操作的库。

（2）在主 Servlet 类 MainServlet 中声明数据库连接对象、SQL 语句对象和结果集对象。

（3）主要功能代码全部集中在 doGet()方法中，根据移动端发来的请求 HttpServletRequest 的内容执行操作。移动端请求中有三个数据项（在请求的 URL 地址后携带，以 & 分隔），Servlet 程序依据这三个数据项决定自己要执行的具体功能。

（4）本程序中共创建了两个 JSON 数据结构，一个为 JSON 对象 jobj，另一个为 JSON 数组 jarray。

（5）程序从后台 MySQL 数据库中读取的数据会先遍历包装为一个个临时的 JSON 对象（即 jstu），将它们存入数组 jarray，然后将数组 jarray 再装入一个总的 JSON 对象 jobj（list）中，最后将这个总的 JSON 对象返回给移动端。

下面给出本应用所使用的 Servlet 源代码（加黑语句为添加的内容）。

```java
package org.easybooks.myservlet;

import java.io.IOException;
import javax.servlet.ServletException;
import javax.servlet.annotation.WebServlet;
import javax.servlet.http.HttpServlet;
import javax.servlet.http.HttpServletRequest;
import javax.servlet.http.HttpServletResponse;
import java.io.*;                                    //I/O 操作的库
import java.sql.*;                                   //SQL 操作的库
import net.sf.json.*;                                //JSON 操作的库

/**
 * Servlet implementation class MainServlet
 */
@WebServlet("/MainServlet")
public class MainServlet extends HttpServlet {
    private static final long serialVersionUID =1L;
    private Connection conn =null;                   //数据库连接对象
    private Statement stmt =null;                    //SQL 语句对象
    private ResultSet rs =null;                      //结果集对象

    /**
     * @see HttpServlet                              #HttpServlet()
     */
    public MainServlet() {
        super();
        // TODO Auto-generated constructor stub
```

```
      }

/**
 * @see HttpServlet #doGet(HttpServletRequest request, HttpServletResponse
   response)
 */
  protected  void  doGet (HttpServletRequest  request,  HttpServletResponse
  response) throws ServletException, IOException {
    // TODO Auto-generated method stub
    response.setCharacterEncoding("utf-8");      //必须有这句！否则中文显示为???
    response.setContentType("application/json"); //设置以 JSON 格式向移动端返回数据
    //创建 JSON 数据结构
    JSONObject jobj =new JSONObject();           //创建 JSON 对象
    JSONArray jarray =new JSONArray();           //创建 JSON 数组对象
    //访问 MySQL 数据库读取内容
  try {
    Class.forName("com.mysql.jdbc.Driver");      //加载 MySQL 驱动类
    conn =DriverManager.getConnection("jdbc:mysql://DBServer:3306/xscj", "
    root", "njnu123456");                        //获取到 MySQL 的连接
      stmt =conn.createStatement();
      //解析移动端请求中的数据项
      String data =request.getParameter("data");  //(1)数据项(备注、学生姓名)
      String nm =request.getParameter("nm");      //(2)要操作(修改/删除)的学生姓名
      String opt =request.getParameter("opt");    //(3)要执行的操作
      if(!(data ==null||data.length() <=0)) {
          if(opt.equals("upt")) {                 //修改学生信息
              String sql ="UPDATE XS SET BZ ='" +data +"' WHERE XM ='" +nm +"'";
              stmt.executeUpdate(sql);
          }
          if(opt.equals("del")) {                 //删除学生信息
              String sql ="DELETE FROM XS WHERE XM ='" +nm +"'";
              stmt.executeUpdate(sql);
            }
          }
      if(opt !=null && opt.equals("que") && !(data ==null||data.length() <=
      0))
          rs =stmt.executeQuery("SELECT * FROM XS WHERE XM ='" +data +"'");
                                                 //查询某个学生的信息记录
      else
          rs =stmt.executeQuery("SELECT * FROM XS");     //(4)
```

```
            int i =0;
            while (rs.next()) {                              //遍历查询结果
                JSONObject jstu =new JSONObject();  //临时 JSON,存储结果集中一条记录
                jstu.put("name", rs.getString("XM").toString().trim());  //姓名
                jstu.put("birth", rs.getDate("CSSJ").toString());              //生日
                jstu.put("note", rs.getString("BZ") ==null ? " " : rs.getString("
                BZ"));                                        //备注
                jarray.add(i, jstu);                          //将单个 JSON 对象添加进数组
                i++;
            }
            jobj.put("list", jarray);                        //将 JSON 数组再装入 JSON 对象
        } catch (ClassNotFoundException e) {
            jobj.put("err", e.getMessage());
        } catch (SQLException e) {
            jobj.put("err", e.getMessage());
        } finally {
            try {
                if (rs !=null) {
                    rs.close();                               // 关闭 ResultSet 对象
                    rs =null;
                }
                if (stmt !=null) {
                    stmt.close();                             // 关闭 Statement 对象
                    stmt =null;
                }
                if (conn !=null) {
                    conn.close();                             // 关闭 Connection 对象
                    conn =null;
                }
            } catch (SQLException e) {
                jobj.put("err", e.getMessage());
            }
        }
        PrintWriter return_to_client =response.getWriter();
        return_to_client.println(jobj);                      //将 JSON 对象返回移动端
        return_to_client.flush();
        return_to_client.close();
    }

/**
* @ see HttpServlet # doPost (HttpServletRequest  request, HttpServletResponse
response)
*/
```

```
    protected void doPost (HttpServletRequest request, HttpServletResponse
    response) throws ServletException, IOException {
        // TODO Auto-generated method stub
        doGet(request, response);
    }
}
```

说明:

(1) String data = request.getParameter("data");: data 是要修改的数据项内容,也可表示要查询的学生姓名。

(2) String nm = request.getParameter("nm");: nm 是要对其执行的操作,如修改、删除操作的学生姓名。

(3) String opt = request.getParameter("opt");: opt 表示所要执行的操作类型,有upt(修改)、del(删除)和 que(查询)三个选项。

服务器程序就是根据以上三个数据项的取值来知道移动端所要求它执行的具体操作的。例如:

```
data='考上研究生'&nm='周何骏'&opt='upt'
```

表示将数据库中姓名为"周何骏"的学生备注信息修改为"考上研究生"。

(4) rs = stmt.executeQuery("SELECT * FROM XS");: 如果用户发来空信息(未输入任何内容),则直接读取返回数据库中所有学生的信息。

P4.2.3　打包部署 Web 项目

1. 项目打包

将编写完成的 Servlet 程序打包成.war 文件。用 Eclipse 对项目打包的基本操作为: 右击项目 MyServlet,选择 Export→WAR file,从弹出的对话框中选择打包.war 文件的存放路径,如图 P4.7 所示,单击 Finish 的即可。

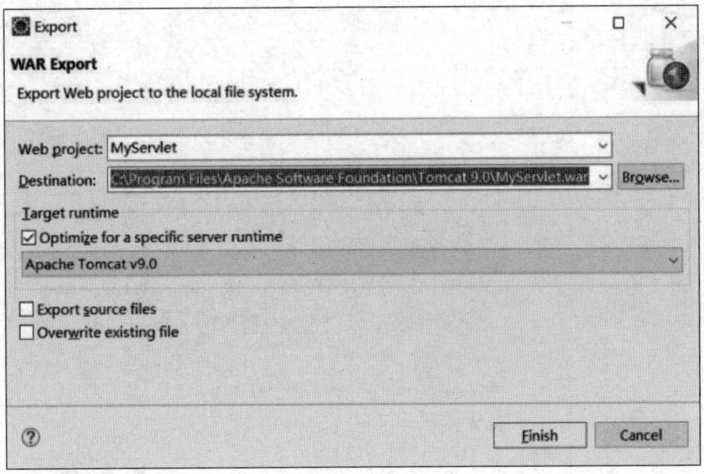

图 P4.7　打包项目

将打包形成的.war 文件直接复制到 Web 服务器上 Tomcat（注意不是本地 Eclipse 开发环境的 Tomcat）的 webapps 目录下。

2. 测试 Web 服务器

打包部署完成，启动 Web 服务器上的 Tomcat，可先在客户端用浏览器访问 http://192.168.0.138:8080/MyServlet/MainServlet，测试是否成功，如果出现如图 P4.8 所示的页面，上面以 JSON 格式字符串显示出 MySQL 数据库中存储的学生信息记录，就表示 Web 服务器环境已经搭建成功。

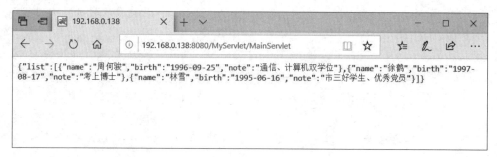

图 P4.8　测试 Web 服务器

P4.3　移动端 Android 程序开发

开发部署好 Web 服务器端程序后，接下来继续开发移动端的 Android 程序。

P4.3.1　创建 Android 工程

在之前安装好的 Android Studio 环境中创建 Android 工程，步骤如下：

（1）启动 Android Studio 后出现如图 P4.9 所示的窗口，选择 Start a new Android Studio project 来创建新的 Android Studio 工程。

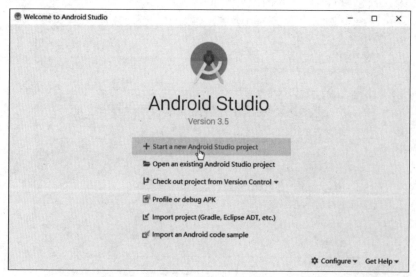

图 P4.9　创建一个新的 Android Studio 工程

（2）在 Choose your project 页选择 Basic Activity 最基本的 Activity 类型，如图 P4.10 所示，单击 Next 按钮进入下一步。

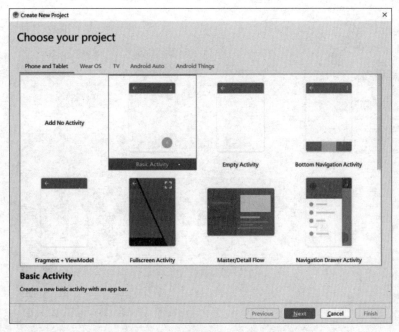

图 P4.10　选择 Activity 类型

（3）在 Configure your project 页填写应用程序名等相关信息，这里输入的程序名为 xscj，如图 P4.11 所示。填写完单击 Finish 按钮。

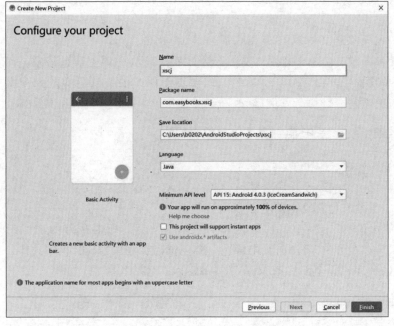

图 P4.11　填写应用程序名等信息

稍等片刻，系统显示开发界面，Android 工程创建成功。

P4.3.2 设计界面

在 Android 工程 content_main.xml 文件的设计（Design）模式下拖曳设计 Android 程序界面，如图 P4.12 所示。

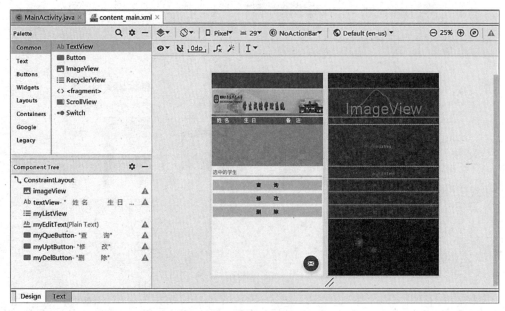

图 P4.12 Android 程序界面

这里在界面顶部以一个图像视图（ImageView）来显示"学生成绩管理系统"的主题图片，该图片文件名 student.gif，放置在项目工程的资源目录 \ xscj \ app \ src \ main \ res \ drawable 下；接下来的文本视图（TextView）显示"姓名、生日、备注"列表标题；其下是一个列表框（ListView）控件，用于显示 MySQL 数据库中存放的学生信息记录，背景设为绿色；列表框下的编辑框（EditText）是供用户输入要更新修改的信息内容或要查询的学生姓名的；底部的三个按钮分别执行查询、修改和删除操作。界面设计的详细代码略。

P4.3.3 编写移动端代码

实现思路：

（1）初始启动 Android 程序时默认会连接到 Web 服务器，而当程序运行起来后，任何时刻用户单击界面按钮都会向服务器发出请求。

（2）为简化代码，本例中将初始化和用户单击按钮时所要执行的功能封装在同一个 onSubmitClick()方法中，通过向其中传递一个字符串参数来"告知"程序具体要做什么。

移动端的程序代码全部位于 MainActivity.java 源文件中，具体如下：

```
package com.easybooks.xscj;

...

//导入 Android 内置的 JSON 库
```

```java
import org.json.JSONArray;
import org.json.JSONException;
import org.json.JSONObject;

public class MainActivity extends AppCompatActivity implements AdapterView.
OnItemClickListener {
    private ListView myListView;              //列表框(显示 Oracle 数据库的学生信息)
    private List<String>list;                 //存储学生信息的 List 结构,与列表框绑定
    private ArrayAdapter<String>adapter;      //Array 适配器,用来给列表框绑定数据源
    private EditText myEditText;              //编辑框(提供给用户输入更新的信息内容)
    private HttpURLConnection conn =null;
                                             //HTTP 连接对象(Android 与服务器交互的工具)
    private InputStream stream =null;        //输入流(存放获取的响应内容)
    private Button myQueButton;              //"查询"按钮
    private Button myUptButton;              //"修改"按钮
    private Button myDelButton;              //"删除"按钮
    private String cname;                    //当前用户所操作的学生姓名(点选列表项确定)

    @Override
    protected void onCreate(Bundle savedInstanceState) {
        super.onCreate(savedInstanceState);
        setContentView(R.layout.activity_main);
        myListView =findViewById(R.id.myListView);
        myListView.setOnItemClickListener(this);   //绑定列表项单击事件监听
        list =new ArrayList<>();          //创建 List 结构
        adapter = new ArrayAdapter<String>(this, R.layout.support_simple_spinner_
        dropdown_item, list);                 //创建数据适配器
        myEditText =findViewById(R.id.myEditText);
        myQueButton=findViewById(R.id.myQueButton);
        myQueButton.setOnClickListener(new View.OnClickListener() {
            @Override
            public void onClick(View view) {
                onSubmitClick("que");  //单击"查询"按钮时执行
            }
        });
        myUptButton =findViewById(R.id.myUptButton);
        myUptButton.setOnClickListener(new View.OnClickListener() {
            @Override
            public void onClick(View view) {
                onSubmitClick("upt");  //单击"修改"按钮时执行
            }
        });
        myDelButton=findViewById(R.id.myDelButton);
```

```
    myDelButton.setOnClickListener(new View.OnClickListener() {
        @Override
        public void onClick(View view) {
            onSubmitClick("del");                    //单击"删除"按钮时执行
        }
    });
    connToWeb();                             //(1)发起对 Web 服务器的连接(自定义方法)
    ...
}
...
//连接到 Web 服务器的方法
public void connToWeb() {
    new Thread(new Runnable() {             //连接服务器是耗时操作,必须放入子线程
        @Override
        public void run() {
            try {
                URL url = new URL ( " http://192. 168. 0. 138: 8080/MyServlet/
                MainServlet");                      //Web 端 Servlet 地址
                conn = (HttpURLConnection) url.openConnection();
                                                    //获取 HTTP 连接对象
                conn.setRequestMethod("GET");
                                        //请求方式为 GET(即从指定的资源请求数据)
                conn.setConnectTimeout(3000);       //连接超时时间
                conn.setReadTimeout(9000);          //读取数据超时时间
                conn.connect();                     //开始连接 Web 服务器
                stream =conn.getInputStream();      //获取服务器的响应(输入)流
                refresh_UI(stream);
            } catch (Exception e) {
            } finally {
                try {
                    if (stream !=null) {
                        stream.close();             //关闭输入流
                        stream =null;
                    }
                    conn.disconnect();              //断开连接
                    conn =null;
                } catch (Exception e) {
                }
            }
        }
    }).start();
}
```

```
public void refresh_UI(InputStream in) {        //(2)
    BufferedReader bufReader =null;
    try {
        bufReader =new BufferedReader(new InputStreamReader(in));
                                            //输入流数据放入读取缓存
        StringBuilder builder =new StringBuilder();
        String str ="";
        while ((str =bufReader.readLine()) !=null) {
            builder.append(str);            //从缓存对象中读取数据拼接为字符串
        }
        Message msg =Message.obtain();
        msg.what =1000;
        msg.obj =builder.toString();        //通过 Message 传递给主线程
        myHandler.sendMessage(msg);         //通过 Handler 发送
    } catch (IOException e) {
    } finally {
        try {
            if (bufReader !=null) {
                bufReader.close();          //关闭读取缓存
                bufReader =null;
            }
        } catch (IOException e) {
        }
    }
}


private Handler myHandler =new Handler() {
    public void handleMessage(Message message) {
        try {
            JSONObject jObj =new JSONObject(message.obj.toString());
                                            //获取返回消息中的 JSON 对象
            JSONArray jArray =jObj.getJSONArray("list");
                                            //取出 JSON 对象中封装的 JSON 数组
            list.clear();
            for (int i =0; i <jArray.length(); i++) {   //遍历,逐条解析学生信息
                JSONObject jStu =jArray.getJSONObject(i);
                                            //当前学生信息存储在临时 JSON 中
                String name =jStu.getString("name");   //姓名
                String birth =jStu.getString("birth");//生日
                String note =jStu.getString("note");   //备注
                if (name.length() ==3)          //分两种情形是为了列表能对齐显示
                    list.add(name +"    " +birth +" " +note);
                else
```

```
                    list.add(name +"          " +birth +" " +note);
             }
             myListView.setAdapter(adapter);   //将界面列表框绑定适配器(数据源)
      } catch (JSONException e) {
             myEditText.setText(e.getMessage());
      }
   }
};

@Override                                        //用户选择列表项时触发
public void onItemClick(AdapterView<?>adapterView, View view, int pos, long
id) {
   myEditText.setText(list.get(pos).split(" ")[2]);//备注信息显示在编辑框中
   cname =list.get(pos).split(" ")[0];             //获取当前选中的学生姓名
}

public void onSubmitClick(final String opt) {     //(3)用户单击按钮时执行的方法
   new Thread(new Runnable() {
      @Override
      public void run() {
         try {
            URL url = new URL ( " http://192.168.0.138:8080/MyServlet/
            MainServlet?data=" +myEditText.getText().toString() +"&nm
            =" +cname +"&opt=" +opt);            //请求 URL 中要携带参数
            conn =(HttpURLConnection) url.openConnection();
            conn.setRequestMethod("GET");
            conn.setConnectTimeout(3000);
            conn.setReadTimeout(9000);
            conn.connect();
            stream =conn.getInputStream();
            refresh_UI(stream);
         } catch (Exception e) {
         } finally {
            try {
               if (stream !=null) {
                  stream.close();
                  stream =null;
               }
               conn.disconnect();
               conn =null;
            } catch (Exception e) {
```

```
            }
          }
        }
    }).start();
  }
}
```

说明：(1) connToWeb()；：初始启动 Android 程序时默认会执行该方法连接到 Web 服务器,这个方法的请求 URL 中不带任何参数,服务器默认会将后台 MySQL 数据库中所有的学生信息查询出来装进 JSON 返回给移动端显示。

(2) public void refresh_UI(InputStream in) { ...}：将移动端对获取到的输入流的解析及刷新前端 UI 的 Message-Handler 操作全都封装在这个方法中,是为了避免代码冗余。

(3) public void onSubmitClick(final String opt) { ...}：当用户从移动界面上选择了学生记录或输入了内容,单击相应的提交按钮后,程序执行的就是这个方法,它的实现代码与 connToWeb()方法几乎完全一样,唯一的不同在于其请求 URL 后携带了参数,服务器正是根据这些参数信息来获知移动端用户所要求的具体操作类型、操作对象和操作的数据内容的。

编写完 Android 主程序代码后,不要忘记在工程的 AndroidManifest.xml 中添加 android:usesCleartextTraffic = true (允许 HTTP 明文传输) 以及 < uses-permission android:name = android.permission.INTERNET/> (打开互联网访问权限),具体代码如下：

```xml
<?xml version="1.0" encoding="utf-8"?>
<manifest xmlns:android="http://schemas.android.com/apk/res/android"
    package="com.easybooks.xscj">

    <application
        android:allowBackup="true"
        android:icon="@mipmap/ic_launcher"
        android:label="@string/app_name"
        android:roundIcon="@mipmap/ic_launcher_round"
        android:supportsRtl="true"
        android:usesCleartextTraffic="true"              //允许 HTTP 明文传输
        android:theme="@style/AppTheme">
        <activity
            ...
        </activity>
    </application>
    <uses-permission android:name="android.permission.INTERNET"/>
                                                        //打开互联网访问权限
</manifest>
```

P4.3.4　运行效果

最终移动端程序运行的界面效果如图 P4.13 所示,用户可以通过前端 App 界面查询、修改或删除后台 MySQL 中的学生信息。

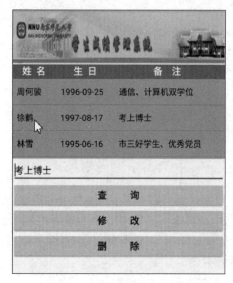

图 P4.13　移动端程序运行效果

至此,这个基于 Android 3.5/MySQL 的"学生成绩管理系统"开发完成,读者还可以根据需要自行扩展其他的功能。

实习 **5**

Visual C♯ 2015/MySQL
学生成绩管理系统

近年来,微软公司.NET 越来越流行,已成为与 PHP、JavaEE 并驾齐驱的主流应用开发平台。本实习基于最新的.NET 4.5.2,以 Visual Studio 2015(简称 VS 2015)作为开发环境,采用 C♯ 编程语言实现"学生成绩管理系统",仍以 MySQL 5.6 作为后台数据库。最终开发出来的系统是 C/S 模式的 Windows 桌面 GUI 应用程序。

P5.1 Visual C♯基于的 ADO.NET 架构原理

同其他.NET 开发语言一样,在 Visual C♯ 语言中对数据库的访问是通过.NET 框架中的 ADO.NET 实现的。ADO.NET 提供了面向对象的数据库视图,封装了许多数据库属性和关系,隐藏了数据库访问的细节。.NET 应用程序可以在完全"不知道"这些细节的情况下连接到各种数据源,并检索、操作和更新数据。图 P5.1 为 ADO.NET 架构。

在 ADO.NET 中,数据集与数据提供程序(即数据提供器)是两个非常重要而又相互关联的核心组件,它们之间的关系如图 P5.2 所示,图 P5.2(a)是数据提供程序的类对象结构,图 P5.2(b)是数据集的类对象结构。

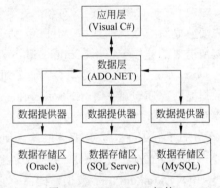

图 P5.1 ADO.NET 架构

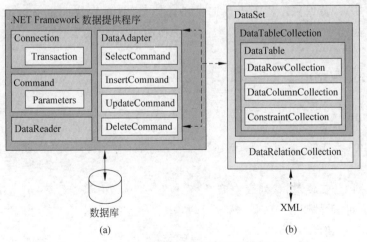

图 P5.2 数据集与数据提供程序的关系

1）数据集

数据集（DataSet）相当于内存中暂存的数据库，不仅可以包括多张表，还可以包括表之间的关系和约束。ADO.NET 允许将不同类型的表复制到同一个数据集中，甚至还允许将表与 XML 文档组合到一起协同操作。

一个 DataSet 由 DataTableCollection（数据表集合）和 DataRelationCollection（数据关系集合）两部分组成。其中，DataTableCollection 包含该 DataSet 中的所有 DataTable（数据表）对象，DataTable 类在 System.Data 命名空间中定义，表示内存驻留数据的单个表。每个 DataTable 对象都包含一个由 DataColumnCollection 表示的列集合以及由 ConstraintCollection 表示的约束集合，这两个集合共同定义了表的架构；此外，还包含了一个由 DataRowCollection 表示的行集合，其中包含表中的数据。DataRelationCollection 则包含该 DataSet 中存在的所有表与表之间的关系。

2）数据提供程序

.NET Framework 数据提供程序（Provider）用于连接到数据库、执行命令和检索结果，可以使用它直接处理检索到的结果，或将其放入 DataSet 对象，以便与来自多个源的数据或在层之间进行远程处理的数据组合在一起，以特殊方式向用户公开。

数据提供程序包含 4 种核心对象，详见图 P5.2(a)，它们的作用分别介绍如下。

（1）Connection：连接对象。它建立与特定数据源的连接。在进行数据库操作之前，首先要建立对数据源的连接，MySQL 的连接对象为 MySqlConnection 类，其中包含了建立连接所需要的连接字符串（ConnectionString）属性。

（2）Command：命令对象。它是对数据源操作命令的封装。MySQL 的 .NET Framework 数据提供程序包括一个 MySqlCommand 对象，其中 Parameters 属性给出了 SQL 命令参数集合。

（3）DataReader：数据读取器。使用它可以实现对特定数据源中的数据进行高速、只读、只向前的访问。MySQL 数据提供程序包括一个 MySqlDataReader 对象。

（4）DataAdapter：数据适配器。它利用连接对象（Connection）连接数据源，使用命令对象（Command）规定的操作（SelectCommand、InsertCommand、UpdateCommand 或 DeleteCommand）从数据源中检索出数据送往数据集，或者将数据集中经过编辑后的数据送回数据源。

P5.2　创建 Visual C♯ 项目

P5.2.1　Visual C♯ 项目的建立

启动 VS 2015，选择"文件"→"新建"→"项目"，打开如图 P5.3 所示的"新建项目"对话框。

在窗口左侧"已安装"树状列表中展开"模板"→Visual C♯ 类型节点，选中 Windows 子节点，在窗口中间区域选中"Windows 窗体应用程序"项，在下方"名称"栏中输入项目名 xscj，单击"确定"按钮即可。

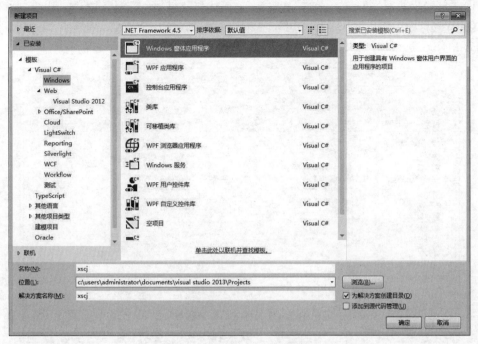

图 P5.3　创建 Visual C＃ 项目

P5.2.2　VS 2015 连接 MySQL

1. 安装 MySQL 的.NET 驱动

要使 Visual C＃ 应用程序能顺利访问 MySQL 数据库，必须安装对应 MySQL 的.NET 驱动，该驱动的安装包可以从 MySQL 官网下载，下载地址为 https：//dev.mysql.com/downloads/conneccon/net/。下载得到的安装包名为 mysql-connector-net-6.9.9.msi（也可以用更新版本的，向后兼容），双击即可启动安装向导，如图 P5.4 所示。

图 P5.4　安装 MySQL 的.NET 驱动

读者只要按照向导的提示安装即可。安装完成后，可以在 C:\Program Files\MySQL\ MySQL Connector Net 6.9.9\Assemblies\v4.5 下看到一组.dll 文件，如图 P5.5 所示，其中有名为 MySql.Data.dll 的文件，即为 MySQL 驱动的 DLL 库。

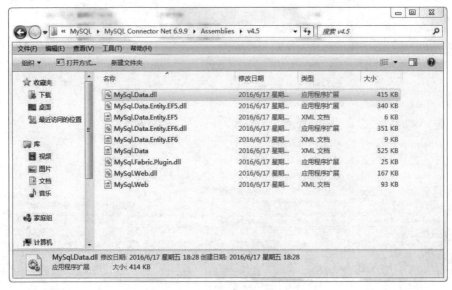

图 P5.5　MySQL 驱动的 DLL 库

2. 添加引用

在 Visual Studio 中展开 xscj 项目树，右击“引用”，选择“添加引用”，打开“引用管理器”窗口，在“程序集”→“扩展”列表中勾选 MySql.Data 项，单击“确定”按钮，即往项目的命名空间中添加了对 MySQL 驱动的引用，如图 P5.6 所示。

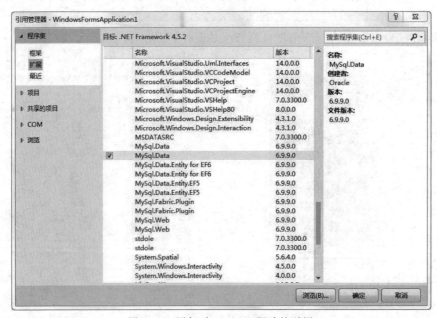

图 P5.6　添加对 MySQL 驱动的引用

3. 配置连接字符串

在"解决方案资源管理器"中展开项目 xscj 的树状目录，双击打开配置文件 App. config，在其中配置＜connectionStrings＞节点，利用"键/值"对存储数据库连接字符串，其代码如下：

```xml
<?xml version="1.0" encoding="utf-8"?>
<configuration>
    <configSections>
    </configSections>
    <connectionStrings>
        <add name="ConnectionString" connectionString="server=localhost;port
        =3306;SslMode=None;User Id=root;password=njnu123456;database=xscj;
        Character Set=utf8"/>
    </connectionStrings>
    <startup>
        <supportedRuntime version="v4.0" sku=".NETFramework,Version=v4.5.2"/>
    </startup>
</configuration>
```

经以上操作后，在编程时只需使用命名空间 MySql. Data. MySqlClient 即可编写连接、访问 MySQL 数据库的代码。

P5.3　系统主界面设计

P5.3.1　总体布局

本系统是桌面窗体应用程序，其主界面总体布局分为三大块，如图 P5.7 所示。

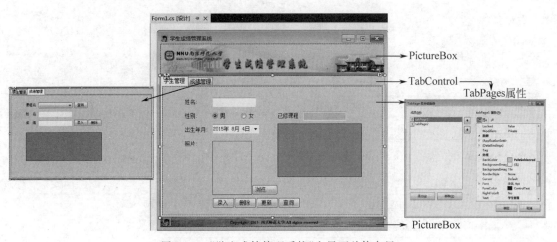

图 P5.7　"学生成绩管理系统"主界面总体布局

从图 P5.7 中可见，整个主界面分上、中、下三部分。其中，上、下两部分都只是一个 PictureBox(图片框)；中间部分为一个 TabControl 控件，它可作为容器使用，包含多个可切换的 TabPage(选项页)。往上面部分 PictureBox 中加载图片"学生成绩管理系统.gif";往下面部分 PictureBox 中加载"底端图片.gif";设置 TabControl 控件的 TabPages 属性,在"TabPage 集合编辑器"对话框中添加两个选项页(tabPage1 和 tabPage2),将它们的 Text 属性分别设为"学生管理"和"成绩管理",运行程序时可通过单击相应的选项卡在这两个页面之间切换。

P5.3.2 详细设计

下面通过用鼠标从工具箱中拖曳控件的方式,分别设计"学生管理"和"成绩管理"这两个不同功能选项页的界面。

1. "学生管理"选项页

"学生管理"选项页的界面设计如图 P5.8 所示。

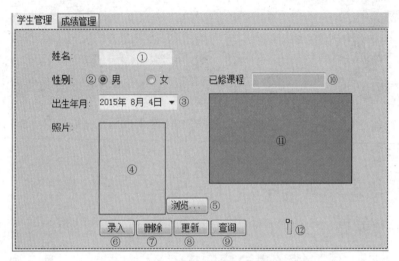

图 P5.8 "学生管理"选项页的界面设计

为便于说明,这里对图中的关键控件都进行了编号,各控件的类别、命名与设置在表 P5.1 中列出。

表 P5.1 "学生管理"选项页的控件设置

编号	类 别	名 称	属 性
①	TextBox	tBxXm	Text 值清空
②	RadioButton	rBtnMale、rBtnFemale	两者的 Text 属性分别设为"男"或"女",rBtnMale 的 Checked 属性设为 True
③	DateTimePicker	dTPCssj	—
④	PictureBox	pBxZp	—
⑤	Button	btnLoadPic	Text 属性设为"浏览…"
⑥	Button	btnIns	Text 属性设为"录入"
⑦	Button	btnDel	Text 属性设为"删除"
⑧	Button	btnUpd	Text 属性设为"更新"

续表

编号	类 别	名 称	属 性
⑨	Button	btnQue	Text 属性设为"查询"
⑩	TextBox	tBxKcs	BackColor 属性设为 LightGray，Enabled 属性设为 False，ReadOnly 属性设为 True
⑪	DataGridView	dGVKcCj	AutoSizeColumnsMode 属性设为 DisplayedCells，RowHeadersVisible 属性设为 False
⑫	Label	lblMsg1	Text 值清空

2. "成绩管理"选项页

"成绩管理"选项页的界面设计，如图 P5.9 所示。

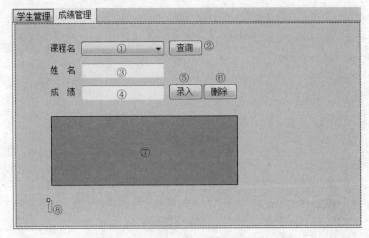

图 P5.9 "成绩管理"选项页的界面设计

各控件的类别、命名与设置在表 P5.2 中列出。

表 P5.2 "成绩管理"选项页的控件设置

编号	类 别	名 称	属 性
①	ComboBox	cBxKcm	DropDownStyle 属性设为 DropDownList
②	Button	btnQueCj	Text 属性设为"查询"
③	TextBox	tBxName	Text 值清空
④	TextBox	tBxCj	Text 值清空
⑤	Button	btnInsCj	Text 属性设为"录入"
⑥	Button	btnDelCj	Text 属性设为"删除"
⑦	DataGridView	dGVXmCj	AutoSizeColumnsMode 属性设为 Fill，RowHeadersVisible 属性设为 False
⑧	Label	lblMsg2	Text 值清空

P5.4　学生管理

P5.4.1　程序主体结构

　　本实习的全部程序代码都位于 Form1.cs 源文件中,鼠标双击界面上的按钮就会自动打开该文件的编辑窗,并定位到相应按钮事件过程的编辑区,用户只要编写过程代码即可实现特定的功能。

　　为了使读者有总体的印象,这里先给出 Form1.cs 中代码的主体结构(加黑语句是需要用户自己添加的),代码如下:

```
using System;
…
/**为使程序能够访问 MySQL 数据库,要使用以下命名空间*/
using System.Configuration;                    //(1)
using System.IO;                               //(2)
using MySql.Data.MySqlClient;                  //(3)

namespace xscj
{
    public partial class Form1 : Form
    {
        protected string connStr = ConfigurationManager.ConnectionStrings["
        ConnectionString"].ConnectionString;    //(4)
        protected string filename ="";          //存储照片的文件名
        public Form1()
        {
            InitializeComponent();
        }

        private void Form1_Load(object sender, EventArgs e)
        {
            …                                   //窗体加载初始化的内容
        }
        …                                       //其他事件过程和用户自定义的方法
    }
}
```

　　说明:

　　(1) using System.Configuration;:使用.NET 用于系统配置信息操作的库,其中的 ConfigurationManager 类提供对客户端应用程序配置文件的访问。

　　(2) using System.IO;:程序中以 FileStream(文件流)类实现对学生照片的读取,这个类在 System.IO 库中,故必须使用这个命名空间。

　　(3) using MySql.Data.MySqlClient;:使用 MySQL 的.NET 驱动库,其中包含了

ADO.NET 数据提供程序访问 MySQL 的所有核心对象类,是实现对 MySQL 数据库操作的关键库。

（4）protected string connStr = ConfigurationManager.ConnectionStrings["ConnectionString"].ConnectionString;:获取 MySQL 数据库的连接字符串,连接字符串位于项目 App.config 文件中,见 P5.2.2 节的配置连接字符串。

P5.4.2　功能实现

"学生管理"功能的运行效果,如图 P5.10 所示。只要双击"学生管理"选项页界面上的各个按钮控件,编写相应的事件过程方法,即可实现对学生信息的录入、删除、更新和查询功能。下面以每个功能按钮的事件过程方法代码为模块,介绍各个子功能的具体实现。

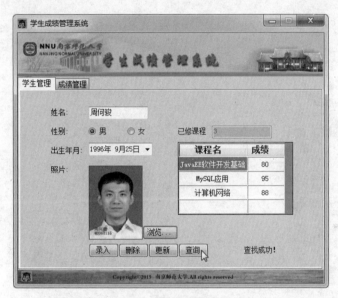

图 P5.10　"学生管理"功能的运行效果

1. 录入学生

实现思路：

（1）录入学生信息时,可能暂时还没有该学生的照片,故要分两种情况（由全局变量 filename 是否为空）设置带照片插入与不带照片插入两种类型的 SQL 语句,根据实际情况决定执行哪一个。

（2）如果执行的是带照片插入的 SQL 语句,将照片字段作为一个参数（@Photo）写在 SQL 语句中,在用 FileStream 读取了照片数据后,创建一个 MySqlParameter 参数对象存储,然后通过命令对象 MySqlCommand 的 Parameters.Add()方法将该参数添加到命令中。

双击 录入 按钮,编写其事件过程代码如下：

```
private void btnIns_Click(object sender, EventArgs e)
{
    MySqlConnection conn = new MySqlConnection(connStr); //创建 MySQL 连接
    string msqlStr;
```

```csharp
string xm =tBxXm.Text;
int xb =1;
if (!rBtnMale.Checked) xb =0;
string cssj =dTPCssj.Value.ToString();
if (filename !="")                              //如果选择了照片
{    //设置 SQL 语句(带照片插入)
    msqlStr ="INSERT INTO XS VALUES('" +xm +"', " +xb +", '" +cssj +"', 0,
    NULL, @Photo)";
}
else                                            //如果没有选择照片
{    //设置 SQL 语句(不带照片插入)
    msqlStr ="INSERT INTO XS VALUES('" +xm +"', " +xb +", '" +cssj +"', 0,
    NULL, NULL)";
}
MySqlCommand cmd =new MySqlCommand(msqlStr, conn);   //创建命令对象
if (filename !="")                              //将照片参数添加到命令中
{
    pBxZp.Image.Dispose();
    pBxZp.Image =null;
    FileStream fs =new FileStream(filename, FileMode.Open);  //创建文件流对象
    byte[] data =new byte[fs.Length];              //创建字节数组
    fs.Read(data, 0, (int)fs.Length);              //打开 Read 方法
    MySqlParameter mpar =new MySqlParameter("@Photo", SqlDbType.Image);
                                                   //为命令创建参数
    mpar.MySqlDbType =MySqlDbType.VarBinary;       //设定参数类型
    mpar.Value =data;                              //为参数赋值
    cmd.Parameters.Add(mpar);                      //添加参数
    filename ="";
}
try
{
    conn.Open();                                   //打开连接
    cmd.ExecuteNonQuery();                         //执行 SQL 语句
    this.btnQue_Click(null, null);                 //查询后回显该学生信息
    lblMsg1.Text ="添加成功!";
}
catch
{
    lblMsg1.Text ="添加失败,请检查输入信息!";
}
finally
{
    conn.Close();                                  //关闭连接
```

```
    }
}
```

录入的学生如果有照片,还要提供让用户浏览和选择照片上传的功能。双击 [浏览...] 按钮,编写事件过程代码如下:

```
private void btnLoadPic_Click(object sender, EventArgs e)
{
    OpenFileDialog opfDlg =new OpenFileDialog();          //打开文件对话框
    opfDlg.InitialDirectory =  Environment.  GetFolderPath  ( Environment.
    SpecialFolder.Personal);
    opfDlg.Filter ="JPEG图片|*.jpg|GIF图片|*.gif|全部文件|*.*";
                                              //过滤显示图片文件的类型
    if(opfDlg.ShowDialog(this)==DialogResult.OK)
    {
        filename =opfDlg.FileName;                    //获取照片文件名
        pBxZp.Image =Image.FromFile(filename);        //将所选照片显示在图片框中
    }
}
```

2. 删除学生

双击 [删除] 按钮,编写其事件过程代码如下:

```
private void btnDel_Click(object sender, EventArgs e)
{
    MySqlConnection conn =new MySqlConnection(connStr);    //创建 MySQL 连接
    string msqlStr ="DELETE FROM XS WHERE XM ='" +tBxXm.Text.Trim() +"'";
                                              //设置删除的 SQL 语句
    MySqlCommand cmd =new MySqlCommand(msqlStr, conn); //新建命令对象
    try
    {
        conn.Open();                                  //打开连接
        int a =cmd.ExecuteNonQuery();                 //执行 SQL 语句
        if (a ==1)                                    //返回值为 1 表示操作成功
        {
            this.btnQue_Click(null, null);
            lblMsg1.Text ="删除成功!";
        }
        else
        {
            lblMsg1.Text ="该学生不存在!";
        }
    }
    catch
```

```
    {
        lblMsg1.Text ="删除失败,请检查操作权限!";
    }
    finally
    {
        conn.Close();                                        //关闭连接
    }
}
```

3. 更新学生

实现思路:

(1) 由于用户可在界面表单上随意修改学生的一个或多个信息项,故执行更新操作的 SQL 语句不是固定的,而是必须根据用户提交表单时修改内容的实际情况动态地拼接生成。

(2) 如果用户更换了照片,同样要将照片参数(@Photo)写在 SQL 语句中,以 FileStream 读取并添加至命令对象中。

双击 更新 按钮,编写其事件过程代码如下:

```
private void btnUpd_Click(object sender, EventArgs e)
{
    MySqlConnection conn =new MySqlConnection(connStr);       //创建 MySQL 连接
    string msqlStr ="UPDATE XS SET";
    msqlStr +=" CSSJ='" +dTPCssj.Value +"',";                //修改了"出生时间"项
    if (filename !="")
    {
        msqlStr +=" ZP =@Photo,";                            //更换了照片
    }
    if (rBtnMale.Checked)                                     //修改了"性别"选项
        msqlStr +="XB =1";
    else
        msqlStr +="XB =0";
    msqlStr +=" WHERE XM ='" +tBxXm.Text.Trim() +"'";        //拼接更新的 SQL 语句
    MySqlCommand cmd =new MySqlCommand(msqlStr, conn);        //新建命令对象
    /**读取新照片*/
    if (filename !="")
    {
        pBxZp.Image.Dispose();
        pBxZp.Image =null;
        FileStream fs =new FileStream(filename, FileMode.Open);   //创建文件流
        byte[] data =new byte[fs.Length];
        fs.Read(data, 0, (int)fs.Length);                    //读照片数据
        MySqlParameter mpar =new MySqlParameter("@Photo", SqlDbType.Image);
```

```
                                                          //为命令创建参数
    mpar.MySqlDbType =MySqlDbType.VarBinary;
    mpar.Value =data;                                     //为参数赋值
    cmd.Parameters.Add(mpar);                             //添加参数
    filename ="";
}
try
{
    conn.Open();                                          //打开连接
    cmd.ExecuteNonQuery();                                //执行 SQL 语句
    this.btnQue_Click(null, null);                        //查询后回显该学生信息
    lblMsg1.Text ="更新成功!";
}
catch
{
    lblMsg1.Text ="更新失败,请检查输入信息!";
}
finally
{
    conn.Close();                                         //关闭连接
}
}
```

4. 查询学生

实现思路:

(1) 要查询的学生信息包括两方面:学生基本信息(来自 XS 表)和该生各科的成绩(来自 CJ 表)。基本信息直接通过查询 XS 表获得,而成绩则通过 XMCJ_VIEW 视图间接获得。

(2) 以 MySqlDataReader 读取学生各项基本信息,如果其中包含了照片,则以 MemoryStream(内存流)存放照片数据,通过 FromStream()方法从内存流创建一个 Image 对象,然后设置显示在界面上的图片框中。

(3) XMCJ_VIEW 中的成绩信息,通过执行存储过程 CJ_PROC 产生,将 XMCJ_VIEW 的内容与界面上的 dGVKcCj(网格数据源)绑定,动态更新。

双击 查询 按钮,编写其事件过程代码如下:

```
private void btnQue_Click(object sender, EventArgs e)
{
    MySqlConnection conn =new MySqlConnection(connStr); //创建 MySQL 连接
    string msqlStrSelect ="SELECT XM, XB, CSSJ, KCS, ZP FROM XS WHERE XM ='" +
    tBxXm.Text.Trim() +"'";                              //设置查询 SQL 语句
    string msqlStrView ="SELECT KCM AS 课程名, CJ AS 成绩 FROM XMCJ_VIEW";
                                                         //查询视图的 SQL 语句
    try
    {
        /**查询学生基本信息*/
```

```
conn.Open();                                              //打开连接
MySqlCommand myCommand = new MySqlCommand(msqlStrSelect, conn);
//创建 DataReader 对象以读取学生信息
MySqlDataReader reader = myCommand.ExecuteReader();
if (reader.Read())                                        //读取数据不为空
{
    /*查询到的学生信息赋值给界面上的各表单控件显示*/
    tBxXm.Text = reader["XM"].ToString();                 //姓名
    string sex = reader["XB"].ToString();                 //性别
    if (sex == "1")
        rBtnMale.Checked = true;
    else
        rBtnFemale.Checked = true;
    string birthday = reader["CSSJ"].ToString();          //出生时间
    dTPCssj.Value = DateTime.Parse(birthday);
    tBxKcs.Text = reader["KCS"].ToString();               //课程数
    //读取照片
    if (pBxZp.Image != null)
        pBxZp.Image.Dispose();
    if (!reader["ZP"].Equals(DBNull.Value))
    {
        byte[] data = (byte[])reader["ZP"];
        MemoryStream ms = new MemoryStream(data);
        pBxZp.Image = Image.FromStream(ms);               //照片
        ms.Close();
    }
    lblMsg1.Text = "查找成功!";
}
else
{
    lblMsg1.Text = "该学生不存在!";
    tBxXm.Text = "";
    rBtnMale.Checked = true;
    dTPCssj.Value = DateTime.Now;
    pBxZp.Image = null;
    tBxKcs.Text = "";
    dGVKcCj.DataSource = null;
    return;
}
reader.Close();
/**执行存储过程*/
MySqlCommand proCommand = new MySqlCommand();             //创建命令对象
/*设置命令的各参数*/
proCommand.Connection = conn;                            //所用的数据连接
proCommand.CommandType = CommandType.StoredProcedure;
                                                         //命令类型为"存储过程"
```

```
proCommand.CommandText ="CJ_PROC";                  //存储过程名
MySqlParameter MsqlXm =proCommand.Parameters.Add("xm1", MySqlDbType.
VarChar, 8);                                        //添加存储过程的参数
MsqlXm.Direction =ParameterDirection.Input;         //参数类型为"输入参数"
MsqlXm.Value =tBxXm.Text.Trim();
proCommand.ExecuteNonQuery();                        //执行命令,生成视图
/**访问视图*/
MySqlDataAdapter mda =new MySqlDataAdapter(msqlStrView, conn);
DataSet ds =new DataSet();
mda.Fill(ds, "XMCJ_VIEW");                           //视图数据先读取到数据集中
dGVKcCj.DataSource =ds.Tables["XMCJ_VIEW"].DefaultView;//动态绑定数据源
}
catch
{
    lblMsg1.Text ="查找失败,请检查操作权限!";
}
finally
{
    conn.Close();                                    //关闭连接
}
}
```

P5.5　成绩管理

P5.5.1　课程名加载

　　切换到"成绩管理"选项页,界面初始显示时,要往"课程名"下拉列表中预先加载所有的课程名称,如图 P5.11 所示,这个功能是在窗体初始化加载的 Form1_Load()方法中实现的。

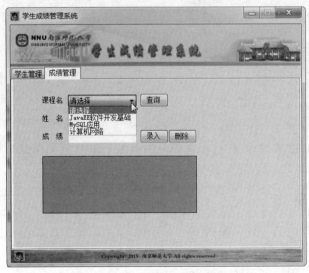

图 P5.11　预先加载所有的课程名称

实现思路：

窗体加载时，查询出 KC 表里所有课程名，通过 MySqlDataAdapter 载入 DataSet(数据集)中，然后用 for 循环执行 Items.Add()方法将它们逐一添加进下拉列表。

Form1_Load()方法的代码如下：

```
private void Form1_Load(object sender, EventArgs e)
{
    MySqlConnection conn = new MySqlConnection(connStr);    //创建 MySQL 连接
    try
    {
        conn.Open();                                        //打开连接
        //初始加载所有课程名
        string msqlStr = "SELECT KCM FROM KC";              //设置查询 SQL 语句
        MySqlDataAdapter mda = new MySqlDataAdapter(msqlStr, conn);
        DataSet ds = new DataSet();
        mda.Fill(ds, "KCM");                                //载入数据集
        cBxKcm.Items.Add("请选择");
        for (int i = 0; i < ds.Tables["KCM"].Rows.Count; i++)    //循环遍历添入下拉列表
        {
            cBxKcm.Items.Add(ds.Tables["KCM"].Rows[i][0].ToString());
        }
        cBxKcm.SelectedIndex = 0;                           //初始默认显示"请选择"提示
    }
    catch (Exception ex)
    {
        MessageBox.Show("数据库连接失败!错误信息: \r\n" + ex.ToString(), "错误",
        MessageBoxButtons.OK, MessageBoxIcon.Error);
        return;
    }
    finally
    {
        conn.Close();                                       //关闭连接
    }
}
```

完成后，就可以在"成绩管理"选项页的界面初始显示时自动加载数据库中已有课程名的列表。

P5.5.2 功能实现

"成绩管理"功能的运行效果如图 P5.12 所示。

1. 查询成绩

双击 查询 按钮，编写其事件过程代码如下：

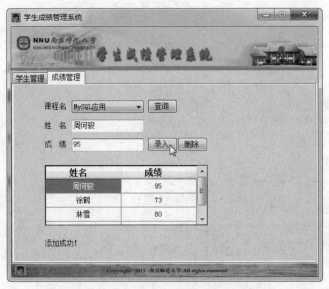

图 P5.12　"成绩管理"功能的运行效果

```
private void btnQueCj_Click(object sender, EventArgs e)
{
    MySqlConnection conn =new MySqlConnection(connStr);  //创建 MySQL 连接
    string msqlStr ="SELECT XM AS 姓名, CJ AS 成绩 FROM CJ WHERE KCM ='" +cBxKcm.
    Text +"'";                                           //设置查询 SQL 语句
    try
    {
        conn.Open();                                     //打开连接
        MySqlDataAdapter mda =new MySqlDataAdapter(msqlStr, conn);
        DataSet ds =new DataSet();
        mda.Fill(ds, "KCCJ");                            //将查询的数据读取到数据集中
        dGVXmCj.DataSource =ds.Tables["KCCJ"].DefaultView;
                                                         //绑定界面上的网格数据源
    }
    catch
    {
        lblMsg2.Text ="查找数据出错!";
    }
    finally
    {
        conn.Close();                                    //关闭连接
    }
}
```

2. 录入成绩

双击 录入 按钮,编写其事件过程代码如下:

```
private void btnInsCj_Click(object sender, EventArgs e)
{
    //先查询是否已有该成绩记录,避免重复录入
    if (SearchScore(cBxKcm.Text.ToString(), tBxName.Text.Trim()))
    {
        lblMsg2.Text ="该记录已经存在!";
        return;
    }
    else
    {
        MySqlConnection conn =new MySqlConnection(connStr); //创建 MySQL 连接
        String msqlStr = "INSERT INTO CJ(XM, KCM, CJ) VALUES('" +tBxName.Text.
        Trim() +"','" +cBxKcm.Text.ToString() +"'," +tBxCj.Text.Trim() +")";
                                                        //设置插入 SQL 语句
        try
        {
            conn.Open();                                         //打开连接
            MySqlCommand cmd =new MySqlCommand(msqlStr, conn); //创建命令对象
            if (cmd.ExecuteNonQuery() >0)              //命令执行返回>0 表示操作成功
            {
                lblMsg2.Text ="添加成功!";
                tBxName.Text ="";
                tBxCj.Text ="";
                this.btnQueCj_Click(null, null);          //查询后回显成绩表信息
            }
            else
                lblMsg2.Text ="添加失败,请确保有此学生!";
        }
        catch
        {
            lblMsg2.Text ="操作数据出错!";
        }
        finally
        {
            conn.Close();                                       //关闭连接
        }
    }
}
```

上面代码中用到 SearchScore()方法来预先判断是否已有该成绩记录,该方法是用户自定义的方法,也写在 Form1.cs 源文件中,具体代码如下:

```
/**自定义方法用于查询数据库已有的成绩记录,决定是否执行进一步操作*/
protected bool SearchScore(string kc, string xm)
```

```
{
    bool exist = false;                                    //记录存在标识
    MySqlConnection conn = new MySqlConnection(connStr);    //创建 MySQL 连接
    string msqlStr = "select * from CJ where KCM = '" + kc + "' and XM = '" + xm + "'";
                                                           //查询 SQL 语句
    conn.Open();                                           //打开连接
    MySqlCommand cmd = new MySqlCommand(msqlStr, conn);     //创建命令对象
    MySqlDataReader reader = cmd.ExecuteReader();           //读取数据
    if (reader.Read())                                     //读取不为空表示存在该记录
        exist = true;
    conn.Close();                                          //关闭连接
    return exist;                                          //返回存在标识
}
```

3. 删除成绩

双击 删除 按钮,编写其事件过程代码如下:

```
private void btnDelCj_Click(object sender, EventArgs e)
{
    //先查询是否有该成绩记录,有才能删除
    if (SearchScore(cBxKcm.Text.ToString(), tBxName.Text.Trim()))
    {
        MySqlConnection conn = new MySqlConnection(connStr);   //创建 MySQL 连接
        String msqlStr = "delete from CJ where XM = '" + tBxName.Text + "' and KCM = '"
        + cBxKcm.Text + "'";                                  //设置删除 SQL 语句
        try
        {
            conn.Open();                                      //打开连接
            MySqlCommand cmd = new MySqlCommand(msqlStr, conn);
            if (cmd.ExecuteNonQuery() > 0)                    //命令执行返回>0 表示操作成功
            {
                lblMsg2.Text = "删除成功!";
                tBxName.Text = "";
                this.btnQueCj_Click(null, null);              //查询后回显成绩表信息
            }
            else
                lblMsg2.Text = "删除失败,请检查操作权限!";
        }
        catch
        {
            lblMsg2.Text = "操作数据出错!";
        }
        finally
        {
```

```
            conn.Close();                                    //关闭连接
        }
    }
    else
        lblMsg2.Text ="该记录不存在!";
}
```

至此，这个基于 Visual C♯ 2015/MySQL 的"学生成绩管理系统"开发完成，读者还可以根据需要自行扩展其他功能。

実習 **6**

ASP.NET 4/MySQL 学生成绩管理系统

近年来,微软公司.NET 越来越流行,已成为与 PHP、JavaEE 并驾齐驱的三大主流 Web 应用开发平台之一。本实习基于 ASP.NET 4,采用 C♯ 编程语言实现"学生成绩管理系统",开发工具使用 Visual Studio,仍以 MySQL 作为后台数据库。

P6.1 ASP.NET 基于的 ADO.NET 架构原理

ASP.NET 提供了 ADO.NET 技术,它提供了面向对象的数据库视图,封装了许多数据库属性和关系,隐藏了数据库访问的细节。ASP. NET 应用程序可以在完全"不知道"这些细节的情况下连接到各种数据源,并检索、操作和更新数据。图 P6.1 所示为 ASP.NET 基于的 ADO.NET 架构。

在 ADO.NET 中,数据集与数据提供程序(即数据提供器)是两个非常重要而又相互关联的核心组件。它们之间的关系如图 P5.2 所示。

数据集与数据提供程序在前面的 P5.1 节已经介绍过了,这里不再赘述。

微软公司在 ASP.NET 4 及之前版本的.NET 框架中内置了 MySQL 的数据提供程序,它使用 MySql.Data.MySqlClient 命名空间。

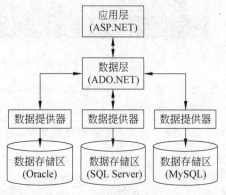

图 P6.1 ASP.NET 基于的 ADO.NET 架构

P6.2 创建 ASP.NET 项目

P6.2.1 ASP.NET 项目的建立

启动 Visual Studio,选择"文件"→"新建"→"项目",打开如图 P6.2 所示的"新建项目"对话框。在窗口左侧"已安装的模板"树状列表中展开 Visual C♯ 类型节点,选中 Web 子节点,在对话框中间区域选中"ASP.NET 空 Web 应用程序"项,在下方"名称"栏中输入项目名 xscj,单击"确定"即可创建一个 ASP.NET 项目。

P6.2.2 ASP.NET 4 连接 MySQL

ASP.NET 4 默认不支持 MySql.Data,所以需要添加引用后才可以使用该命名空间连

图 P6.2　创建 ASP.NET 项目

接数据库。在"解决方案资源管理器"中右击项目名，选择"添加引用"选项，弹出"引用管理器"对话框，在"浏览"选项页上选择本机安装的 MySql.Data 后单击"确定"按钮。此时展开项目树，可在"引用"目录下看到新添加的命名空间，如图 P6.3 所示。

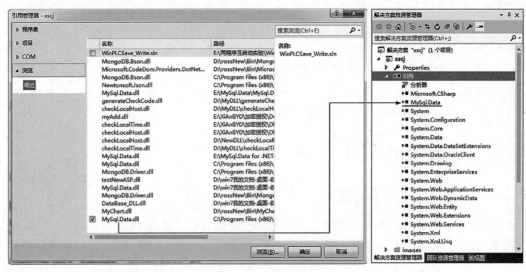

图 P6.3　添加命名空间

双击打开项目中的配置文件 Web.config，在其中配置<connectionStrings>节点，利用"键/值"对存储数据库连接字符串，代码如下：

```
<?xml version="1.0" encoding="utf-8"?>
...
<configuration>
    <connectionStrings>
        <add name="ConnectionString" connectionString="server=localhost;port
        =3306;SslMode=None;User Id=root;password=njnu123456;database=xscj;
        Character Set=utf8"/>
    </connectionStrings>
    <system.web>
        <compilation debug="true" targetFramework="4.0" />
    </system.web>
</configuration>
```

这样,在编程时只需导入命名空间 MySql.Data.MySqlClient 即可编写连接、访问 MySQL 数据库的代码。

P6.3　系统主页设计

P6.3.1　主界面

本系统主界面采用框架网页实现,下面先给出各前端网页的 HTML 源码。

1. 启动页

启动页面为 index.htm,代码如下:

```
<!DOCTYPE html>
<html xmlns="http://www.w3.org/1999/xhtml">
<head>
<meta http-equiv="Content-Type" content="text/html; charset=utf-8"/>
    <title>学生成绩管理系统</title>
</head>
<body topmargin="0" leftmargin="0" bottommargin="0" rightmargin="0">
    <table width="675" border="0" align="center" cellpadding="0" cellspacing="
    0" style="width: 778px; ">
        <tr>
            <td><img src="images/学生成绩管理系统.gif" width="790" height="97"
            ></td>
        </tr>
        <tr>
            <td> <iframe src="main_frame.htm" width="790" height="313"></
            iframe></td>
        </tr>
        <tr>
```

```
            <td><img src="images/底端图片.gif" width="790" height="32"></td>
        </tr>
    </table>
</body>
</html>
```

页面分上、中、下三部分，其中上、下两部分都只是一张图片，中间部分为一框架页，运行时往框架页中加载具体的导航页和相应功能界面。

2. 框架页

框架页为 main_frame.htm，代码如下：

```
<!DOCTYPE html>
<html xmlns="http://www.w3.org/1999/xhtml">
<head>
<meta http-equiv="Content-Type" content="text/html; charset=utf-8"/>
    <title>学生成绩管理系统</title>
</head>
<frameset cols="217,*">
    <frame frameborder = 0 src =" http://localhost: 52317/main. aspx" name ="
    frmleft" scrolling="no" noresize>
<frame frameborder=0 src="body.htm" name="frmmain" scrolling="no" noresize>
</frameset>
</html>
```

http://localhost:52317/main.aspx 默认装载的是系统导航页 main.aspx，URL 中的端口号由 VS 启动页面时随机分配，用户只要保证分配的端口号与程序代码中的一致即可成功装载页面，页面装载后位于框架左区。

框架右区则用于显示各个功能界面，初始默认为 body.htm，代码如下：

```
<!DOCTYPE html>
<html xmlns="http://www.w3.org/1999/xhtml">
<head>
<meta http-equiv="Content-Type" content="text/html; charset=utf-8"/>
    <title>内容网页</title>
</head>
<body topmargin="0" leftmargin="0" bottommargin="0" rightmargin="0">
    <img src="images/主页.gif" width="678" height="500">
</body>
</html>
```

这只是一个填充了背景图片的空白页，在运行时，系统会根据用户操作，往框架右区中动态加载不同功能的 ASP 页面来替换该页。

在项目树状目录下添加新建文件夹 images，其中放入用到的三幅图片资源：“学生成绩管理系统.gif”“底端图片.gif”和“主页.gif”。

P6.3.2 功能导航

本系统的导航页上有两个按钮,单击后可以分别进入"学生管理"和"成绩管理"两个不同功能的页面,如图 P6.4 所示。

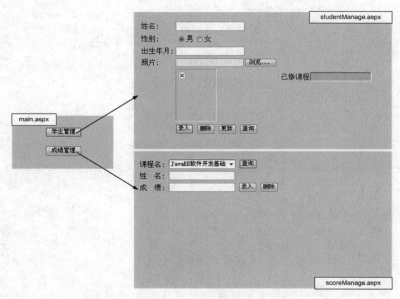

图 P6.4　功能导航页

下面先来创建导航页。

在"解决方案资源管理器"中,右击项目 xscj,选择"添加"→"新建项",弹出如图 P6.5 所示的"添加新项"对话框。

图 P6.5　新建 Web 窗体及其源文件

　　选中"Web 窗体",在下方"名称"栏中输入 main.aspx,单击"添加"按钮,在项目中创建一个 ASP 文件(后面创建 ASP 源文件也都用同样的操作方式,不再赘述)。

　　在项目树状目录中双击 main.aspx,单击中央设计区左下角 [回源] 图标,编辑其页面源码,代码如下:

```
<% @ Page Language="C #" AutoEventWireup="true" CodeBehind="main.aspx.cs"
Inherits="xscj.main" %>
<!DOCTYPE html>
<html xmlns="http://www.w3.org/1999/xhtml">
<head id="Head1" runat="server">
<meta http-equiv="Content-Type" content="text/html; charset=utf-8"/>
    <title>功能选择</title>
</head>
<body bgcolor="D9DFAA">
    <form id="form1" runat="server">
    <table bgcolor="D9DFAA" width="200" height="85">
      <tr>
         <td align="center"><asp:Button ID="btnStuMgr" runat="server" Text
         ="学生管理" /></td>
      </tr>
      <tr>
         <td align="center"><asp:Button ID="btnScoMgr" runat="server" Text
         ="成绩管理" /></td>
      </tr>
    </table>
    </form>
</body>
</html>
```

　　单击设计区左下角 [回设计] 图标,可看到导航页的效果;分别双击其上 [学生管理] 和 [成绩管理] 按钮,进入过程代码编辑区,输入实现功能导航的代码,代码如下:

```
using System;
…
namespace xscj
{
    public partial class main : System.Web.UI.Page
    {
        …
      protected void btnStuMgr_Click(object sender, EventArgs e)
      {
          Response.Write("<script>parent.frmmain.location='studentManage.
          aspx'</script>");                        //定位到"学生管理"功能页面
             }
```

```
        protected void btnScoMgr_Click(object sender, EventArgs e)
    {
        Response.Write("< script > parent. frmmain. location = ' scoreManage.
        aspx'</script>");                              //定位到"成绩管理"功能页面
    }
  }
}
```

选中项目树状目录中的 index.htm 项,右击,从弹出菜单中选择"在浏览器中查看"即可启动项目,系统自动打开 IE,显示如图 P6.6 所示的页面。

图 P6.6　"学生成绩管理系统"主页

P6.4　学生管理

P6.4.1　界面设计

创建并设计"学生管理"功能页,文件名为 studentManage.aspx,界面设计如图 P6.7 所示。

图 P6.7　"学生管理"界面设计

为便于说明,这里对图中的关键控件都进行了编号,各控件的类别、名称及作用在表 P6.1 中列出。

表 P6.1   "学生管理"界面的控件

编　号	类　别	名　称	作　用
①	TextBox	xm	输入(显示)姓名
②	RadioButtonList	xb	选择(显示)性别
③	TextBox	cssj	输入(显示)出生日期
④	FileUpload	photo	选择照片上传
⑤	Image	Image1	加载显示学生照片
⑥	Button	btnIns	录入学生记录
⑦	Button	btnDel	删除学生记录
⑧	Button	btnUpd	修改学生信息
⑨	Button	btnQue	查询学生信息
⑩	TextBox	kcs	显示该生已修的课程数(只读)
⑪	GridView	StuGdV	显示该生已修课的成绩单
⑫	Label	LblMsg	页面操作信息提示

P6.4.2　功能实现

1. 基本操作功能

设计好页面 studentManage.aspx 后,双击其上的各功能按钮,进入各自的代码编辑区编写功能代码。本实习的"学生管理"模块包括对学生信息的录入、删除、更新、查询等基本操作,其程序代码集中在项目的 studentManage.aspx.cs 源文件中,现整体给出如下:

```
using System;
...
/**为使程序能访问 MySQL 数据库,要导入命名空间*/
using System.Data;
using System.Configuration;
using System.IO;
using MySql.Data.MySqlClient;
namespace xscj
{
    public partial class studentManage : System.Web.UI.Page
    {
        /**获取 MySQL 数据库连接字符串(位于项目 Web.config 文件中)*/
        protected string connStr = ConfigurationManager. ConnectionStrings[ "
        ConnectionString"].ConnectionString;
        protected void Page_Load(object sender, EventArgs e)
```

```
    {
    }
/**以下为各学生管理操作按钮的过程代码*/
/**录入学生功能*/
protected void btnIns_Click(object sender, EventArgs e)
{
    string msqlStr;
    MySqlConnection conn = new MySqlConnection(connStr); //创建 MySQL 连接
    if (!string.IsNullOrEmpty(photo.FileName))              //如果选择了照片
    {
        msqlStr = "insert into XS values('" + xm.Text.Trim() + "', '" + xb.
        SelectedValue + "', '" + cssj.Text.Trim() + "', 0, NULL, @Photo)";
                              //设置 SQL 语句(带照片插入)
    }
    else
    {   //如果没选择照片
        msqlStr = "insert into XS values('" + xm.Text.Trim() + "', '" + xb.
        SelectedValue + "', '" + cssj.Text.Trim() + "', 0, NULL, NULL)";
                                      //设置 SQL 语句(不带照片插入)
    }
    MySqlCommand cmd = new MySqlCommand(msqlStr, conn);
                                  //新建操作数据库的命令对象
    /*为命令添加参数*/
    if (!string.IsNullOrEmpty(photo.FileName))
    {
        //如果选择了照片则加入参数@Photo
        MySqlParameter mpar = new MySqlParameter("@Photo", SqlDbType.
        Image);
        mpar.MySqlDbType = MySqlDbType.VarBinary;   //这里选择 VarBinary 类型
        mpar.Value = photo.FileBytes;          //为参数赋值
        cmd.Parameters.Add(mpar);              //添加参数
    }
    try
    {
        conn.Open();                           //打开数据库连接
        cmd.ExecuteNonQuery();                 //执行 SQL 语句
        this.btnQue_Click(null, null);         //查询后回显该学生信息
        LblMsg.Text = "添加成功!";
    }
    catch
    {
        LblMsg.Text = "添加失败,请检查输入信息!";
```

```
    }
    finally
    {
        conn.Close();                                    //关闭数据库连接
    }
}

/**删除学生功能*/
protected void btnDel_Click(object sender, EventArgs e)
{
    MySqlConnection conn =new MySqlConnection(connStr);     //创建 MySQL 连接
    string msqlStr ="Delete From XS where XM ='" +xm.Text.Trim() +"'";
                                                     //设置删除的 SQL 语句
    MySqlCommand cmd =new MySqlCommand(msqlStr, conn);
                                                     //新建操作数据库的命令对象
    try
    {
        conn.Open();                                 //打开数据库连接
        int a =cmd.ExecuteNonQuery();                //执行 SQL 语句
        if (a ==1)                                   //返回值为 1 表示操作成功
        {
            this.btnQue_Click(null, null);
            LblMsg.Text ="删除成功!";
        }
        else
        {
            LblMsg.Text ="该学生不存在!";
        }
    }
    catch
    {
        LblMsg.Text ="删除失败,请检查操作权限!";
    }
    finally
    {
        conn.Close();                                    //关闭数据库连接
    }
}

/**更新学生功能*/
protected void btnUpd_Click(object sender, EventArgs e)
{
```

```
MySqlConnection conn =new MySqlConnection(connStr);   //创建 MySQL 连接
//设置修改学生信息的 SQL 语句
string msqlStr ="update XS set";
if (cssj.Text.Trim() !="")                          //如果出生年月有输入
{
    msqlStr +=" CSSJ='" +cssj.Text.Trim() +"',";   //更新"出生年月"字段
}
if (!string.IsNullOrEmpty(photo.FileName)) //如果选择了照片
{
    msqlStr +=" ZP =@Photo,";                       //更新"照片"字段
}
msqlStr +="XB ='" +xb.SelectedValue +"'";   //获取"性别"选项值
msqlStr +=" where XM ='" +xm.Text.Trim() +"'";
MySqlCommand cmd =new MySqlCommand(msqlStr, conn);
                                            //新建操作数据库的命令对象
if (!string.IsNullOrEmpty(photo.FileName))
{
    //如果选择了照片则要加入参数@Photo
    MySqlParameter mpar = new MySqlParameter ("@Photo", SqlDbType.
    Image);
    mpar.MySqlDbType =MySqlDbType.VarBinary; //这里选择 VarBinary 类型
    mpar.Value =photo.FileBytes;            //为参数赋值
    cmd.Parameters.Add(mpar);               //添加参数
}
try
{
    conn.Open();                            //打开数据库连接
    cmd.ExecuteNonQuery();                  //执行 SQL 语句
    this.btnQue_Click(null, null);          //查询后回显该学生信息
    LblMsg.Text ="更新成功!";
}
catch
{
    LblMsg.Text ="更新失败,请检查输入信息!";
}
finally
{
    conn.Close();                           //关闭数据库连接
}
}

/**查询学生功能*/
```

```
protected void btnQue_Click(object sender, EventArgs e)
{
    MySqlConnection conn = new MySqlConnection(connStr);   //创建 MySQL 连接
    string msqlStrSelect = "select XM, XB, CSSJ, KCS, ZP from XS where XM =
    '" + xm.Text.Trim() + "'";                   //查询学生基本信息的 SQL 语句
    string msqlStrView = "select KCM, CJ from XMCJ_VIEW";
                                                //查询视图的 SQL 语句

    try
    {
        /**查询学生基本信息*/
        conn.Open();                               //打开数据库连接
        MySqlCommand myCommand = new MySqlCommand(msqlStrSelect, conn);
        //创建 DataReader 对象以读取学生信息
        MySqlDataReader reader = myCommand.ExecuteReader();
        if (reader.Read())                         //如果读取数据不为空
        {   /*查询到的学生信息赋值给页面上的各表单控件显示*/
            xm.Text = reader["XM"].ToString();              //姓名
            xb.SelectedValue = reader["XB"].ToString();     //性别
                cssj.Text = DateTime.Parse(reader["CSSJ"].ToString()).
                ToString("yyyy-MM-dd");                    //出生时间

            kcs.Text = reader["KCS"].ToString();           //已修课程数
            Image1.ImageUrl = "Pic.aspx?id=" + xm.Text.Trim();   //照片
            LblMsg.Text = "查找成功!";
        }
        else
        {
            LblMsg.Text = "该学生不存在!";
            xm.Text = "";
            xb.SelectedValue = "男";
            cssj.Text = "";
            Image1.ImageUrl = null;
            kcs.Text = "";
            StuGdV.DataSource = null;
            return;
        }
        reader.Close();
        /**执行存储过程*/
        MySqlCommand proCommand = new MySqlCommand();   //创建 SQL 命令对象
        //设置 SQL 命令各参数
        proCommand.Connection = conn;                      //所用的数据连接
        proCommand.CommandType = CommandType.StoredProcedure;
```

```
                                                        //命令类型为"存储过程"
            proCommand.CommandText = "CJ_PROC";            //存储过程名
            MySqlParameter MsqlXm = proCommand. Parameters. Add ( " xm1 ",
            MySqlDbType.VarChar, 8);
            //添加存储过程的参数
            MsqlXm.Direction = ParameterDirection.Input;    //参数类型为"输入参数"
            MsqlXm.Value = xm.Text.Trim();
            proCommand.ExecuteNonQuery();                    //执行命令,生成视图
            /**访问视图*/
            MySqlDataAdapter mda = new MySqlDataAdapter(msqlStrView, conn);
            DataSet ds = new DataSet();
            mda.Fill(ds, "XMCJ_VIEW");                        //视图数据先读取到数据集中
            StuGdV.DataSource = ds;                           //动态设置数据源
            StuGdV.DataBind();                                //绑定数据源
        }
        catch (Exception ex)
        {
            LblMsg.Text = "查找失败,请检查操作权限!" + ex.ToString();
        }
        finally
        {
            conn.Close();                                    //关闭数据库连接
        }
    }
}
}
```

2. 照片读取显示

学生信息内容中可能包含照片,为此需要专门编写一个页面,根据学生姓名从数据库中找出该学生照片并显示在页面上。

在项目中新建 Pic.aspx 页,打开 Pic.aspx.cs 文件,添加显示学生照片的代码如下:

```
using System;
...
/**添加命名空间*/
using System.Configuration;
using System.IO;
using MySql.Data.MySqlClient;

namespace xscj
{
    public partial class Pic : System.Web.UI.Page
    {
        protected void Page_Load(object sender, EventArgs e)
```

```
{
    if (!Page.IsPostBack)                           //判断是否第一次加载页面
    {
        byte[] picData;                     //以字节数组的方式存储获取的照片数据
        string id =Request.QueryString["id"];    //获取传入的参数
        if (!CheckParameter(id, out picData))    //参数验证
        {
            Response.Write("< script > alert ('没有可以显示的照片。') </
            script>");
        }
        else
        {
            Response.ContentType ="application/octet-stream";
                                                //设置页面的输出类型
            Response.BinaryWrite(picData);        //以二进制输出照片数据
            Response.End();                       //清空缓冲,停止页面执行
        }
    }
}


private bool CheckParameter(string id, out byte[] picData)
{
    picData =null;
    if (string.IsNullOrEmpty(id))                 //判断传入参数是否为空
    {
        return false;
    }
    //从配置文件中获取连接字符串,此字符串可以由数据源控件自动生成
    string   connStr = ConfigurationManager. ConnectionStrings [ "
    ConnectionString"].ConnectionString;
    MySqlConnection conn =new MySqlConnection(connStr);    //创建 MySQL 连接
    string query =string.Format("select ZP from XS where XM ='{0}'", id);
    MySqlCommand cmd =new MySqlCommand(query, conn);    //新建数据库命令对象
    try
    {
        conn.Open();                              //打开数据库连接
        object data =cmd.ExecuteScalar();         //根据参数获取数据
        if (Convert.IsDBNull(data) || data ==null)
                                                  //如果照片字段为空或者无返回值
        {
            return false;
```

```
        }
        else
        {
            picData = (byte[])data;          //照片数据存储在字节数组中返回
            return true;
        }
    }
    finally
    {
        conn.Close();                        //关闭数据库连接
    }
  }
}
```

当要在其他页面的 Image 控件上显示照片时,直接把 Image 控件的 ImageUrl 属性绑定到此页即可,如本实习的程序代码中就用如下语句:

```
Image1.ImageUrl ="Pic.aspx?id=" +xm.Text.Trim();
```

来显示对应姓名的学生照片。

"学生管理"功能的运行效果如图 P6.8 所示。

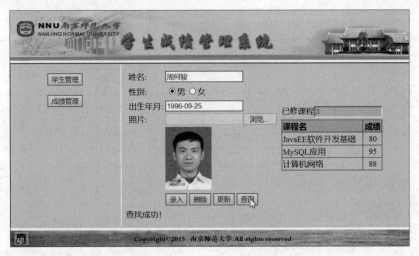

图 P6.8　"学生管理"功能运行效果

P6.5　成绩管理

P6.5.1　界面设计

创建并设计"成绩管理"功能页,文件名为 scoreManage.aspx,界面设计如图 P6.9 所示。

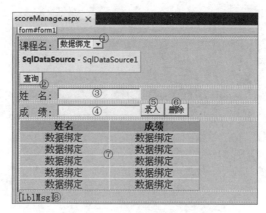

图 P6.9　"成绩管理"界面设计

各控件的类别、名称及作用在表 P6.2 中列出。

表 P6.2　"成绩管理"界面的控件

编　号	类　别	名　称	作　用
①	DropDownList	kcm	加载所有课程名供用户选择
②	Button	btnQueCj	查询某门课的成绩
③	TextBox	xm	输入姓名
④	TextBox	cj	输入成绩
⑤	Button	btnInsCj	录入成绩
⑥	Button	btnDelCj	删除成绩
⑦	GridView	ScoGdV	显示某门课的成绩表
⑧	Label	LblMsg	页面操作信息提示

P6.5.2　功能实现

1. 课程名加载

"成绩管理"界面初始显示时,要往"课程名"下拉列表中预先加载数据库课程表(kc)中所有的课程名称,效果如图 P6.10 所示。

这通过为下拉列表 DropDownList 控件配置数据源来实现,具体操作步骤如下:

(1) 安装 MySQL 的数据源驱动。

MySQL 的数据源驱动包含在其安装包中,作为 MySQL 的一个功能组件存在。

① 启动安装向导,单击 Add 按钮补充安装组件即可,如图 P6.11 所示。

图 P6.10　预先加载所有的课程名称

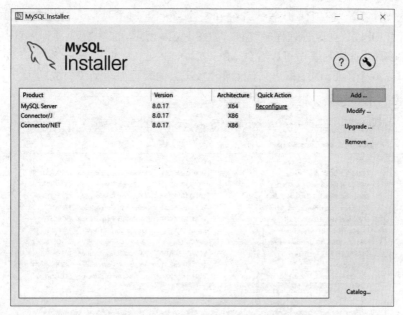

图 P6.11 补充安装 MySQL 组件

② 在 Available Products 组件列表树中,展开 MySQL Connectors→Connector/ODBC→Connector/ODBC 8.0,选中 Connector/ODBC 8.0.17 - X86,单击箭头将其移到右边列表后开始安装,如图 P6.12 所示。

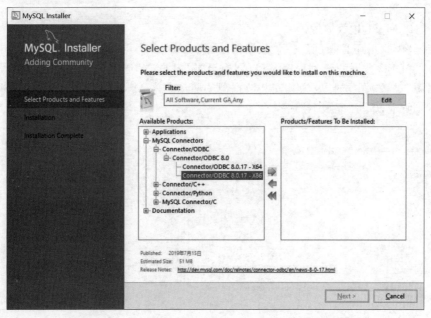

图 P6.12 选择安装 X86 平台 MySQL 的 ODBC 驱动

注意：这里采用 MySQL 8.0 的安装包来获取 ODBC 驱动组件,之所以这么做,是由于 MySQL 数据库驱动具备良好的向后兼容性,高版本的驱动可以顺利操作低版本各个系列的 MySQL,适应性强。另外,MySQL 的 ODBC 驱动只能选择安装 X86 平台的版本。

③ 进入操作系统"控制面板"→"系统和安全"→"管理工具"，双击 ODBC Data Sources (32-bit)打开"ODBC 数据源管理程序"窗口，如图 P6.13 所示，如果在"驱动程序"选项页系统所安装的 ODBC 驱动程序列表中可以看到 MySQL ODBC 8.0 ANSI Driver 和 MySQL ODBC 8.0 Unicode Driver 两个条目（图中框出），就说明 MySQL 的数据源驱动安装成功了。

图 P6.13　MySQL 的数据源驱动安装成功

（2）创建 MySQL 数据源。

安装好驱动后，还必须创建一个数据源才能在 ASP.NET 中访问。

① 将"ODBC 数据源管理程序"窗口切换至"用户 DSN"选项页，单击"添加"按钮，从"创建新数据源"对话框中选择要为其安装数据源的驱动程序 MySQL ODBC 8.0 ANSI Driver，如图 P6.14 所示，单击"完成"按钮。

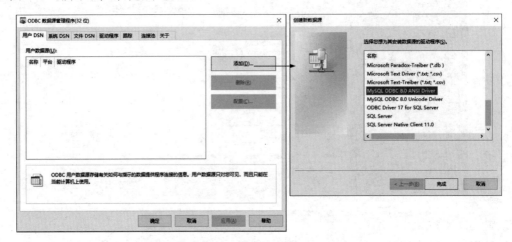

图 P6.14　选择要为其安装数据源的驱动程序

② 在弹出的 MySQL Connector/ODBC Data Source Configuration 对话框中配置数据

源的连接参数,如图 P6.15 所示。

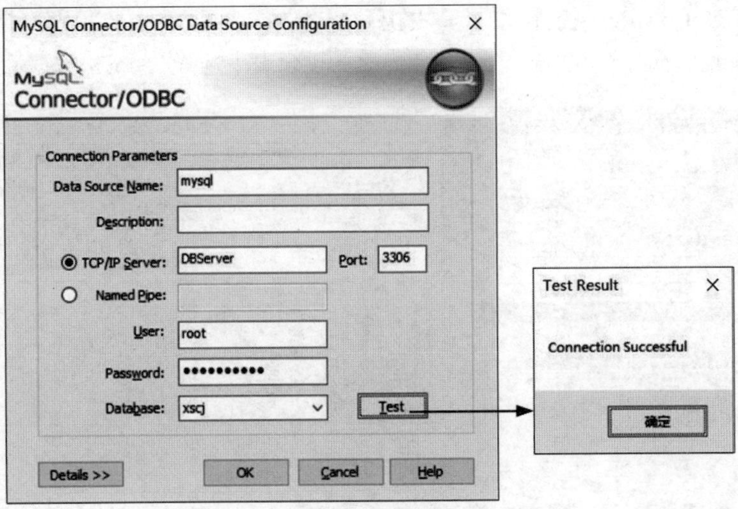

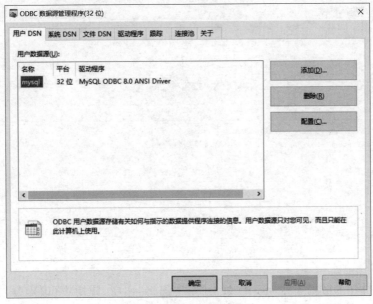

图 P6.15　配置数据源的连接参数

Data Source Name:数据源名称,用户可任取名,这里命名为 mysql。

TCP/IP Server:MySQL 数据库所在计算机的主机名,这里是 DBServer,读者请根据实际情况填写。

User:MySQL 用户名,就是安装数据库时指定的管理员用户名(通常为 root)。

Password:密码,就是数据库管理员用户的密码。按照安装 MySQL 时设的密码填写即可。

Database:数据源所对应的数据库名,本实习为 xscj。

填写完成单击 Test 按钮,如果弹出消息框提示 Connection Successful 则表示数据源创建成功,此时单击 OK 按钮返回"ODBC 数据源管理程序"窗口的"用户 DSN"选项页,可以看到刚刚创建的这个数据源所对应的条目,如图 P6.16 所示。

图 P6.16　数据源创建成功

（3）在 ASP.NET 项目中引用数据源。

① 选中 DropDownList 控件，单击其右上角 ▶ 按钮，选择"选择数据源"，启动如图 P6.17 所示的"数据源配置向导"，在"选择数据源"页的下拉列表中选择"＜新建数据源＞"项。

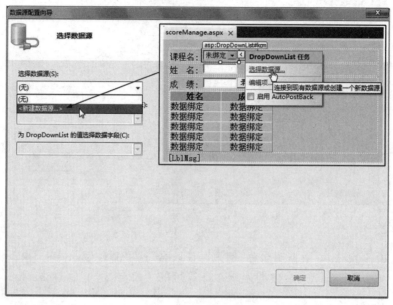

图 P6.17　选择数据源

② 在"选择数据源类型"页中，选中"数据库"图标，如图 P6.18 所示，单击"确定"按钮。

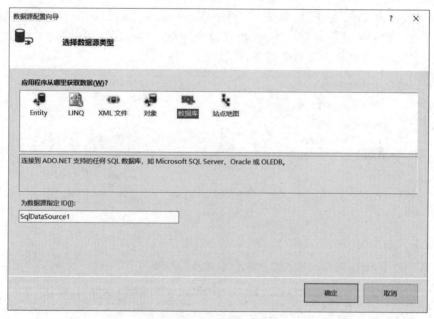

图 P6.18　选择数据源类型

③ 在"选择您的数据连接"页中，单击"新建连接"按钮，弹出"更改数据源"对话框，如

图 P6.19 所示,在"数据源"列表中选择"＜其他＞",在"数据提供程序"下拉列表中选择"用于 ODBC 的.NET Framework 数据提供程序",单击"确定"按钮。

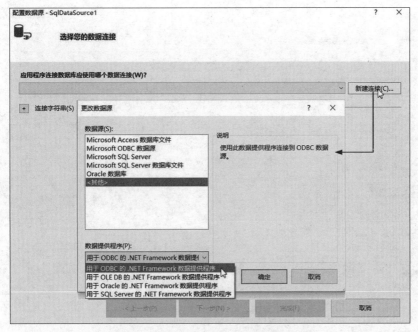

图 P6.19   新建连接和选择数据提供程序

④ 在如图 P6.20 所示的"添加连接"对话框中设置数据连接参数,单击"确定"按钮。

图 P6.20   设置连接参数

⑤ 回到图 P6.20 的"选择您的数据连接"页,选择刚刚创建的连接,如图 P6.21 所示,单击"下一步"按钮,跟着向导继续往下走。

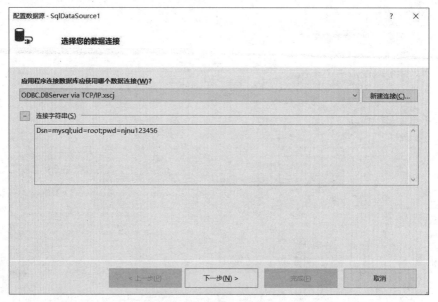

图 P6.21　选择数据连接

⑥ 在如图 P6.22 所示的"配置 Select 语句"页中,选中"指定自定义 SQL 语句或存储过程",单击"下一步"按钮。

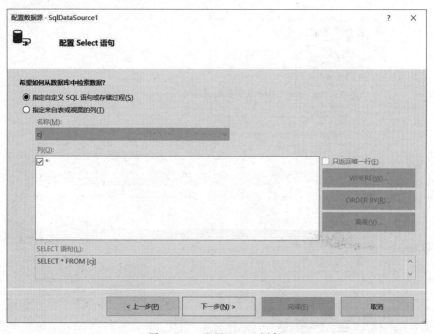

图 P6.22　配置 Select 语句

⑦ 在如图 P6.23 所示的"定义自定义语句或存储过程"页中,在 SELECT 选项页上编辑

SQL 语句 SELECT KCM FROM KC，单击"下一步"按钮。

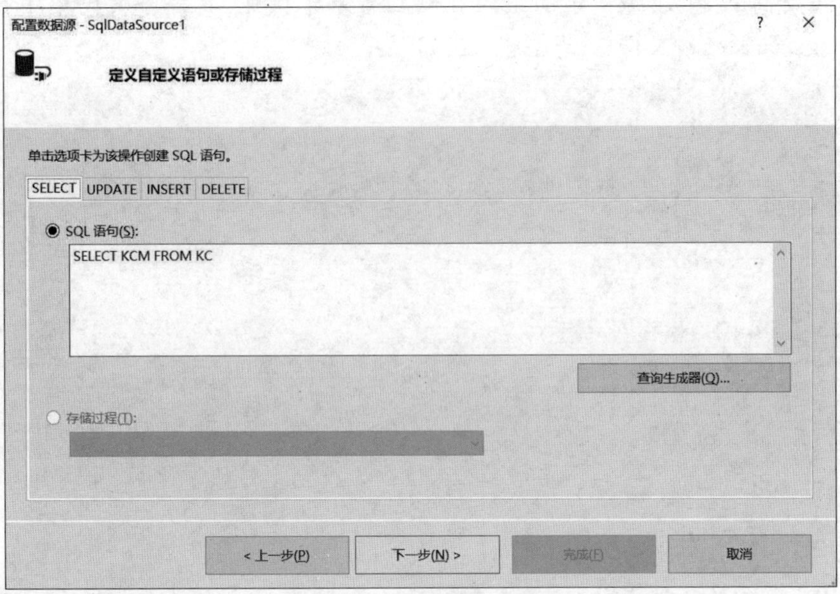

图 P6.23　编辑 SQL 语句

⑧ 最后，测试查询，如图 P6.24 所示，若能看到课程表中所有的课程名，就说明配置数据源成功。

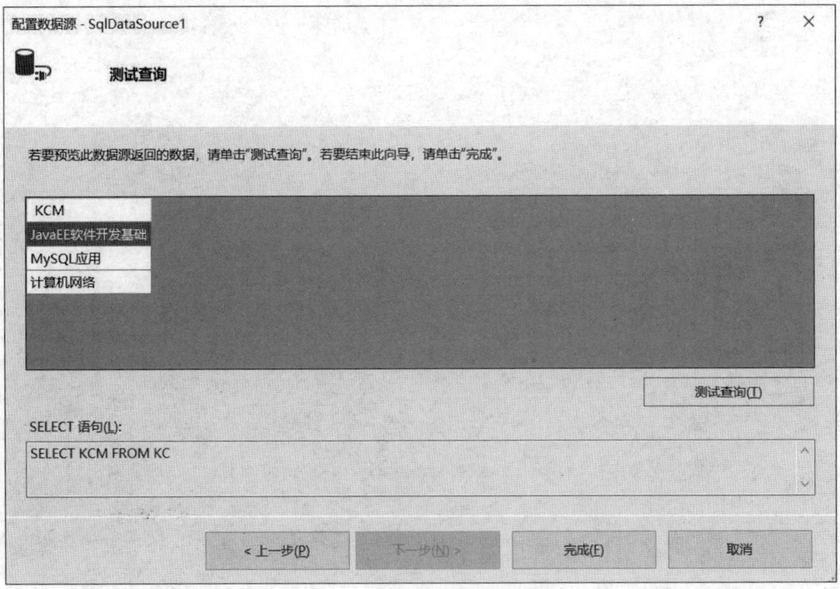

图 P6.24　配置数据源成功

完成后，就可以在页面显示时自动加载课程名的列表。

2. 成绩记录的操作

在项目树状目录中双击 scoreManage.aspx，单击 █设计 图标切换到设计模式，双击其上的各功能按钮,进入各自的代码编辑区编写功能代码。本实习的"成绩管理"模块包括对某课程成绩的查询,学生成绩记录的录入和删除等基本操作,其程序代码集中在项目的 scoreManage.aspx.cs 源文件中,现整体给出如下:

```csharp
using System;
...
/**为使程序能访问 MySQL 数据库,要导入命名空间*/
using System.Data;
using System.Configuration;
using System.IO;
using MySql.Data.MySqlClient;

namespace xscj
{
    public partial class scoreManage : System.Web.UI.Page
    {
        /**获取数据库连接字符串(位于项目 Web.config 文件中)*/
        protected string connStr = ConfigurationManager. ConnectionStrings [ "
        ConnectionString"].ConnectionString;
        protected void Page_Load(object sender, EventArgs e)
        {


        }


        /**以下为各成绩管理操作按钮的过程代码*/
        /**查询某课程成绩功能*/
        protected void btnQueCj_Click(object sender, EventArgs e)
        {
            MySqlConnection conn =new MySqlConnection(connStr); //创建 MySQL 连接
            string msqlStr = " select XM, CJ from CJ where KCM = ' " + kcm.
            SelectedValue +"'";                        //设置查询 SQL 语句
            try
            {
                conn.Open();                           //打开数据库连接
                MySqlDataAdapter mda =new MySqlDataAdapter(msqlStr, conn);
                DataSet ds =new DataSet();
                mda.Fill(ds, "KCCJ");                  //查询到的数据读取到数据集中
                ScoGdV.DataSource =ds;                 //动态设置数据源
                ScoGdV.DataBind();                     //绑定数据源
            }
```

```
catch
{
    LblMsg.Text ="查找数据出错!";
}
finally
{
    conn.Close();                        //关闭数据连接
}
}


/**录入成绩功能*/
protected void btnInsCj_Click(object sender, EventArgs e)
{
    //先查询是否已有该成绩记录,避免重复录入
    if (SearchScore(kcm.SelectedValue, xm.Text.Trim()))
    {
        LblMsg.Text ="该记录已经存在!";
        return;
    }
    else
    {
        MySqlConnection conn =new MySqlConnection(connStr);
                                        //创建 MySQL 连接
        String msqlStr ="insert into CJ(XM, KCM, CJ) values('" +xm.Text.
        Trim() +"','" +kcm.SelectedValue +"'," +cj.Text.Trim() +")";
                                        //设置插入 SQL 语句
        try
        {
            conn.Open();                 //打开数据库连接
            MySqlCommand cmd =new MySqlCommand(msqlStr, conn);
                                        //新建操作数据库命令对象
            if (cmd.ExecuteNonQuery() >0)   //命令执行返回>0表示操作成功
            {
                LblMsg.Text ="添加成功!";
                xm.Text ="";
                cj.Text ="";
                this.btnQueCj_Click(null, null);   //查询后回显成绩表信息
            }
            else
                LblMsg.Text ="添加失败,请确保有此学生!";
        }
        catch
        {
            LblMsg.Text ="操作数据出错!";
        }
```

```
        finally
        {
            conn.Close();                                  //关闭数据库连接
        }
    }
}


/**删除成绩功能*/
protected void btnDelCj_Click(object sender, EventArgs e)
{
    //先查询是否有该成绩记录,有才能删除
    if (SearchScore(kcm.SelectedValue, xm.Text.Trim()))
    {
        MySqlConnection conn = new MySqlConnection(connStr);
                                                           //创建 MySQL 连接
        String msqlStr = "delete from CJ where XM = '" + xm.Text + "' and KCM
        = '" + kcm.SelectedValue + "'";                    //设置删除 SQL 语句
        try
        {
            conn.Open();                                   //打开数据库连接
            MySqlCommand cmd = new MySqlCommand(msqlStr, conn);
            if (cmd.ExecuteNonQuery() > 0)      //命令执行返回>0 表示操作成功
            {
                LblMsg.Text = "删除成功!";
                xm.Text = "";
                this.btnQueCj_Click(null, null);    //查询后回显成绩表信息
            }
            else
                LblMsg.Text = "删除失败,请检查操作权限!";
        }
        catch
        {
            LblMsg.Text = "操作数据出错!";
        }
        finally
        {
            conn.Close();                                  //关闭数据库连接
        }
    }
    else
        LblMsg.Text = "该记录不存在!";
}
```

```
/**自定义方法用于查询数据库已有的成绩记录,决定是否执行进一步的操作*/
protected bool SearchScore(string kc, string xm)
{
    bool exist = false;                                      //记录存在标识
    MySqlConnection conn = new MySqlConnection(connStr);      //创建 MySQL 连接
    string msqlStr = "select * from CJ where KCM = '" + kc + "' and XM = '" + xm
    + "'";                                                    //查询 SQL 语句
    conn.Open();                                              //打开数据库连接
    MySqlCommand cmd = new MySqlCommand(msqlStr, conn);
                                                              //新建操作数据库命令对象
    MySqlDataReader reader = cmd.ExecuteReader();   //读取数据
    if (reader.Read())                                        //读取不为空表示存在该记录
        exist = true;
    conn.Close();                                             //关闭连接
    return exist;                                             //返回存在标识
    }
  }
}
```

"成绩管理"功能的运行效果,如图 P6.25 所示。

图 P6.25 "成绩管理"功能的运行效果

至此,这个基于 ASP.NET 4/MySQL 的"学生成绩管理系统"开发完成,读者还可以根据需要自行扩展其他功能。

APPENDIX 附录 A

学生成绩数据库（库名 xscj）
表结构样本数据

1. 基本表

学生数据库 xscj 的几个基本表如表 A.1～A.6 所示。

表 A.1　学生情况表（表名 xs）结构

列　　名	数 据 类 型	长　　度	是否允许为空值	默 认 值	说　　明
学号	定长字符型(char)	6	×	无	主键
姓名	定长字符型(char)	8	×	无	
专业名	定长字符型(char)	10	√	无	
性别	整数型(tinyint)	1	×	无	男 1，女 0
出生日期	日期时间类型(date)	系统默认	×	无	
总学分	整数型(tinyint)	1	√	无	
照片	大二进制(blob)	16(系统默认)	√	无	
备注	文本型(text)	16(系统默认)	√	无	

表 A.2　课程表（表名 kc）结构

列　　名	数 据 类 型	长　　度	是否允许为空值	默 认 值	说　　明
课程号	定长字符型(char)	3	×	无	主键
课程名	定长字符型(char)	16	×	无	
开课学期	整数型(tinyint)	1	×	1	只能为 1～8
学时	整数型(tinyint)	1	×	无	
学分	整数型(tinyint)	1	√	无	

表 A.3　成绩表（表名 xs_kc）结构

列　　名	数 据 类 型	长　　度	是否允许为空值	默 认 值	说　　明
学号	定长字符型(char)	6	×	无	主键
课程号	定长字符型(char)	3	×	无	主键
成绩	整数型(tinyint)	1	√	无	
学分	整数型(tinyint)	1	√	无	

表 A.4 学生情况表(表名 xs)数据样本

学 号	姓 名	专业名	性别	出生日期	总学分	备 注
081101	王林	计算机	1	1994-02-10	50	
081102	程明	计算机	1	1995-02-01	50	
081103	王燕	计算机	0	1993-10-06	50	
081104	韦严平	计算机	1	1994-08-26	50	
081106	李方方	计算机	1	1994-11-20	50	
081107	李明	计算机	1	1994-05-01	54	提前修完"数据结构",并获学分
081108	林一帆	计算机	1	1993-08-05	52	已提前修完一门课
081109	张强民	计算机	1	1993-08-11	50	
081110	张蔚	计算机	0	1995-07-22	50	三好生
081111	赵琳	计算机	0	1994-03-18	50	
081113	严红	计算机	0	1993-08-11	48	有一门课不及格,待补考
081201	王敏	通信工程	1	1993-06-10	42	
081202	王林	通信工程	1	1993-01-29	40	有一门课不及格,待补考
081204	马琳琳	通信工程	0	1993-02-10	42	
081206	李计	通信工程	1	1993-09-20	42	
081210	李红庆	通信工程	1	1993-05-01	44	已提前修完一门课,并获得学分
081216	孙祥欣	通信工程	1	1993-03-09	42	
081218	孙研	通信工程	1	1994-10-09	42	
081220	吴薇华	通信工程	0	1994-03-18	42	
081221	刘燕敏	通信工程	0	1993-11-12	42	
081241	罗林琳	通信工程	0	1994-01-30	50	转专业学习

说明:照片字段没有包含其中。

表 A.5 课程表(表名 kc)数据样本

课 程 号	课 程 名	开课学期	学 时	学 分
101	计算机基础	1	80	5
102	程序设计与语言	2	68	4
206	离散数学	4	68	4
208	数据结构	5	68	4
209	操作系统	6	68	4
210	计算机原理	5	85	5
212	数据库原理	7	68	4
301	计算机网络	7	51	3
302	软件工程	7	51	3

表 A.6　学生与课程表（表名 xs_kc）数据样本

学号	课程号	成绩	学号	课程号	成绩	学号	课程号	成绩
081101	101	80	081107	101	78	081111	206	76
081101	102	78	081107	102	80	081113	101	63
081101	206	76	081107	206	68	081113	102	79
081103	101	62	081108	101	85	081113	206	60
081103	102	70	081108	102	64	081201	101	80
081103	206	81	081108	206	87	081202	101	65
081104	101	90	081109	101	66	081203	101	87
081104	102	84	081109	102	83	081204	101	91
081104	206	65	081109	206	70	081210	101	76
081102	102	78	081110	101	95	081216	101	81
081102	206	78	081110	102	90	081218	101	70
081106	101	65	081110	206	89	081220	101	82
081106	102	71	081111	101	91	081221	101	76
081106	206	80	081111	102	70	081241	101	90

说明：成绩表 xs_kc 中"学分"列的值为课程表 kc 中对应的"学分"值。

2. 视图

创建"学生课程成绩"视图，名称为 xs_kc_cj，通过"学号"将 xs 表和 xs_kc 表联系起来，通过"课程号"将 xs_kc 表和 kc 表联系起来，包含学号、姓名、课程号、课程名、成绩等列。命令如下：

```
CREATE VIEW XS_KC_CJ
AS
SELECT xs.学号,姓名,kc.课程号,课程名,成绩
    FROM kc,xs_kc,xs
    WHERE kc.课程号=xs_kc.课程号
        AND xs.学号=xs_kc.学号;
```

3. 触发器

当删除学生记录后，同步删除 xs_kc 表该学生的成绩记录。可以通过创建 xs 表的 DELETE 触发器实现此功能。触发器语句如下：

```
DELIMITER $$
CREATE TRIGGER Check_XS_KC AFTER DELETE
    ON XS FOR EACH ROW
BEGIN
    DELETE FROM XS_KC WHERE 学号=OLD.学号;
END$$
DELIMITER ;
```

4. 存储过程

存储过程如下：

(1) 学生成绩单条记录增加、删除、修改。

存储过程名称 CJ_Data。参数为学号(in_xh)、课程号(in_kch)和成绩(in_cj)。

实现功能：根据存储过程的三个参数，对指定学号、课程号的学生成绩进行增加、删除、修改。

编写思路：

① 根据课程号查询该课程对应的学分。

② 根据学号和课程号查询该成绩记录，删除原来成绩记录。如果成绩≥60，则该学生总学分减去该课程的学分。

③ 如果新成绩＝－1(表示删除该成绩记录)，则存储过程结束。

④ 增加成绩记录，如果成绩＞60，则该学生总学分加上该课程的学分。

存储过程如下：

```
DELIMITER $$
CREATE PROCEDURE CJ_Data(in_xh CHAR(6),in_kch CHAR(3),in_cj TINYINT)
BEGIN
    DECLARE in_count INT(4);
    DECLARE in_xf TINYINT;
    DECLARE in_cjb_cj TINYINT;
    SELECT 学分 INTO in_xf FROM kc WHERE 课程号=in_kch;
    SELECT COUNT(*) INTO in_count FROM xs_kc WHERE 学号=in_xh AND 课程号=in_kch;
    SELECT 成绩 INTO in_cjb_cj FROM xs_kc WHERE 学号=in_xh AND 课程号=in_kch;
    IF in_count>0 THEN
    BEGIN
        DELETE FROM xs_kc WHERE 学号=in_xh and 课程号=in_kch;
        IF in_cjb_cj>60 THEN
            UPDATE xs set 总学分=总学分-in_xf WHERE 学号=in_xh;
        END IF;
    END;
    END IF;
    IF in_cj!=-1 THEN
    BEGIN
        INSERT INTO xs_kc VALUES(in_xh,in_kch,in_cj,NULL);
        IF in_cj>60 THEN
            UPDATE xs set 总学分=总学分+in_xf WHERE 学号=in_xh;
        END IF;
    END;
    END IF;
END$$
DELIMITER ;
```

(2) 创建插入学生成绩的 AddStuScore 存储过程。如果输入的学号对应的课程存在，则修改成绩；若不存在，则添加新的记录。

```
DELIMITER $$
CREATE PROCEDURE AddStuScore(StuXH char(6), StuKCM char(16),StuCJ TINYINT,
StuXF TINYINT)
BEGIN
    DECLARE StuKCH varchar(3);
    DECLARE StuCJ2 TINYINT;
    SELECT 课程号 INTO StuKCH from KC where 课程名=StuKCM;
    SELECT 成绩 INTO StuCJ2 from XS_KC where 学号=StuXH and 课程号=StuKCH;
    IF StuCJ2 IS NULL THEN
        INSERT INTO XS_KC values(StuXH,StuKCH,StuCJ,StuXF);
    ELSE
        UPDATE XS_KC set 成绩=StuCJ,学分=StuXF where 学号=StuXH and 课程号=
        StuKCH;
    END IF;
END$$
DELIMITER ;
```

APPENDIX 附录 **B**

Navicat 操作

Navicat 是一个强大的 MySQL 数据库管理和开发工具。它基于 Windows 平台，为 MySQL 量身定做，为专业开发者提供了一套强大的足够尖端的工具，使用极好的全中文图形用户界面，支持用户以一种安全和更为容易的方式快速创建、组织、存取和共享 MySQL 数据库中的数据。

B.1　Navicat 安装

从网上下载 Navicat 的安装文件，可执行文件名为 Navicat_for_MySQL_10.1.7_XiaZaiBa.exe，双击出现如图 B.1 所示的安装向导界面。

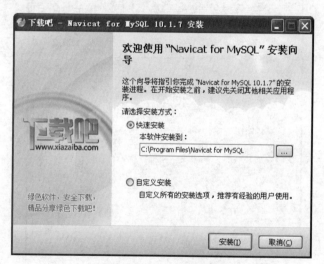

图 B.1　Navicat 安装向导

单击"安装"按钮即可启动安装进程。接下来的过程操作简单，按向导的提示操作即可，这里不再赘述。

安装完成，启动 Navicat，其主界面如图 B.2 所示，可以看出 Navicat 全图形化的中文界面，各种功能一目了然，非常友好。

单击工具栏上 ![连接] 按钮，弹出如图 B.3 所示"新建连接"对话框，在其中设置连接参数。

在"连接名"栏填写 mysql01，输入密码，单击"连接测试"按钮测试连接是否成功，单击"确定"按钮保存所创建的连接。

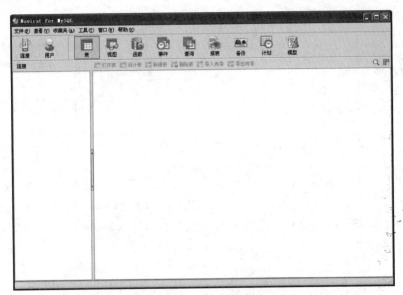

图 B.2　Navicat 主界面

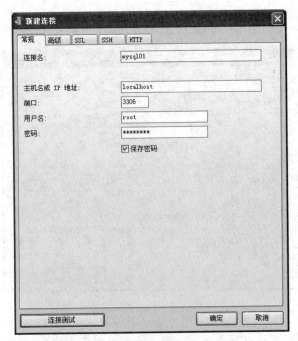

图 B.3　"新建连接"对话框

B.2　创建数据库和表

右击 mysql01,选择"打开连接",可看到 MySQL 中已经存在的数据库(包括前面创建的 test 和 xscj 数据库),如图 B.4 所示。

1. 创建数据库

　　右击 mysql01,选择"新建数据库",弹出如图 B.5 所示的"新建数据库"对话框,在其中给数据库命名,选择字符集等设置。

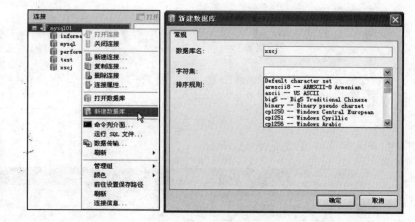

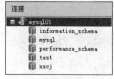

图 B.4　系统中已有
　　　　的数据库

图 B.5　创建数据库(演示)

　　由于之前 xscj 数据库已经建立好,此处只演示一下操作,不再重复创建。

2. 创建表

　　在 xscj 数据库中建立附录 A 的课程表(表名 kc)。

　　右击 xscj,选择"打开数据库",在图 B.6 所示的目录树中,右击"表",选择"新建表",弹出图 B.7 所示的表设计界面,设计表的各列名及类型(参照附录 A 表 A.2)。

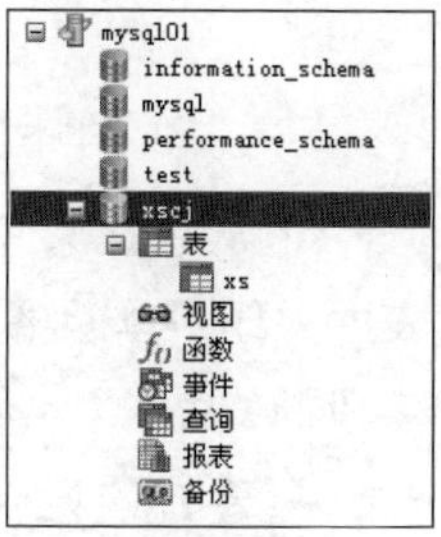

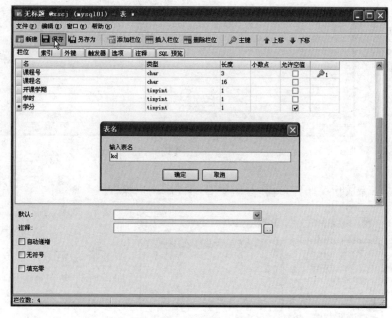

图 B.6　已建好的 xs 表

图 B.7　创建 kc 表

设计完后单击"保存"按钮,弹出"表名"对话框,输入表名 kc,单击"确定"按钮,成功创建表,在 xscj 数据库目录树中会看到这个新建的表。

3. 添加数据

右击 xscj 数据库中的表 kc,从快捷菜单中选择"打开表",如图 B.8 所示。

进入 kc 表数据显示、编辑的窗口,此时表中尚无数据,双击任一单元格即可输入该字段的值。

请读者按照附录 A 表 A.5 的内容,输入 kc 表的数据样本,录入完成后效果如图 B.9 所示。

图 B.8　打开 kc 表

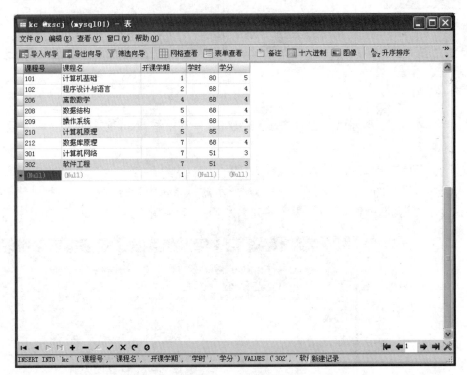

图 B.9　kc 表的数据

完成后关闭窗口时,系统会自动提示用户保存。

4. 修改、删除记录

右击 xscj 数据库中的表 kc,从快捷菜单中选择"打开表",单击 kc 表中的任一单元格,即可修改该单元格所存储字段的值。

若要删除表中某条记录,只要在该记录前右击,从快捷菜单中选择"删除 记录"即可,如图 B.10 所示。

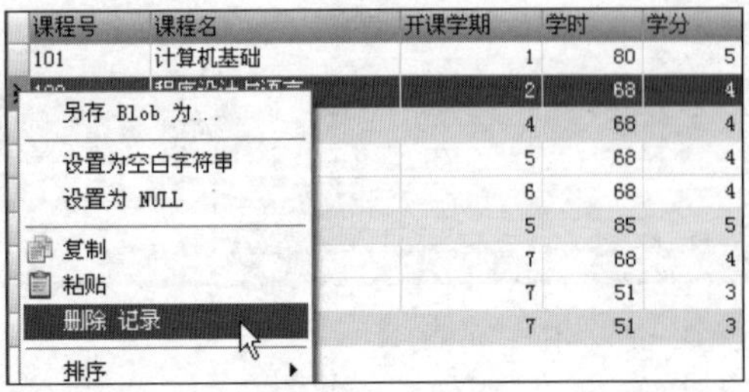

图 B.10　删除 kc 表中的记录(演示用)

这里仅仅只作演示,不做真的删除操作。

B.3 操作数据库

1. 查询操作

启动 Navicat,在主界面左侧"连接"栏双击连接 mysql01,选择 xscj,单击工具栏 ![查询] 按钮,再单击 ![新建查询] 按钮,弹出如图 B.11 所示窗口,在其中创建或编辑查询。

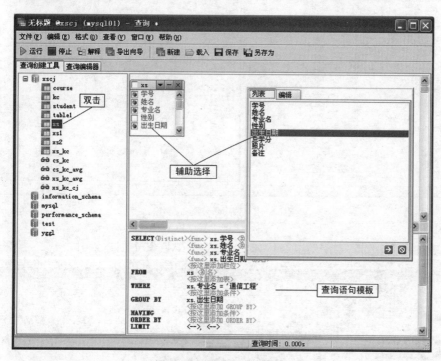

图 B.11 Navicat 查询操作

在"查询创建工具"选项页下方提供了查询语句的通用模板。在左侧树状结构中双击要查询的表,系统弹出小窗口给用户选择字段;单击模板语句中的浅灰色部分,也会出现小窗框供用户作辅助选择。

创建后,单击 ![运行] 按钮,执行查询。

2. 视图操作

启动 Navicat,在主界面左侧"连接"栏双击连接 mysql01,选择 xscj,单击工具栏 ![视图] 按钮,右边区域出现数据库中已有的视图列表,如图 B.12 所示,再单击 ![新建视图] 按钮,弹出定义视图的窗口,用户可切换到"视图创建工具"选项页,像创建查询一样在工具的辅助下定义视图。

右击视图列表中的视图名,从弹出的菜单中选择"打开""设计"或"删除"视图。

3. 索引操作

启动 Navicat,在主界面左侧"连接"栏双击连接 mysql01,选择 xscj 再选择展开"表",可看到数据库中所有的表。以 kc 表为例,若要在其上创建索引,右击 kc,选择"设计"表,出现

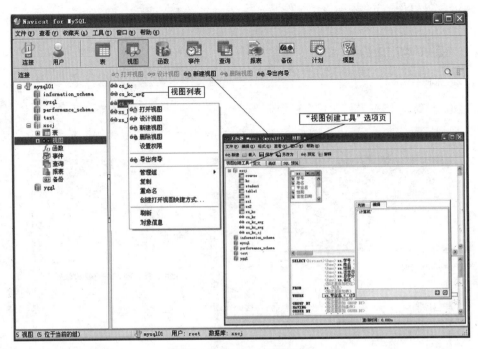

图 B.12　Navicat 视图操作

编辑 kc 表的界面，选择"索引"选项页，如图 B.13 所示，在其中创建索引。

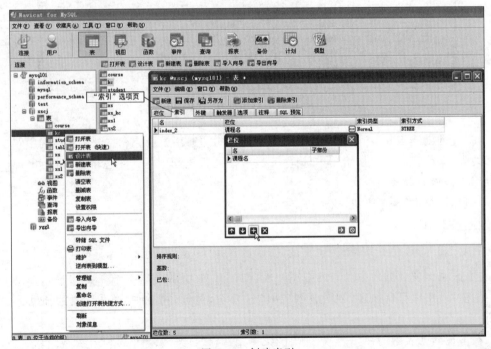

图 B.13　创建索引

4. 存储过程

启动 Navicat，在主界面左侧"连接"栏双击连接 mysql01，选择 xscj，单击工具栏 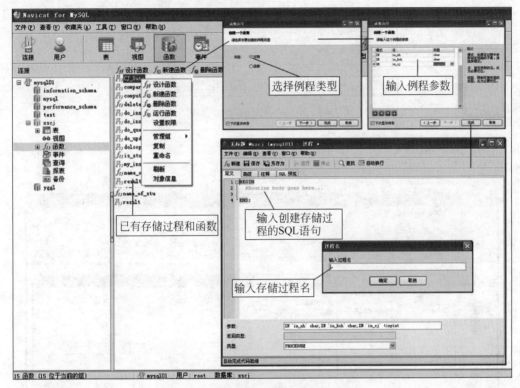 按钮，可看到数据库中已有的存储过程和函数，如图 B.14 所示。再单击 新建函数 按钮，进入"函数向导"，选择例程类型为"过程"，单击"下一步"按钮，输入例程参数，单击"完成"按钮，弹出过程定义窗口，在其中输入创建存储过程的 SQL 语句，编辑完成后单击 保存 按钮，在弹出的对话框中输入存储过程名，单击"确定"按钮。

图 B.14　Navicat 存储过程操作

右击界面列表中的存储过程名，从弹出的菜单中选择"设计"或"删除"存储过程。

5. 备份与还原

启动 Navicat，在主界面左侧"连接"栏双击连接 mysql01，选择 xscj，单击工具栏 按钮，再单击 新建备份 按钮，弹出如图 B.15 所示的"新建备份"对话框。

用户可切换到"对象选择"选项页，选择要备份的对象，单击"开始"按钮，开始备份。

完成后，主界面上出现一个"日期时间"项，此即为生成的备份。用户可以单击"保存"按钮，为备份创建设置文件，这里取名 xscj_bf。

选择"备份"，单击 还原备份 按钮，弹出"还原备份"对话框，单击"开始"按钮即可将备份还原。

6. 用户与权限操作

单击工具栏 按钮，出现系统当前用户列表，如图 B.16 所示。再单击 新建用户 按

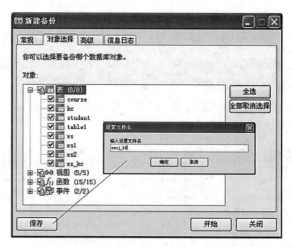

图 B.15　Navicat 备份数据库

钮，弹出"用户"对话框，在其中填写新用户信息，然后切换到"权限"选项页进行授权操作。

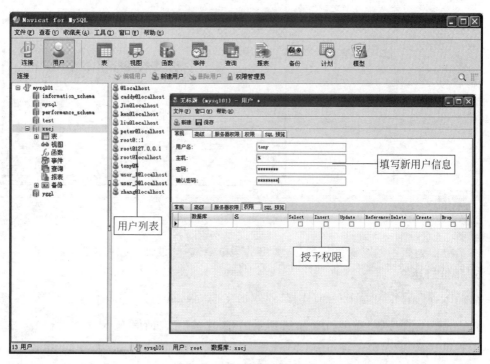

图 B.16　创建用户并授权

APPENDIX 附录 **C**

phpMyAdmin 基本操作

phpMyAdmin 是一个用 PHP 编写的软件工具,可以通过 Web 方式控制和操作 MySQL 数据库。通过 phpMyAdmin 可以对数据库进行全方位操作,例如建立、复制和删除数据等,使得对 MySQL 数据库的管理变得相当简单。

C.1 安装 phpMyAdmin 环境

phpMyAdmin 是基于 PHP 的 Web 客户端软件,在使用之前必须首先搭建好 PHP 的运行环境,包括安装 Apache 服务器和 PHP 插件。具体步骤参考实习 1 的有关内容。

C.2 创建数据库

1. 登录系统

启动 Apache 服务器,打开 IE 输入 http://localhost/phpMyAdmin-4.0.3-all-languages/index.php 后按 Enter 键,出现如图 C.1 所示 phpMyAdmin 欢迎页面。

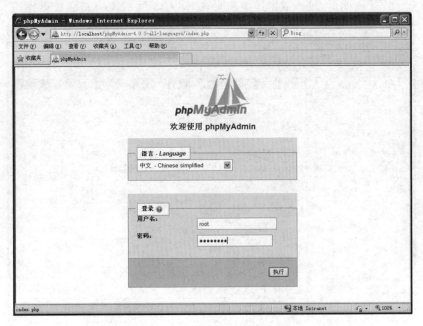

图 C.1   phpMyAdmin 欢迎页面

输入用户名（默认为 root）、密码 njnu123456，单击"执行"按钮即可进入 phpMyAdmin 主页，如图 C.2 所示。

图 C.2   phpMyAdmin 主页

从左边树形列表中可以看到已建好的 test、xscj 等数据库。

2. 创建数据库

单击"数据库"选项页，进入数据库管理页，如图 C.3 所示，在"新建数据库"栏填写数据

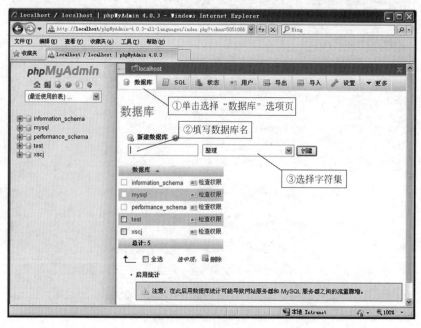

图 C.3   phpMyAdmin 数据库创建（演示）

图 C.4　查看 xscj 数据库中的表

库名,从后面的下拉列表中选择所用字符集后,单击"创建"按钮即可创建一个新的数据库。

由于之前 xscj 数据库已经建好,此处只演示操作,不再重复创建。

3. 创建表

在 xscj 数据库中建立附录 A 的成绩表(表名 xs_kc)。

在数据库管理页左边树形列表中,单击 xscj 项前面的 ⊞,如图 C.4 所示,可看到 xscj 数据库中已有的两个表 kc 和 xs。

单击 ├─▦ 新建 项进入创建新表页面,如图 C.5 所示,设计表的各列名字及类型(参照附录 A 表 A.3),单击"保存"按钮创建完成。

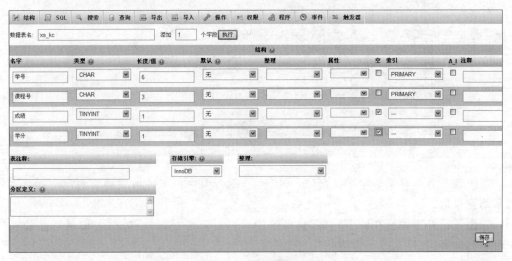

图 C.5　创建新表页面

4. 添加数据

从左边树形列表中展开 xscj 数据库项,单击 xs_kc 表,再从右边页面上部单击"插入"选项,如图 C.6 所示。

图 C.6　向 xs_kc 表中插入数据

在此页面上输入各个字段值，单击"执行"按钮，向 xs_kc 表中插入一条记录。

请读者按照附录 A 表 A.6 的内容，向 xs_kc 表中录入数据，录入完成后可单击"浏览"选项查看，如图 C.7 所示。

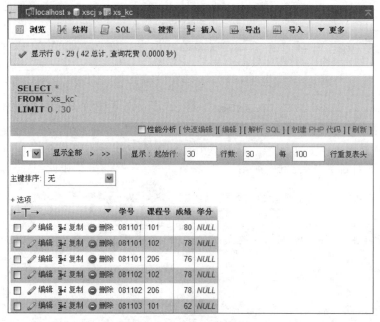

图 C.7　xs_kc 表的数据

系统默认分页显示表中记录，每页 30 行。当然，用户也可以根据需要自己更改一页上显示的记录数。

双击记录某字段所在的单元格，获得光标后可对记录进行修改，单击记录行前的 ⊖删除项可删除此行记录（这里不做删除）。

C.3　操作数据库

1. 查询操作

打开 IE，输入 http://localhost/phpMyAdmin-4.0.3-all-languages/index.php，登录 phpMyAdmin 系统，从左侧树状结构选择 xscj→"数据表"，进入"查询"选项页，如图 C.8 所示，选择要查询的表、字段及查询条件，系统自动生成 SQL 查询语句，用户对其编辑完善后提交即可。

2. 视图操作

登录 phpMyAdmin 系统，从左侧树状结构选择 xscj→"视图"→"新建"，出现"新建视图"窗口，如图 C.9 所示，在其中设置、编辑创建视图的 SQL 语句，编辑完成后单击右下角的"执行"按钮创建视图。

3. 索引操作

登录 phpMyAdmin 系统，从左侧树状结构选择 xscj→"数据表"→"要创建索引的表"（如 kc）→"索引"→"新建"，出现"添加索引"窗口，如图 C.10 所示，在其中填写索引名，设置索引类型和字段，完成后单击右下角的"执行"按钮。

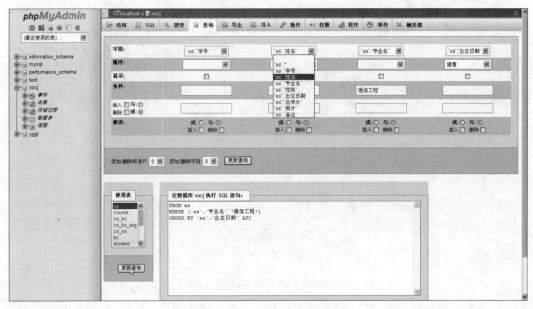

图 C.8 phpMyAdmin 查询操作

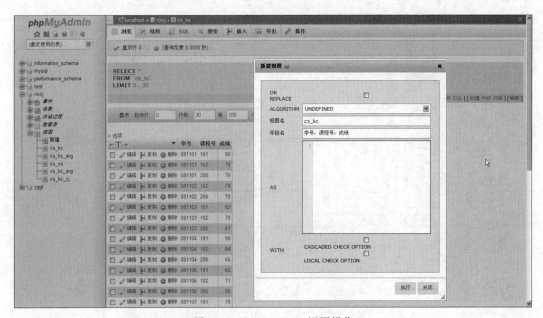

图 C.9 phpMyAdmin 视图操作

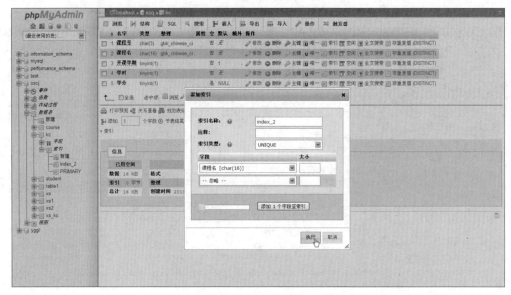

图 C.10　phpMyAdmin 索引操作

4. 存储过程

登录 phpMyAdmin 系统,从左侧树状结构选择 xscj→"存储过程"→"新建",出现"添加程序"窗口,如图 C.11 所示,在其中编写存储过程后,单击右下角的"执行"按钮。

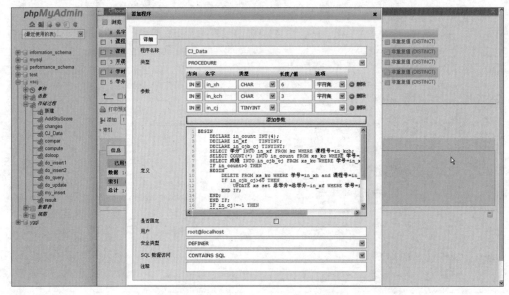

图 C.11　phpMyAdmin 存储过程操作

5. 备份

登录 phpMyAdmin 系统,选择要备份的数据库(如 xscj),进入"导出"选项页,选择"自定义-显示所有可用的选项",如图 C.12 所示,选择要备份的数据表并进行其他一系列设置,完成后单击页面最底部的"执行"按钮。

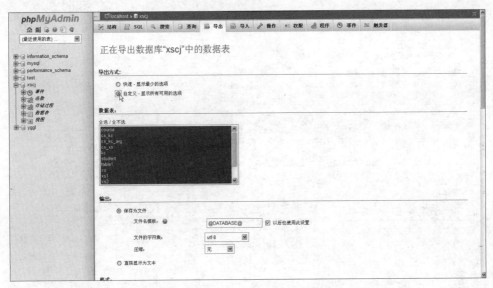

图 C.12   phpMyAdmin 备份数据库

6. 恢复

进入"导入"选项页,单击 浏览... 按钮选择要导入的文件,如图 C.13 所示,单击页面底部的"执行"按钮,即可恢复数据库。

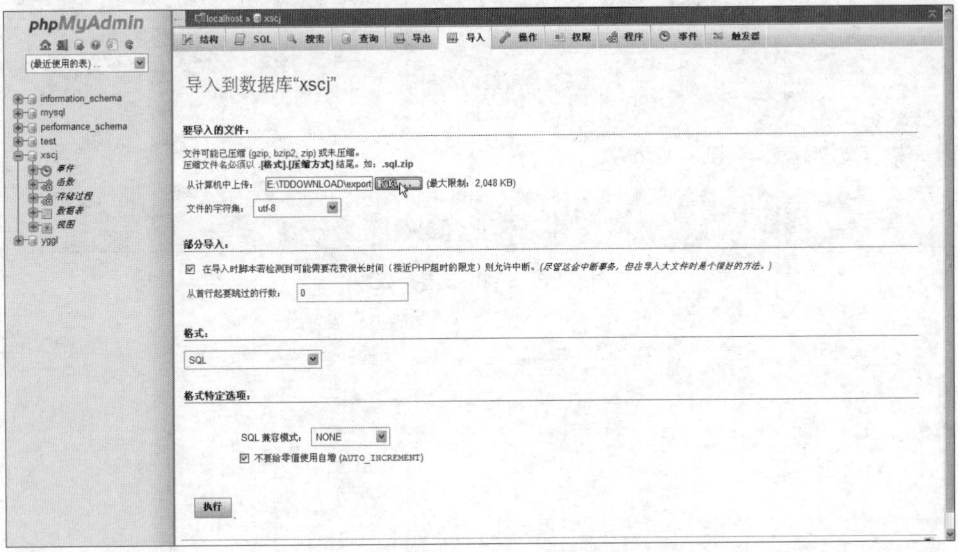

图 C.13   phpMyAdmin 恢复数据库

7. 用户与权限操作

进入"权限"选项页,单击下方"添加用户",页面跳转到"添加用户"页,如图 C.14 所示,在其上填写新用户信息。

继续下拉"添加用户"页,出现选择权限的框,如图 C.15 所示,在其中给新用户选择授权,单击右下角的"执行"按钮,创建具有相应权限的用户。

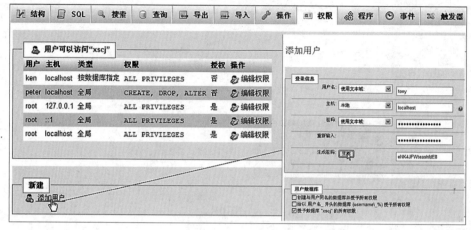

图 C.14　添加新用户

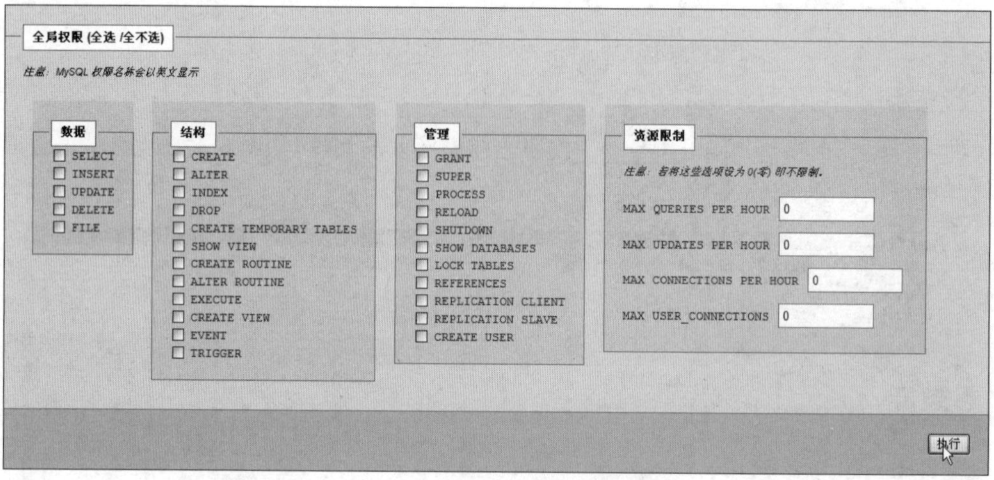

图 C.15　给用户选择权限

图书资源支持

感谢您一直以来对清华版图书的支持和爱护。为了配合本书的使用,本书提供配套的资源,有需求的读者请扫描下方的"书圈"微信公众号二维码,在图书专区下载,也可以拨打电话或发送电子邮件咨询。

如果您在使用本书的过程中遇到了什么问题,或者有相关图书出版计划,也请您发邮件告诉我们,以便我们更好地为您服务。

我们的联系方式:

地　　址:北京市海淀区双清路学研大厦 A 座 714

邮　　编:100084

电　　话:010-83470236　010-83470237

客服邮箱:2301891038@qq.com

QQ:2301891038(请写明您的单位和姓名)

资源下载:关注公众号"书圈"下载配套资源。

资源下载、样书申请

书圈

获取最新书目

观看课程直播